BIBLIOTHECA
SCRIPTORVM GRAECORVM ET ROMANORVM
TEVBNERIANA

PLVTARCHVS

PYTHICI DIALOGI

DE E APVD DELPHOS
DE PYTHIAE ORACVLIS
DE DEFECTV ORACVLORVM

EDIDIT

W. SIEVEKING

EDITIONEM CORRECTIOREM
CVRAVIT
ET S. D. P.
HANS GÄRTNER

STVTGARDIAE ET LIPSIAE
IN AEDIBVS B. G. TEVBNERI MCMXCVII

Die Deutsche Bibliothek — CIP-Einheitsaufnahme

Plutarchus:
Pythici dialogi / Plutarchus. Ed. W. Sieveking. —
2. ed. corr. / cur. Hans Gärtner. —
Stutgardiae ; Lipsiae : Teubner, 1997
(Bibliotheca scriptorum Graecorum et Romanorum Teubneriana)
Enth. u. a.: De E apud Delphos. De Pythiae oraculis
ISBN 3-8154-1695-7

Printed in Germany
Druck: Winkler-Druck-GmbH, Gräfenhainichen
Buchbinderei: Bettina Mönch, Leipzig

IN HOC VOLVMINE CONTINENTVR

PRAEFATIVNCVLA

Moralium Plutarcheorum voluminis III., quod ante hos ferme LXX annos curis unitis viri docti Paton Pohlenz Sieveking ediderant quodque lucis ope redintegratum a. MCMLXXII denuo in publicum prodierat, copiis iam diu divenditis bibliothecae Teubnerianae fata hoc tempore regentes orabant, ut saltem Pythicorum qui dicuntur dialogorum triada in usum studiosorum Plutarchi necnon scholarum academicarum renovarem. Itaque dubitatione omni posthabita feminae doctae auctoribus antiquis imprimendis strenue operam danti E. Schuhmann Lipsiensi morigeratus illius voluminis fasciculum primum, qualem G. Sieveking a. MCMXXIX publici iuris fecerat, pro tempore obiter modo hic illic mutatum et ut mihi quidem persuadeo emendatum lectoris, quem benigne mecum acturum esse spero, oculis nunc subicio.

Cum autem facies prisca libelli servanda esset, minutias tantum nonnullas corrigere mihi licuit. Imprimis errores et typothetae et editoris manifestos, quantos dispicere potui, sustuli; tum lectiones, quas codices E et B praebent, imaginibus lucis ope factas usus recensui atque in textu libelli De Pythiae oraculis qui inscribitur vel in apparatu critico notandas curavi, si quid minus accurate — quod raro accidit — editor enuntiaverat; denique auctorum a Plutarcho laudatorum locos secundum editiones et reliquiarum collectiones recentes, partim in textu, partim, quamquam parum mihi placet, propter spatia nimis angusta in textus versibus relicta per addenda (pp. 123 sq.) exhibui. Praeterea conspectum codicum a G. Sieveking his tribus dialogis edendis adhibitorum necnon siglorum potiorum subiunxi. Quod in praesens sufficiat; editio autem libellorum omnium, qui in volumine III. editionis Teubnerianae congesti sunt, funditus renovata vel apparatu saltem uberi addendorum ornata, qua opus esse nemo erit qui negabit, in futurum differenda est.

Ratisbonae mense Maio 1997 H. G.

CONSPECTVS SIGLORVM ET COMPENDIORVM

CODICES

Guilelmus Sieveking his undecim fultus codicibus, quorum descriptio plenior in praefatione voluminis primi Moralium invenitur, 'Pythicorum dialogorum' textum constituit:

A	=	cod. Parisinus gr. 1671 a. 1296
B	=	cod. Parisinus gr. 1675 s. XV
D	=	cod. Parisinus gr. 1956 s. XI/XII
E	=	cod. Parisinus gr. 1672 s. XIV med. vel ex.[1]
F	=	cod. Parisinus gr. 1957 s. XI
G	=	cod. Vat. Barber. gr. 182 s. XI
J	=	cod. Ambros. gr. C 195 inf. (881) s. XIII
X	=	cod. Marc. gr. 250 s. XI[2]
g	=	cod. Vat. Pal. gr. 170 s. XV
a	=	cod. Ambros. gr. C 126 inf. (859) brevi ante a. 1296
v	=	cod. Vat. Urb. gr. 98 s. XIV.

Perraro adhibetur cod. Vat. Reg. gr. 80.

1 De aetate huius codicis post Maximi Planudis aetatem scripti cf. e. g. St. Schröder, Plutarchs Schrift De Pythiae oraculis, Text, Einleitung und Kommentar, Stuttgart 1990, 73 sqq., et M. Manfredini, Un famoso codice di Plutarco: il codice Paris. Gr. 1672, SCO 39, 1989, 127 sqq.; Sulla tradizione manoscritta dei „Moralia" 70—77, ap. I. Gallo (ed.), Sulla tradizione manoscritta dei „Moralia" di Plutarco. Atti del convegno salernitano del 4—5 dic. 1986, Salerno 1988, 123—138.

2 Codicis pars recentior s. XIV confecta nihil ad Pythicos dialogos attinet.

COMPENDIA IN APPARATV CRITICO ADHIBITA

a. c.	=	ante correcturam	ins.	=	inseruit/-erunt
add.	=	addidit/-erunt	lac.	=	lacuna(m)
corr.	=	correxit/-erunt	om.	=	omisit/-erunt
del.	=	delevit/-erunt	p. c.	=	post correcturam
dub.	=	dubitans/-anter	ss.	=	suprascripsit
ind.	=	indicavit/-erunt	suppl.	=	supplevit/-erunt
in r(as).	=	in rasura	trp.	=	transposuit/-erunt

EDITIONES, EDITORVM ET VIRORVM DOCTORVM NOMINA

Ald.	=	ed. Aldina a. 1509
Anon.	=	Anonymus
Basil.	=	ed. Basileensis
Bern.	=	G. N. Bernardakis (ed. a. 1888—1896)
Duebn.	=	J. F. Duebner (ed. a. 1839—1846)
Hu.	=	K. Hubert
Leon.	=	N. Leonicus
Mez.	=	C. G. Bachet de Méziriac
Na.	=	W. Nachstädt
Pat.	=	G. R. Paton
Po.	=	M. Pohlenz
Re.	=	J. J. Reiske
Schw.	=	Ed. Schwartz
Si.	=	W. Sieveking
Steph.	=	H. Stephanus (ed. a. 1572)
Turn.	=	A. Turnebus
Vulc.	=	Vulcobius
We.	=	I. Wegehaupt
Wil.	=	U. v. Wilamowitz-Moellendorff
Wy.	=	D. A. Wyttenbach (ed. a. 1796—1834)
Xyl.	=	W. Xylander (Holtzmann) (ed. a. 1574; vers. lat. a. 1570)

COMMENTATIONVM ET ANIMADVERSIONVM AVCTORES IN APPARATV CRITICO LAVDATI

Bens. = G. Benseler, De hiatu in oratoribus atticis et historicis graecis libri II, Freiberg 1841

Doe. = Th. Doehner, Quaestiones Plutarcheae II, Progr. Meißen 1858
—, — — III, Progr. Meißen 1862
—, — — IV, Progr. Zwickau 1863

Emp. = A. Emperius, Opuscula philologica et historica, ed. F. G. Schneidewin, Göttingen 1847

Ha. = J. J. Hartman, De Plutarcho scriptore et philosopho, Leiden 1916

Herw. = H. van Herwerden, Plutarchea et Lucianea, Utrecht 1877
—, Ad Plutarchi Moralia, Mnemosyne N. S. 18, 1890, 366–386

Kron. = A. J. Kronenberg, Ad Plutarchi Moralia, Mnemosyne N. S. 52, 1924, 61–112 (67 sq.)

Madv. = J. N. Madvig, Adversaria critica ad scriptores Graecos et Latinos I: De arte coniecturali. Emendationes graecae, Kopenhagen 1871 (= Hildesheim 1967), 612–726 (634–639)

Schellens = I. Schellens, De hiatu in Plutarchi Moralibus, Diss. Bonn 1864

Stegm. = C. Stegmann, Über den Gebrauch der Negationen bei Plutarch, Progr. Geestemünde 1882
—, Kritische Beiträge zu den Moralia Plutarchs, Programm Geestemünde 1886

Strijd = J. H. W. Strijd, Animadversiones criticae in Plutarchi libros II De Iside et Oriside et De E apud Delphos, Diss. Utrecht 1912
—, Ad Plutarchi De Pythiae oraculis, CR 28, 1914, 217–219

24.

ΠΕΡΙ ΤΟΥ ΕΙ ΤΟΥ ΕΝ ΔΕΛΦΟΙΣ

(Plan. 68)

1. *Στιχιδίοις τισὶν οὐ φαύλως ἔχουσιν, ὦ φίλε Σαραπίων, ἐνέτυχον πρῴην, ἃ Δικαίαρχος* (fr. 77 W.) *Εὐριπίδην οἴεται πρὸς Ἀρχέλαον εἰπεῖν* (fr. 969)· D

'οὐ βούλομαι πλουτοῦντι δωρεῖσθαι πένης,
μή μ' ἄφρονα κρίνῃς ἢ διδοὺς αἰτεῖν δοκῶ.'

χαρίζεται μὲν γὰρ οὐδὲν ὁ διδοὺς ἀπ' ὀλίγων μικρὰ τοῖς πολλὰ κεκτημένοις, ἀπιστούμενος δ' ἀντὶ μηδενὸς διδόναι κακοηθείας καὶ ἀνελευθερίας προσλαμβάνει δόξαν. ὅρα δ' ὅσον ἐλευθεριότητι καὶ κάλλει τὰ χρηματικὰ δῶρα λείπεται τῶν ἀπὸ λόγου καὶ σοφίας, ⟨ἃ⟩ καὶ διδόναι καλόν ἐστι καὶ διδόντας ἀνταιτεῖν ὅμοια παρὰ τῶν λαμβανόντων. ἐγὼ γοῦν πρὸς σὲ καὶ διὰ σοῦ τοῖς αὐτόθι φίλοις τῶν Πυθικῶν λόγων ἐνίους ὥσπερ ἀπαρχὰς ἀποστέλλων ὁμολογῶ προσδοκᾶν ἑτέρους καὶ πλείονας καὶ βελτίονας παρ' ὑμῶν, ἅτε E

Pythicos tres dialogos (68. 69. 72; de titulo cf. ipsum Plutarchum 384 e) edidit Paton Berolini 1893. libellum 69 ante 68, hunc ante 72 scriptum esse Hirzel Dialog II 197 ss. variis rationibus probare studuit. Scriptum de E seorsum edidit Bernardakis (*Πλουτ. τὸ ἐν Δελφ. Ε προσφωνεῖται Ἐ. Κουρτίῳ ἄγοντι τὴν ὀγδοηκονταετηρίδα*, Lipsiae in aed. Teubn. 1894). De E litterae Delphicae ratione scripserunt Lagercrantz, Robert, Roscher in Herm. 1901, Roscher in Philol. 1900—1902, Philol. Wo. 42, 1209. Personae dialogi: Ammonius, Lamprias, Plutarchus, Theo, Eustrophus, Nicander, alii (cf. 386 a). Cat. Lampr. 117. Codd.: XFDαAEgB. $\Gamma = X^1F^1D$, $\Pi = \alpha AE$ ($\Pi^1 = \alpha A^1$, $\Pi^2 = A^2E$), $x = X^3gB$. 4 Sarapio is videtur esse, qui in scripto 72 colloquio interest; cf. 628 a

---

Tit. *τοῦ Ε* Cat. Lampr. 11 *ὅρα* B *ἆρα* *O* *δ'* Bens. *δὴ* *Ω* 12 *καὶ* om. XDg, unde *ἐλευθεριότητος* $D^{corr.}$ X^3g 13 *τὸν* X^1D add. Madv. 15 *σοῦ* Re. *σὲ* *Ω*

δὴ καὶ πόλει χρωμένων μεγάλῃ καὶ σχολῆς μᾶλλον ἐν
βιβλίοις πολλοῖς καὶ παντοδαπαῖς διατριβαῖς εὐπορούντων.
ὁ δ' οὖν φίλος Ἀπόλλων ἔοικε τὰς μὲν περὶ τὸν βίον
ἀπορίας ἰᾶσθαι καὶ διαλύειν θεμιστεύων τοῖς χρωμένοις,
F τὰς δὲ περὶ τὸν λόγον αὐτὸς ἐνιέναι καὶ προβάλλειν τῷ
φύσει φιλοσόφῳ τῆς ψυχῆς ὄρεξιν ἐμποιῶν ἀγωγὸν ἐπὶ
τὴν ἀλήθειαν, ὡς ἄλλοις τε πολλοῖς δῆλόν ἐστι καὶ τῇ
[περὶ] τοῦ εἶ καθιερώσει. τοῦτο γὰρ εἰκὸς οὐ κατὰ τύχην
οὐδ' οἷον ἀπὸ κλήρου τῶν γραμμάτων μόνον ἐν προεδρίᾳ
385 παρὰ τῷ θεῷ γενέσθαι | καὶ λαβεῖν ἀναθήματος τάξιν
ἱεροῦ καὶ θεάματος, ἀλλ' ἢ δύναμιν αὐτοῦ κατιδόντας
ἰδίαν καὶ περιττὴν ἢ συμβόλῳ χρωμένους πρὸς ἕτερόν τι
τῶν ἀξίων σπουδῆς τοὺς ἐν ἀρχῇ περὶ τὸν θεὸν φιλοσοφή-
σαντας οὕτω προσέσθαι. πολλάκις οὖν ἄλλοτε τὸν λόγον
ἐν τῇ σχολῇ προβαλλόμενον ἐκκλίνας ἀτρέμα καὶ παρελθὼν
ἔναγχος ὑπὸ τῶν υἱῶν ἐλήφθην ξένοις τισὶ συμφιλοτιμουμέ-
νων, οὓς εὐθὺς ἐκ Δελφῶν ἀπαίρειν μέλλοντας οὐκ ἦν εὐπρε-
πὲς παράγειν οὐδὲ παραιτεῖσθαι πάντως ἀκοῦσαί τι προ-
θυμουμένους. ὡς δὲ καθίσας παρὰ τὸν νεὼν τὰ μὲν αὐτὸς
B ἠρξάμην ζητεῖν τὰ δ' ἐκείνους ἐρωτᾶν, ὑπὸ τοῦ τόπου καὶ
τῶν λόγων αὐτῶν ⟨ἀνεμνήσθην⟩ ἃ πάλαι ποτὲ καθ' ὃν
καιρὸν ἐπεδήμει Νέρων ἠκούσαμεν Ἀμμωνίου καί τινων
ἄλλων διεξιόντων ἐνταῦθα τῆς αὐτῆς ἀπορίας ὁμοίως ἐμ-
πεσούσης.

2. Ὅτι μὲν γὰρ οὐχ ἧττον ὁ θεὸς φιλόσοφος ἢ μάντις,
ἐδόκει πᾶσιν ὀρθῶς πρὸς τοῦτο τῶν ὀνομάτων ἕκαστον
Ἀμμώνιος τίθεσθαι καὶ διδάσκειν, ὡς Πύθιος μέν ἐστι

---

5 cf. 673 b 7 cf. 426 e 27 ss. cf. 393 b 1130 a Cornutus c. 32 St. V. Fr. I 543; IV p. 23 s. v. Ἀπόλλων

---

5 αὐτὰς FΠ¹ αὐτὸν E αὐτοῖς g ἀνιέναι FΠ 8 del. Re. εἱ Ω 14 προθέσθαι X²g; B (v. l.) 15 προβ. B παραβ. O 16 συμφιλοτιμούμενος Ω corr. Pat. 18 παρατείνεσθαι Γ 19 παρὰ Wy. περὶ Ω 20 ὑπὲρ x 21 add. Mez. 26 ἐδ. Turn. δοκεῖ Ω

τοῖς ἀρχομένοις μανθάνειν καὶ διαπυνθάνεσθαι, Δήλιος δὲ καὶ Φαναῖος οἷς ἤδη τι δηλοῦται καὶ ὑποφαίνεται τῆς ἀληθείας, Ἰσμήνιος δὲ τοῖς ἔχουσι τὴν ἐπιστήμην, καὶ Λεσχηνόριος ὅταν ἐνεργῶσι καὶ ἀπολαύωσι χρώμενοι τῷ C διαλέγεσθαι καὶ φιλοσοφεῖν πρὸς ἀλλήλους. ʽἐπεὶ δὲ τοῦ φιλοσοφεῖν᾽ ἔφη ʽτὸ ζητεῖν ⟨ἀρχή, τοῦ δὲ ζητεῖν⟩ τὸ θαυμάζειν καὶ ἀπορεῖν, εἰκότως τὰ πολλὰ τῶν περὶ τὸν θεὸν ἔοικεν αἰνίγμασι κατακεκρύφθαι [καὶ] λόγον τινὰ ποθοῦντα διὰ τί καὶ διδασκαλίαν τῆς αἰτίας· οἷον ἐπὶ τοῦ πυρὸς τοῦ ἀθανάτου τὸ καίεσθαι μόνον αὐτόθι τῶν ξύλων ἐλάτην καὶ δάφνην ἐπιθυμιᾶσθαι, καὶ τὸ δύο Μοίρας ἱδρῦσθαι πανταχοῦ τριῶν νομιζομένων, καὶ τὸ μηδεμιᾷ γυναικὶ πρὸς τὸ χρηστήριον εἶναι προσελθεῖν, καὶ τὸ τοῦ τρίποδος, καὶ ὅσα τοιαῦτα, τοῖς μὴ παντάπασιν ἀλόγοις καὶ ἀψύχοις ὑφειμένα δελεάζει καὶ παρακαλεῖ πρὸς τὸ D σκοπεῖν τι καὶ ἀκούειν καὶ διαλέγεσθαι περὶ αὐτῶν. ὅρα δὲ καὶ ταυτὶ τὰ προγράμματα, τό ʽγνῶθι σαυτόν᾽ καὶ τό ʽμηδὲν ἄγαν᾽, ὅσας ζητήσεις κεκίνηκε φιλοσόφοις καὶ ὅσον λόγων πλῆθος ἀφ᾽ ἑκάστου καθάπερ ἀπὸ σπέρματος ἀναπέφυκεν· ὧν οὐδενὸς ἧττον οἶμαι γόνιμον λόγων εἶναι τὸ νῦν ζητούμενον.᾽

3. Εἰπόντος δὲ ταῦτα τοῦ Ἀμμωνίου Λαμπρίας ὁ ἀδελφὸς εἶπε ʽκαὶ μὴν ὃν ἡμεῖς ἀκηκόαμεν λόγον ἁπλοῦς τίς ἐστι καὶ κομιδῇ βραχύς. λέγουσι γὰρ ἐκείνους τοὺς σοφοὺς ὑπ᾽ ἐνίων δὲ σοφιστὰς προσαγορευθέντας αὐτοὺς μὲν εἶναι πέντε, Χίλωνα καὶ Θαλῆν καὶ Σόλωνα καὶ Βίαντα E καὶ Πιττακόν· ἐπεὶ δὲ Κλεόβουλος ὁ Λινδίων τύραννος,

5 Plat. Theaet. 155 d, cf. mor. 680 cd 11 cf. Paus. X 24, 4 12 Eur. Ion 222 16 cf. 164 b 408 e 511 a

1 μαντεύειν D 4 λέσχην· ὅριος Ω corr. Xyl. δὲ ὅτ. x 6 add. Pat. (ἀρχή Cobet) 7/8 τῶν θεῶν ΓΠ[1] 8 del. Ha. 9 ποθεῖν X[3]g 13 τὸ[2] X[3]A[2]B om. O 16 σκώπτειν Γ 17 τὸ πρόγραμμα XDg 18 φιλ. X[1]E -ους O 19 ὅσον Vat. Reg. Gr. 80 ὅσων O 20 λόγον Ω corr. Madv. 21 τὸν AE

εἶτα Περίανδρος ὁ Κορίνθιος, οὐδὲν αὐτοῖς ἀρετῆς μετὸν οὐδὲ σοφίας, ἀλλὰ δυνάμει καὶ φίλοις καὶ χάρισι καταβιαζόμενοι τὴν δόξαν ἐνέβαλλον εἰς τοὔνομα τῶν σοφῶν καί τινας γνώμας καὶ λόγους ἐξέπεμπον καὶ διέσπειρον εἰς τὴν Ἑλλάδα τοῖς ὑπ' ἐκείνων λεγομένοις ὁμοίους· δυσχεράναντας ἄρα τοὺς ἄνδρας ἐξελέγχειν μὲν οὐκ ἐθέλειν τὴν ἀλαζονείαν οὐδὲ φανερῶς ὑπὲρ δόξης ἀπεχθάνεσθαι καὶ διαμάχεσθαι πρὸς ἀνθρώπους μέγα δυναμένους, ἐνταῦθα
F *δὲ συνελθόντας αὐτοὺς καθ' αὑτοὺς καὶ διαλεχθέντας ἀλλήλοις ἀναθεῖναι τῶν γραμμάτων ὃ τῇ τε τάξει πέμπτον ἐστὶ καὶ τοῦ ἀριθμοῦ τὰ πέντε δηλοῖ, μαρτυρομένους μὲν ὑπὲρ αὑτῶν πρὸς τὸν θεὸν ὅτι πέντ' εἰσί, τὸν δ' ἕβδομον καὶ τὸν ἕκτον ἀποποιουμένους καὶ ἀποβάλλοντας ὡς οὐ προσήκοντας αὐτοῖς. ὅτι δ' οὐκ ἀπὸ σκοποῦ ταῦτα λέγεται, γνοίη τις ἂν ἀκούσας τῶν κατὰ τὸ ἱερὸν τὸ μὲν χρυσοῦν εἶ Λιβίας τῆς Καίσαρος γυναικὸς ὀνομαζόντων, τὸ δὲ*
386 *χαλκοῦν Ἀθηναίων· | τὸ δὲ πρῶτον καὶ παλαιότατον τῇ δ' οὐσίᾳ ξύλινον ἔτι νῦν τῶν σοφῶν καλοῦσιν, ὡς οὐχ ἑνὸς ἀλλὰ κοινὸν ἀνάθημα πάντων γενόμενον.'*

4. *Ὁ μὲν οὖν Ἀμμώνιος ἡσυχῇ διεμειδίασεν, ὑπονοήσας ἰδίᾳ τὸν Λαμπρίαν δόξῃ κεχρῆσθαι, πλάττεσθαι δ' ἱστορίαν καὶ ἀκοὴν ἑτέρων πρὸς τὸ ἀνυπεύθυνον· ἕτερος δέ τις ἔφη τῶν παρόντων, ὡς ὅμοια ταῦτ' ἐστὶν οἷς πρῴην ὁ Χαλδαῖος ἐφλυάρει ξένος, ἑπτὰ μὲν εἶναι τὰ φωνὴν ἰδίαν ἀφιέντα τῶν γραμμάτων, ἑπτὰ δὲ τοὺς κίνησιν αὐτοτελῆ καὶ ἀσύνδετον ἐν οὐρανῷ κινουμένους ἀστέρας· εἶναι δὲ τῇ*
B *τάξει δεύτερον τό τ' εἶ τῶν φωνηέντων ἀπ' ἀρχῆς καὶ τὸν ἥλιον ἀπὸ σελήνης τῶν πλανήτων· ἡλίῳ δ' Ἀπόλλωνα τὸν*

---

28 cf. 1130a aliosque multos locos

---

3 ἐνέβαλον Πx 4 διέσπ. ΠB(v. l.) -ραν O 5 ἐπ' ἐκ. X¹D δμ. x -ως O δυσχεραίνοντας XDg 12 τ. δ' ἕκτ. κ. τ. ἕβδ. g Re. 13 ἀποπ.] ἀφοσιουμένους Schw. 16 ε̄ Fx ε̄ῑ O 18 ὡς om. FΠ 27 ε Γx ε̄ῑ O

αὐτὸν ὡς ἔπος εἰπεῖν πάντας Ἕλληνας νομίζειν. ‘ἀλλὰ ταυτὶ μέν’ ἔφη ‘παντάπασιν ἐκ πίνακος καὶ πυλαίας.’

Ὁ δὲ Λαμπρίας ἔλαθεν, ὡς ἔοικε, τοὺς ἀφ’ ἱεροῦ κινήσας ἐπὶ τὸν αὑτοῦ λόγον. ἃ μὲν γὰρ ἐκεῖνος εἶπεν, οὐδεὶς ἐγίγνωσκε Δελφῶν· τὴν δὲ κοινὴν καὶ περιηγητικὴν δόξαν εἰς τὸ μέσον προῆγον, οὔτε τὴν ὄψιν ἀξιοῦντες οὔτε τὸν φθόγγον ἀλλὰ τοὔνομα μόνον τοῦ γράμματος ἔχειν τι σύμβολον. (5.) ‘ἔστι γάρ’ ὡς ὑπολαμβάνουσι Δελφοὶ καὶ τότε προηγορῶν ἔλεγε Νίκανδρος ὁ ἱερεύς ‘σχῆμα καὶ μορφὴ τῆς πρὸς τὸν θεὸν ἐντεύξεως καὶ τάξιν ἡγεμονικὴν ἐν τοῖς ἐρωτήμασιν ἔχει τῶν χρωμένων ἑκάστοτε διαπυνθανομένων, [C] εἰ νικήσουσιν, εἰ γαμήσουσιν, εἰ συμφέρει πλεῖν, εἰ γεωργεῖν, εἰ ἀποδημεῖν. τοῖς δὲ διαλεκτικοῖς χαίρειν ἔλεγε σοφὸς ὢν ὁ θεὸς οὐδὲν οἰομένοις ἐκ τοῦ ‘εἰ’ μορίου καὶ τοῦ μετ’ αὐτοῦ ⟨ταχθέντος⟩ ἀξιώματος πρᾶγμα γίγνεσθαι, πάσας τὰς ἐρωτήσεις ὑποτεταγμένας τούτῳ καὶ νοῶν ὡς πράγματα καὶ προσιέμενος. ἐπεὶ δ’ ἴδιον τὸ ἐρωτᾶν ὡς μάντιν ἐστὶν ἡμῖν καὶ τὸ εὔχεσθαι κοινὸν ὡς πρὸς θεόν, οὐχ ἧττον οἴονται τῆς πευστικῆς τὴν εὐκτικὴν τὸ γράμμα περιέχειν δύναμιν· [D] ‘εἰ γάρ’ [ὤφελον] φησὶν ἕκαστος τῶν εὐχομένων. καὶ Ἀρχίλοχος (fr. 71)

‘εἰ γὰρ ὣς ἐμοὶ γένοιτο χεῖρα Νεοβούλης θιγεῖν.’

καὶ τοῦ ‘εἴθε’ τὴν δευτέραν συλλαβὴν *** παρέλκεσθαί φασιν, οἷον τὸ Σώφρονος (fr. 36 Kaibel)

2 cf. Naber, Mnemosyne N. S. 28, 1900, p. 134; comp. Arist. et Cat. Mai. c. 3   12 cf. 408 c

4 τὸν αὐτὸν Xg   9 τότε Wy. γε D^2X^2gB τε *O*   ὄχημα *Ω* corr. Mez.   10 μορφὴν X^1Dg   11 διαπ. X^3g καὶ διαπ. *O*   14 οἰόμενος *Ω* corr. Xyl.   15 ε̅ Γαx   hiatum ind. Bens., suppl. Po. (cf. St. V. Fr. II 216)   18 ὡς D πρὸς *O*   21 del. Po.   21—p. 6, 3 a Plutarcho aliena putat Wil.   24 lac. ind. et ⟨ὥσπερ καὶ τὸ ‘θήν’⟩ ins. Bern.   25 φησιν FΠ

ἄλλα τέκνων θην δευμένα·'

καὶ τὸ Ὁμηρικόν (P 29)

'ὥς θην καὶ σὸν ἐγὼ λύσω μένος·'

ἐν δὲ τῷ 'εἰ' τὸ εὐκτικὸν [καὶ] ἀποχρώντως δηλοῦσθαι.'

6. Ταῦτα τοῦ Νικάνδρου διελθόντος, οἶσθα γὰρ δὴ Θέωνα τὸν ἑταῖρον, ἤρετο τὸν Ἀμμώνιον, εἰ διαλεκτικῇ παρρησίας μέτεστιν οὕτω περιυβρισμένῃ ⟨καὶ κακῶς⟩ ἀκηκουίᾳ· τοῦ δ' Ἀμμωνίου λέγειν παρακελευομένου καὶ
E βοηθεῖν 'ἀλλ' ὅτι μέν' ἔφη 'διαλεκτικώτατος ὁ θεός ἐστιν, οἱ πολλοὶ τῶν χρησμῶν δηλοῦσιν· τοῦ γὰρ αὐτοῦ δήπουθέν ἐστι καὶ λύειν καὶ ποιεῖν ἀμφιβολίας. ἔτι δ', ὥσπερ Πλάτων ἔλεγε χρησμοῦ δοθέντος ὅπως τὸν ἐν Δήλῳ βωμὸν διπλασιάσωσιν, ὃ τῆς ἄκρας ἕξεως περὶ γεωμετρίαν ἔργον ἐστίν, οὐ τοῦτο προστάττειν τὸν θεὸν ἀλλὰ γεωμετρεῖν διακελεύεσθαι τοῖς Ἕλλησιν, οὕτως ἄρα χρησμοὺς ἀμφιβόλους ἐκφέρων ὁ θεὸς αὔξει καὶ συνίστησι διαλεκτικὴν ὡς ἀναγκαίαν τοῖς μέλλουσιν ὀρθῶς αὐτοῦ συνήσειν. ἐν δὲ διαλεκτικῇ δήπου μεγίστην ἔχει δύναμιν ὁ
F συναπτικὸς οὑτοσὶ σύνδεσμος, ἅτε δὴ τὸ λογικώτατον σχηματίζων ἀξίωμα· πῶς γὰρ οὐ τοιοῦτο τὸ συνημμένον, εἴ γε τῆς μὲν ὑπάρξεως τῶν πραγμάτων ἔχει καὶ τὰ θηρία γνῶσιν, ἀκολούθου δὲ θεωρίαν καὶ κρίσιν ἀνθρώπῳ μόνῳ παραδέδωκεν ἡ φύσις; ὅτι μὲν γὰρ 'ἡμέρα' καὶ 'φῶς' ἔστιν, αἰσθάνονται δήπου καὶ λύκοι καὶ κύνες καὶ ὄρνι-
387 θες· | ὅτι δ' 'εἰ ἡμέρα, φῶς ἔστιν', οὐδὲν ἄλλο συνίησι πλὴν ἄνθρωπος, ἡγουμένου καὶ λήγοντος ἐμφάσεώς τε καὶ συναρτήσεως τούτων πρὸς ἄλληλα καὶ σχέσεως καὶ

12 cf. 579 b; ex Eratosthenis Platonico, Hiller p. 131 ss.
25 cf. St. V. Fr. II 216. 240

1 ἄλλα Wil. ἅμα *Ω* δευμ. Γ δεύμενα X[3]g δευομένα *O* cf. Bechtel, Gr. Dial. II 222 4 ε̄ Γx del. Ha. 7 add. Blass 8 ἀκ. om. Πx 13 γεωμετρίας Γ 14 γεωμ. E καὶ γ. *O* 18 συνεῖναι X[3]g 20 γὰρ ἂν οὐ Γ 23 παρέδωκεν ΠgB μὲν g om. *O* 25 δ' om. X[1]Fα[1] ἡμ. ἐστὶ ΓB

διαφορᾶς μόνος ἔχων ἔννοιαν, ἐξ ὧν αἱ ἀποδείξεις τὴν κυριωτάτην ἀρχὴν λαμβάνουσιν. ἐπεὶ τοίνυν φιλοσοφία μὲν περὶ ἀλήθειάν ἐστιν ἀληθείας δὲ φῶς ἀπόδειξις ἀποδείξεως δ' ἀρχὴ τὸ συνημμένον, εἰκότως ἡ τοῦτο συνέχουσα καὶ ποιοῦσα δύναμις ὑπὸ σοφῶν ἀνδρῶν τῷ μάλιστα τὴν ἀλήθειαν ἠγαπηκότι θεῷ καθιερώθη. καὶ μάντις μὲν ὁ θεὸς μαντικὴ δὲ τέχνη περὶ τὸ μέλλον ἐκ τῶν παρόντων ἢ B *παρῳχημένων· οὐδενὸς γὰρ οὔτ' ἀναίτιος ἡ γένεσις οὔτ' ἄλογος ἡ πρόγνωσις· ἀλλ' ἐπεὶ πάντα τοῖς ⟨τε⟩ γεγονόσι τὰ γιγνόμενα τά τε γενησόμενα τοῖς γιγνομένοις ἕπεται καὶ συνήρτηται κατὰ διέξοδον ἀπ' ἀρχῆς εἰς τέλος περαίνουσαν, ὁ τὰς αἰτίας εἰς ταὐτὸ συνδεῖν τε πρὸς ἄλληλα καὶ συμπλέκειν φυσικῶς ἐπιστάμενος οἶδε καὶ προλέγει*

'τά τ' ἐόντα τά τ' ἐσσόμενα πρό τ' ἐόντα.'

καὶ καλῶς Ὅμηρος (*Α* 70) *πρῶτον ἔταξε τὰ παρόντα εἶτα τὸ μέλλον καὶ τὸ παρῳχημένον· ἀπὸ γὰρ τοῦ ὄντος ὁ συλλογισμὸς κατὰ τὴν τοῦ συνημμένου δύναμιν, ὡς 'εἰ τόδ' ἐστί, τόδε προηγεῖται' καὶ πάλιν 'εἰ τόδ' ἐστί, τόδε γενήσεται.' τὸ γὰρ τεχνικὸν καὶ λογικὸν ὥσπερ εἴρηται* C *γνῶσις ἀκολουθίας, τὴν δὲ πρόσληψιν ἡ αἴσθησις τῷ λόγῳ δίδωσιν. ὅθεν, εἰ καὶ γλίσχρον εἰπεῖν, οὐκ ἀποστρέψομαι τοῦτον εἶναι τὸν τῆς ἀληθείας τρίποδα τὸν λόγον, ὃς τὴν τοῦ λήγοντος πρὸς τὸ ἡγούμενον ἀκολουθίαν θέμενος εἶτα προσλαβὼν τὴν ὕπαρξιν ἐπάγει τὸ συμπέρασμα τῆς ἀποδείξεως. τὸν οὖν Πύθιον, εἰ δὴ μουσικῇ τε⟨ρπόμενος⟩ ἥδεται καὶ κύκνων φωναῖς καὶ κιθάρας ψόφοις, τί*

---

1 *αἱ* om. *ΓΠ*[1]   3 *ἐστι περὶ ἀλ.* D   4 *δ'* om. F*Π*   5 *ποι.*] *περαίνουσα* Po. (cf. St. V. Fr. II 238)   6 *μὲν* A[corr.] x om. ***O***   8 *οὔτ' ἀν.* D[2]E *οὐδ' ἀν.* ***O***   9 add. Wil.   12 *συνδ.* F[2]D[2]*Π*x -*δεῖ* ***O***   13 *συμπλέκεται Γ*   *οἶδε* om. X[3]g   *προλέγειν* D[2]   19 *τῶν γ. τεχνικῶν κ. λογικῶν* X[3]g   20 *γνῶσιν* αE   21 *γλ.* Wy. *αἰσχρὸν* ***Ω***   *ἀποστρ. Γ* (-*έφομαι* X) α[1] *ἀποτρ.* ***O***   23 *ἡγ.* x *προηγ.* ***O*** (cf. p. 6, 26)   25 *δή*] *τῇ* D[2] om. X[3]   *τε* om. *Γ* suppl. P. Maas

θαυμαστόν ἐστι διαλεκτικῆς φιλίᾳ τοῦτ᾽ ἀσπάζεσθαι τοῦ λόγου τὸ μέρος καὶ ἀγαπᾶν, ᾧ μάλιστα καὶ πλείστῳ D προσχρωμένους ὁρᾷ τοὺς φιλοσόφους; ὁ δ᾽ Ἡρακλῆς οὔπω τὸν Προμηθέα λελυκὼς οὐδὲ τοῖς περὶ τὸν Χείρωνα καὶ Ἄτλαντα σοφισταῖς διειλεγμένος ἀλλὰ νέος ὢν καὶ κομιδῇ Βοιώτιος ἀναιρῶν τὴν διαλεκτικὴν καὶ καταγελῶν τοῦ ʽεἰ τὸ πρῶτον, τὸ δεύτερον᾽ ὑποσπᾶν ἔδοξε βίᾳ τὸν τρίποδα καὶ διαμάχεσθαι πρὸς τὸν θεὸν ὑπὲρ τῆς τέχνης· ἐπεὶ προϊών γε τῷ χρόνῳ καὶ οὗτος ἔοικε μαντικώτατος ὁμοῦ γενέσθαι καὶ διαλεκτικώτατος.᾽

7. Παυσαμένου δὲ τοῦ Θέωνος Εὔστροφον Ἀθηναῖον οἶμαι τὸν εἰπόντα εἶναι πρὸς ἡμᾶς ʽὁρᾷς, ὡς ἀμύνει τῇ διαλεκτικῇ Θέων προθύμως, μονονοὺ τὴν λεοντῆν ἐπενδυσάμενος; E οὕτως οὐδ᾽ ἡμᾶς τοὺς πάντα συλλήβδην πράγματα καὶ φύσεις καὶ ἀρχὰς θείων ὁμοῦ καὶ ἀνθρωπείων ἐν ἀριθμῷ τιθεμένους καὶ πολὺ μάλιστα τῶν καλῶν καὶ τιμίων τοῦτον ἡγεμόνα ποιουμένους καὶ κύριον εἰκὸς ἡσυχίαν ἄγειν, ἀλλ᾽ ἀπάρξασθαι τῷ θεῷ τῆς φίλης μαθηματικῆς, αὐτὸ μὲν ἐφ᾽ ἑαυτοῦ μήτε δυνάμει μήτε μορφῇ μήτε τῷ ῥήματι τὸ Ε τῶν ἄλλων στοιχείων διαφέρειν ἡγουμένους, ὡς δὲ μεγάλου πρὸς τὰ ὅλα καὶ κυρίου σημεῖον ἀριθμοῦ προτετιμῆσθαι τῆς πεμπάδος, ἀφ᾽ οὗ τὸ ἀριθμεῖν οἱ σοφοὶ πεμπάζειν ὠνόμαζον.᾽ ταῦτα δὲ πρὸς ἡμᾶς ἔλεγεν οὐ F παίζων ὁ Εὔστροφος, ἀλλ᾽ ἐπεὶ τηνικαῦτα προσεκείμην τοῖς μαθήμασιν ἐμπαθῶς, τάχα δὴ μέλλων εἰς πάντα τιμήσειν τό ʽμηδὲν ἄγαν᾽ ἐν Ἀκαδημείᾳ γενόμενος.

---

3 cf. 413 a   7 cf. Apollod. Bibl. II, 6, 2; 557 c 560 d   14 ss. cf. 426 e ss.   22 cf. 374 a 429 d   26 cf. 431 a

---

7 εἰ] ε̄ Ω   πρ., καὶ τὸ E Emp., at cf. St. V. Fr. II 240   14 οὕτως Wy. οὔπω Ω   ὑμᾶς Re.   15 ἀνθρωπίνων X^{1}g   16 τούτων FΠ   17 εἰκ. Turn. εἰδὼς Ω   18 post μαθ. add. βουλομένους F^{2}Πx   20 ε̄ Ω   διαφ. om. Γ   ἡγούμενος Γ   21 καὶ X^{3}g om. O   τετιμ. ΓΒ   22 πεμπάδος XF^{1} πεμπτ. vel πεντ. O   25 δὴ Wy. δὲ Ω

8. *Εἶπον οὖν κάλλιστα τὸν Εὔστροφον τῷ ἀριθμῷ
λύειν τὴν ἀπορίαν. ‘ἐπεὶ γάρ’ ἔφην ‘εἰς τὸ ἄρτιον νενεμη-
μένου παντὸς ἀριθμοῦ καὶ τὸ περιττὸν | ἡ μὲν μονὰς 388
ἀμφοτέρων ἐπίκοινός ἐστι τῇ δυνάμει (διὸ καὶ προστι-
θεμένη τὸν μὲν περιττὸν ἀριθμὸν ἄρτιον ποιεῖ τὸν δ’ ἄρτιον
περιττόν), ἀρχὴν δὲ τοῦ μὲν ἀρτίου τὰ δύο τοῦ δὲ περιττοῦ
τὰ τρία ποιοῦνται, τὰ δὲ πέντε γεννᾶται τούτων πρὸς
ἀλλήλους μιγνυμένων, εἰκότως ἔσχηκε τιμὴν ⟨ὁ⟩ πρῶτος
ἐκ πρώτων ἀποτελούμενος καὶ γάμος ἐπωνόμασται τῇ
τοῦ ἀρτίου πρὸς τὸ θῆλυ περιττοῦ δ’ αὖ πρὸς τὸ ἄρρεν
ὁμοιότητι· ταῖς γὰρ εἰς ἴσα τομαῖς τῶν ἀριθμῶν ὁ μὲν
ἄρτιος πάντῃ διιστάμενος ὑπολείπει τινὰ δεκτικὴν ἀρχὴν
οἷον ἐν ἑαυτῷ καὶ χώραν, ἐν δὲ τῷ περιττῷ τὸ αὐτὸ
παθόντι μέσον ἀεὶ περίεστι τῆς νεμήσεως μόριον· ᾗ καὶ B
γονιμώτερός ἐστι τοῦ ἑτέρου καὶ μιγνύμενος ἀεὶ κρατεῖ
κρατεῖται δ’ οὐδέποτε· γίγνεται γὰρ ἐξ ἀμφοῖν κατ’
οὐδεμίαν μῖξιν ἄρτιος ἀλλὰ κατὰ πάσας περιττός. ἔτι δὲ
μᾶλλον αὐτὸς ἐπιβάλλων αὑτῷ. καὶ συντιθέμενος δείκνυσι
τὴν διαφορὰν ἑκάτερος· ἄρτιος μὲν γὰρ οὐδεὶς ἀρτίῳ
συνελθὼν περισσὸν παρέσχεν οὐδ’ ἐξέβη τὸ οἰκεῖον ὑπ’
ἀσθενείας ἄγονος ὢν ἑτέρου καὶ ἀτελής· περισσοὶ δὲ
μιγνύμενοι περισσοῖς ἀρτίους πολλοὺς διὰ τὸ πάντῃ γόνι-
μον ἀποτελοῦσι. τὰς δ’ ἄλλας οὐκ ἄν τις ἐν καιρῷ νῦν
ἐπεξίοι δυνάμεις καὶ διαφορὰς τῶν ἀριθμῶν. ὡς οὖν C
ἄρρενός τε τοῦ πρώτου καὶ θήλεος ὁμιλίᾳ τὰ πέντε γιγνό-*

2 ss. cf. 428 f ss. 9 Sex quoque numerus *γάμος* a Pythagoreis nominari solet, cf. 1018 c, Clem. Al. Strom. V 93, 4; at cf. 263 f ss. 1012 e [Iambl.] Theol. Arithm. 24 14 ss. cf. 288 cd vita Homeri 145

5 *περ.* om. *Γ* 7 *ποιοῦντα Γα ποιεῖ* x 8 add. Kurtz 9 *ἀπωνόμ.* FΠ 10 *δ’*] *τε* X^3g 12/3 *δ. ἀ. οἶ.*] *δεξαμενὴν* Po. cf. 374 b 14 *μορ.* Emp. *γόνιμον Ω* *καὶ* om. FΠ 16/7 *κατὰ τοῦδε μίαν Γ* 17 *πᾶσαν* X^3g *ἔτι*] *ἔστι* FΠ 21 *ἀπόγ. Ω* corr. Xyl. 22 *πολλ.*] *ἄλλους* Schw. 25 *τε τοῦ* x *τὸ τοῦ Γ τοῦ O* *ὁμιλ.* Wy. *ὃ μὴ διὰ Γ ὁμοιότητι O*

μενα γάμον οἱ Πυθαγόρειοι προσεῖπον. ἔστι δ' ᾗ καὶ φύσις λέλεκται τῷ περὶ αὐτὸν πολλαπλασιασμῷ πάλιν εἰς ἑαυτὸν περαίνων. ὡς γὰρ ἡ φύσις λαβοῦσα πυρὸν ἐν σπέρματι †καὶ χθαμένη πολλὰ μὲν ἐν μέσῳ φύει σχήματα καὶ εἴδη, δι' ὧν ἐπὶ τέλος ἐξάγει τὸ ἔργον, ἐπὶ πᾶσι δὲ πυρὸν ἀνέδειξεν ἀποδοῦσα τὴν ἀρχὴν ἐν τῷ τέλει τοῦ παντός, οὕτω τῶν λοιπῶν ἀριθμῶν, ὅταν αὐτοὺς πολλαπλασιάσωσιν, εἰς ἑτέρους τελευτώντων τῇ αὐξήσει μόνος
D *ὁ τῶν πέντε καὶ ἕξ γενόμενος τοσαυτάκις αὐτοὺς ἀναφέρουσι καὶ ἀνασῴζουσιν. ἑξάκις γὰρ τὰ ἓξ τριακονταέξ, καὶ πεντάκις τὰ πέντε εἰκοσιπέντε γίγνεται. καὶ πάλιν ὁ μὲν τῶν ἓξ ἅπαξ τοῦτο ποιεῖ καὶ μοναχῶς αὐτὸς ἐφ' ἑαυτοῦ τετράγωνος γιγνόμενος· τῇ δὲ πεμπάδι καὶ τοῦτο μὲν συμβέβηκε κατὰ πολλαπλασιασμόν, ἰδίως δὲ τὸ κατὰ σύνθεσιν ᾗ ἑαυτὴν ἢ ⟨τὴν⟩ δεκάδα ποιεῖν παρὰ μέρος ἐπιβάλλουσαν αὐτῇ, καὶ τοῦτο γίγνεσθαι μέχρι παντός, ἀπομιμουμένου τοῦ ἀριθμοῦ τὴν τὰ ὅλα διακοσμοῦσαν ἀρχήν. ὡς γὰρ ἐκείνην ὑπαλλάττουσαν ἐκ μὲν ἑαυτῆς τὸν κόσμον ἐκ δὲ τοῦ κόσμου πάλιν ἑαυτὴν ἀποτελεῖν 'πυρός τε ἀνταμοιβὴν τὰ πάντα' φησὶν ὁ Ἡράκλειτος*
E (fr. 90) *'καὶ πῦρ ἁπάντων, ὅκωσπερ χρυσοῦ χρήματα καὶ χρημάτων χρυσός,' οὕτως ἡ τῆς πεμπάδος πρὸς ἑαυτὴν σύνοδος οὐδὲν οὔτ' ἀτελὲς οὔτ' ἀλλότριον γεννᾶν πέφυκεν,*

---

2 *φύσις* nomen aliorum numerorum apud Phot. Bibl. 187
7 ss. cf. 429 d

---

1 *ἔτι δὲ καὶ* Re. 2 (et infra 14) *πολλαπλ.* x *πολυπλ.* ***O*** 4 *καὶ χεαμ.* A^{2}x *καὶ χ//αμένη* E *καὶ δεξαμένη* Strijd *κατεχόμενον* Wil. *φύσει Γ* 9 *γενόμενοι* X^{3}g 10 *τὰ* X^{3}g *τὸ* ***O*** 12 *ἐφ'* X^{1}D *ἀφ'* ***O*** 13 *πεντάδι* ***Ω*** corr. hic et infra Bern. 15 *ᾗ ἑ.* Stegm. *καθ' ἑ.* *ΓΠ*B *ἑ.* X^{3}g add. Bern. *ποιεῖν* X^{3}g *-εῖ* ***O*** 16 *ἐπιβαλλούσης* ***Ω*** corr. Emp. 18 *ὑπαλ.* Wil. *φυλάττουσαν* ***Ω*** 19 post *πάλιν* add. *αὖ* A$^{corr.}$ *ἀφ'* *Π*^{1} *ἐφ'* *Γ*E 20 *τε* x om. ***O*** *ἀνταμοίβηται π.* *Γ* *ἀνταμείβεται π.* ***O*** corr. Bern. Schw. 21 *ὅκ.* Bern. *ἐκ ὥσπερ Γ ὥσπερ* ***O***

ἀλλ' ὡρισμένας ἔχει μεταβολάς· ἢ γὰρ αὑτὴν ἢ τὴν δεκάδα
γεννᾷ, τουτέστιν ἢ τὸ οἰκεῖον ἢ τὸ τέλειον. (9.) ἐὰν οὖν
ἔρηταί τις, τί ταῦτα πρὸς τὸν Ἀπόλλωνα, φήσομεν οὐχὶ
μόνον, ἀλλὰ καὶ πρὸς τὸν Διόνυσον, ᾧ τῶν Δελφῶν οὐδὲν
ἧττον ἢ τῷ Ἀπόλλωνι μέτεστιν. ἀκούομεν οὖν τῶν θεολό-
γων τὰ μὲν ἐν ποιήμασι τὰ δ' ἄνευ μέτρου λεγόντων
καὶ ὑμνούντων, ὡς ἄφθαρτος ὁ θεὸς καὶ ἀίδιος πεφυ- F
κώς, ὑπὸ δή τινος εἱμαρμένης γνώμης καὶ λόγου μετα-
βολαῖς ἑαυτοῦ χρώμενος ἄλλοτε μὲν εἰς πῦρ ἀνῆψε
τὴν φύσιν πάντα ὁμοιώσας πᾶσιν, ἄλλοτε δὲ παντοδαπὸς
ἔν τε μορφαῖς καὶ ἐν πάθεσι καὶ δυνάμεσι διαφόροις
γιγνόμενος, ὡς γίγνεται νῦν, κόσμος ὀνομάζεται [δὲ]
τῷ γνωριμωτάτῳ τῶν ὀνομάτων. κρυπτόμενοι δὲ τοὺς
πολλοὺς οἱ σοφώτεροι τὴν μὲν εἰς πῦρ μεταβολὴν Ἀπόλ-
λωνά τε τῇ μονώσει Φοῖβόν τε τῷ καθαρῷ καὶ ἀμιάντῳ
καλοῦσι, | τῆς δ' εἰς πνεύματα καὶ ὕδωρ καὶ γῆν καὶ 389
ἄστρα καὶ φυτῶν ζῴων τε γενέσεις τροπῆς αὐτοῦ καὶ
διακοσμήσεως τὸ μὲν πάθημα καὶ τὴν μεταβολὴν διασπα-
σμόν τινα καὶ διαμελισμὸν αἰνίττονται, Διόνυσον δὲ καὶ
Ζαγρέα καὶ Νυκτέλιον καὶ Ἰσοδαίτην αὐτὸν ὀνομάζουσι
καὶ φθοράς τινας καὶ ἀφανισμοὺς εἶτα δ' ἀναβιώσεις καὶ
παλιγγενεσίας οἰκεῖα ταῖς εἰρημέναις μεταβολαῖς αἰνί-
γματα καὶ μυθεύματα περαίνουσι· καὶ ᾄδουσι τῷ μὲν
διθυραμβικὰ μέλη παθῶν μεστὰ καὶ μεταβολῆς πλάνην
τινὰ καὶ διαφόρησιν ἐχούσης· 'μιξοβόαν' γὰρ Αἰσχύλος
(fr. 355) φησί 'πρέπει διθύραμβον ὁμαρτεῖν σύγκωμον B
Διονύσῳ', τῷ δὲ παιᾶνα, τεταγμένην καὶ σώφρονα μοῦσαν,

---

5 ss. St. V. Fr. II 526 ss. 590 ss. (Heracl. fr. 30, 31) 12 cf. Stob. I p. 184, 11 (ex Chrysippo)

---

5 μέτ.] πέφυκεν D οὖν] γοῦν Hu. 10 τῇ φύσει Ω corr. Re. 12 ὡς γ. ν.] γ. μὲν Re. γ. ὡς ν. Wy. del. Emp. 21 ἀφ. ⟨εἰσάγοντες⟩ Schw. εἶτα δ' Stegm. οἱ τὰς Ω ἀναβ. Amyot cf. 364 f ἀποβ. Ω 26 συγκ. Tyrwhitt σύγκοινον (σύγκονον A σύγγονον E) Ω 27 παιᾶνά τινα g

ἀγήρων τε τοῦτον ἀεὶ καὶ νέον ἐκεῖνον δὲ πολυειδῆ καὶ πολύμορφον ἐν γραφαῖς καὶ πλάσμασι δημιουργοῦσι· καὶ ὅλως τῷ μὲν ὁμοιότητα καὶ τάξιν καὶ σπουδὴν ἄκρατον, τῷ δὲ μεμιγμένην τινὰ παιδιᾷ καὶ ὕβρει [καὶ σπουδῇ] καὶ μανίᾳ προσφέροντες ἀνωμαλίαν ʽεὔιον ὀρσιγύναικα μαινομέναις Διόνυσον ἀνθέοντα τιμαῖς᾽ (Lyr. adesp. 131) *ἀνακαλοῦσιν, οὐ φαύλως ἑκατέρας μεταβολῆς τὸ οἰκεῖον λαμβάνοντες. ἐπεὶ δ᾽ οὐκ ἴσος ὁ τῶν περιόδων ἐν ταῖς* C *μεταβολαῖς χρόνος, ἀλλὰ μείζων ὁ τῆς ἑτέρας ἣν ʽκόρον᾽ καλοῦσιν, ὁ δὲ τῆς ʽχρησμοσύνης᾽ ἐλάττων, τὸ κατὰ λόγον τηροῦντες ἐνταῦθα τὸν μὲν ἄλλον ἐνιαυτὸν παιᾶνι χρῶνται περὶ τὰς θυσίας, ἀρχομένου δὲ χειμῶνος ἐπεγείραντες τὸν διθύραμβον τὸν δὲ παιᾶνα καταπαύσαντες τρεῖς μῆνας ἀντ᾽ ἐκείνου τοῦτον κατακαλοῦνται τὸν θεόν· ὅπερ τρία πρὸς ἐννέα, τοῦτο τὴν διακόσμησιν οἰόμενοι χρόνῳ πρὸς τὴν ἐκπύρωσιν εἶναι.᾽*

10. *ʽἈλλὰ ταῦτα μὲν ἱκανοῦ καιροῦ μᾶλλον ἀπομεμήκυνται· δῆλον δ᾽ ὅτι συνοικειοῦσιν αὐτῷ τὴν πεμπάδα νῦν μὲν αὐτὴν ἑαυτὴν ὡς τὸ πῦρ αὖθις δὲ τὴν δεκάδα ποιοῦσαν* D *ἐξ ἑαυτῆς ὡς τὸν κόσμον. τῆς δὲ δὴ μάλιστα κεχαρισμένης τῷ θεῷ μουσικῆς οὐκ οἰόμεθα τούτῳ τῷ ἀριθμῷ μετεῖναι; τὸ γὰρ πλεῖστον ὡς ἔπος εἰπεῖν ἔργον ἁρμονικῆς περὶ τὰς συμφωνίας ἐστίν, αὗται δ᾽ ὅτι πέντε καὶ οὐ πλείους, ὁ λόγος ἐξελέγχει τὸν ἐν χορδαῖς καὶ τρυπήμασι ταῦτα θηρᾶν ἀλόγως τῇ αἰσθήσει βουλόμενον. πᾶσαι γὰρ ἐν λόγοις τὴν γένεσιν ἀριθμῶν λαμβάνουσιν· καὶ λόγος ἐστὶ*

---

5 cf. 607 c 671 c **9** ss. Heracl. fr. 65 St. V. Fr. II 616 Philo de spec. leg. I 208 **24** cf. Plat. Rep. 530 d ss. **26** cf. 1018 e

---

1 *ἀγήρω* X **3** *ὁμαλότητα* Hu. cf. 52 a **4/5** *παιδιᾷ . . . μανίᾳ* X³g *-ὰν -ιν -ὴν -ίαν* ***O*** **4** del. Wil. **5** *ὀρσιγ.* ***Ω*** corr. Re. **10/11** *καταλύον Γ* **14** *ἀνακ.* x **15** *ἐννέα*] *ἒν οὖσα Γ ἒν* ***O*** corr. Bases *οἰομένω Γ* **18** *δ᾽ ὅτι*] *ὃ Γ δ᾽ οὖν ὅτι* Bern. *αὐτῷ* Mez. *αὐτὸν οἱ* ***Ω*** *πεντάδα* ***Ω*** corr. Bern. **19** *αὐτὴν* X³g *αὐτῇ* ***O*** **20** post *κόσμ.* add. *λέγοντες* F²*Π*x **22** *ἔπος* Camerarius *ἔνι* ***Ω*** **24/25** *τῶν . . . βουλομένων* x **26** *ἀρ.* DEB *-ῷ* ***O***

τῆς μὲν διὰ τεσσάρων ἐπίτριτος, τῆς δὲ διὰ πέντε ἡμιόλιος, διπλάσιος δὲ τῆς διὰ πασῶν, τῆς δὲ διὰ πασῶν καὶ διὰ πέντε τριπλάσιος, καὶ τετραπλάσιος τῆς δὶς διὰ πασῶν. ἣν δὲ ταύ-
ταις ἐπεισάγουσιν οἱ ἁρμονικοὶ διὰ πασῶν καὶ διὰ τεσσάρων E
ὀνομάζοντες ἔξω μέτρου βαίνουσαν, οὐκ ἄξιόν ἐστι δέχεσθαι τῆς ἀκοῆς τῷ ἀλόγῳ παρὰ τὸν λόγον ὥσπερ νόμῳ χαριζομένους. ἵνα τοίνυν ἀφῶ πέντε ⟨τὰς⟩ τετραχόρδων θέσεις καὶ πέντε τοὺς πρώτους εἴτε τόνους ἢ τρόπους εἴθ' ἁρμονίας χρὴ καλεῖν, ὧν ἐπιτάσει καὶ ὑφέσει τρεπομένων κατὰ τὸ μᾶλλον καὶ ἧττον αἱ λοιπαὶ βαρύτητές εἰσι καὶ ὀξύτητες, ἆρ' οὐχὶ πολλῶν μᾶλλον δ' ἀπείρων διαστημάτων ὄντων τὰ μελῳδούμενα μόνα πέντ' ἐστί, δίεσις καὶ ἡμιτόνιον καὶ τόνος καὶ τριημιτόνιον καὶ δίτονον, ἄλλο
δ' οὐδὲν οὔτε μικρότερον οὔτε μεῖζον ἐν φωναῖς χωρίον F
ὀξύτητι καὶ βαρύτητι περατούμενον μελῳδητόν ἐστι;'

11. 'Πολλὰ δ' ἄλλα τοιαῦτ'' ἔφην ἐγώ 'παρελθὼν τὸν Πλάτωνα προσάξομαι λέγοντα (Tim. 31a) κόσμον ἕνα, ὡς εἴπερ εἰσὶ παρὰ τοῦτον ἕτεροι καὶ μὴ μόνος οὗτος εἷς, πέντε τοὺς πάντας ὄντας καὶ μὴ πλείονας. οὐ μὴν ἀλλὰ κἂν εἷς οὗτος ᾖ μονογενής, ὡς οἴεται καὶ Ἀριστοτέλης (de caelo 276 ss.), τρόπον τινὰ καὶ τοῦτον ἐκ πέντε
συγκείμενον κόσμων καὶ συνηρμοσμένον εἶναι· | ὧν ὁ μέν 390
ἐστι γῆς ὁ δ' ὕδατος, τρίτος δὲ καὶ τέταρτος ἀέρος καὶ πυρός· τὸν δὲ πέμπτον οὐρανὸν οἱ δὲ φῶς οἱ δ' αἰθέρα καλοῦσιν, οἱ δ' αὐτὸ τοῦτο πέμπτην οὐσίαν, ᾗ τὸ κύκλῳ

---

1 cf. 429 e 7 ss. cf. 430 a 1029 a 1138 f 17 cf. 421 f 430 b 22 ss. cf. 422 f ss. 887 b

---

2 δὲ τ.] διὰ τ. Γ 3 καὶ . . . πασῶν Bern. τὴν δὶς διὰ π. Γα[1] τῆς δὲ δὶς διὰ π. τετρ. O 5 ἔξω] ἐξ οὗ Γ 6 νόμω E -ον O 7 χαριζομένης X[3]g add. Si. 8 ἢ] εἴτε gB 9 ὧν Wy. ὡς Ω 12 μόνα π. D π. μ. O ἐστί XDx εἰσί O 14 φων. Ax φωνῆς O 16 προελθ. FΠ 17 ἕνα om. Γ 18 τούτων X[1]F[1] εἷς Wy. εἰς Ω 22 εἶναι om. Γ 23/24 καὶ τέτ. ἀ. κ. π. Pat. καὶ τέτ. ἀ. Γ π. καὶ τέτ. ἀ. O 24 τὸν Π[2]x τὸ O

περιφέρεσθαι μόνη τῶν σωμάτων κατὰ φύσιν ἐστίν, οὐκ ἐξ ἀνάγκης οὐδ' ἄλλως συμβεβηκός. διὸ δὴ καὶ τὰ πέντε κάλλιστα καὶ τελεώτατα σχήματα τῶν ἐν τῇ φύσει κατανοήσας, πυραμίδα καὶ κύβον καὶ ὀκτάεδρον καὶ εἰκοσάεδρον καὶ δωδεκάεδρον, ἕκαστον οἰκείως ἑκάστῳ προσένειμεν. (12) εἰσὶ δ' οἳ καὶ τὰς τῶν αἰσθήσεων δυνάμεις ἰσαρίθμους οὔσας τοῖς πρώτοις ἐκείνοις συνοικειοῦσι, τὴν μὲν B *ἁφὴν ὁρῶντες ἀντίτυπον οὖσαν καὶ γεώδη, τὴν δὲ γεῦσιν ὑγρότητι τῶν γευστῶν τὰς ποιότητας προσιεμένην. ἀὴρ δὲ πληγεὶς ἐν ἀκοῇ γίγνεται φωνὴ καὶ ψόφος. δυεῖν δὲ τῶν λοιπῶν ὀσμὴ μέν, ἣν ὄσφρησις εἴληχεν, ἀναθυμίασις οὖσα καὶ γεννωμένη θερμότητι πυρῶδές ἐστιν, αἰθέρι δὲ καὶ φωτὶ διὰ συγγένειαν διαλαμπούσης τῆς ὄψεως γίγνεται κρᾶσις ἐξ ἀμφοῖν ὁμοιοπαθὴς καὶ σύμπηξις. ἄλλην δ' οὔτε τὸ ζῷον αἴσθησιν οὔθ' ὁ κόσμος ἔχει φύσιν ἁπλῆν καὶ ἄμικτον· ἀλλὰ θαυμαστή τις, ὡς ἔοικε, διανομὴ γέγονε τῶν πέντε πρὸς τὰ πέντε καὶ σύλληξις.'*

C **13.** *Ἅμα δέ πως ἐπιστήσας καὶ διαλιπὼν 'οἷον' εἶπον 'ὦ Εὔστροφε, πεπόνθαμεν, ὀλίγου παρελθόντες τὸν Ὅμηρον* (*O* 187) *ὡς οὐχὶ πρῶτον εἰς πέντε νείμαντα μερίδας τὸν κόσμον, ὃς τὰς μὲν ἐν μέσῳ τρεῖς ἀποδέδωκε τοῖς τρισὶ θεοῖς, δύο δὲ τὰς ἄκρας ὄλυμπον καὶ γῆν, ὧν ἡ μὲν ἐστι τῶν κάτω πέρας ὁ δὲ τῶν ἄνω, κοινὰς καὶ ἀνεμήτους ἀφῆκεν. 'ἀλλ' ἀνοιστέος' ὁ 'λόγος' ὡς Εὐριπίδης* (fr. 970) *φησίν. οἱ γὰρ τὴν τετράδα σεμνύναντες οὐ φαύλως διδάσκουσιν, ὅτι τῷ ταύτης λόγῳ πᾶν σῶμα γένεσιν ἔσχηκεν. ἐπεὶ γὰρ ἐν μήκει καὶ πλάτει βάθος λαβόντι πᾶν τὸ* D *στερεόν ἐστι, καὶ μήκους μὲν προϋφίσταται στιγμὴ κατὰ*

20 cf. 422 f 24 cf. 431 a

2 *οὔτ'* ***Ω*** (*εἴτ'* D) corr. Wil. *συμβεβηκότος* ***Ω*** corr. Mez. *καὶ πέντε τὰ* Wil. 3 *καὶ κάλλ.* D 7 *ἐκείνοις* om. D 9 *γευστ.*] *γεύσεων Γ* 11 *ἣν* Vat. Reg. Gr. 80 *ἡ Γ ἣν ἡ* ***O*** 12 *γενομ. Γ* 14 *συμπ.* X[3]g *συμπλ.* ***O*** 17 *τῶν πάντων* Wy. cf. 429 d 21 *ὃς* om. *Γ* 23 *ὁ* X[3]B *ἡ* ***O*** 24 *ὁ εὐρ.* X[1]D

μονάδα ταττομένη, μῆκος δ' ἀπλατὲς [ἡ] γραμμὴ καλεῖται καὶ δυάς ἐστιν, ἡ δ' ἐπὶ πλάτος γραμμῆς κίνησις ἐπιφανείας γένεσιν ἐν τριάδι παρέσχε, βάθους δὲ τούτοις προσγενομένου διὰ τεττάρων εἰς στερεὸν ἡ αὔξησις προβαίνει, παντὶ δῆλον, ὅτι δεῦρο τὴν φύσιν ἡ τετρὰς προαγαγοῦσα, μέχρι τοῦ σῶμα τελειῶσαι καὶ παρασχεῖν ἁπτὸν ὄγκον καὶ ἀντίτυπον, εἶτ' ἀπολέλοιπεν ἐνδεᾶ τοῦ μεγίστου. τὸ γὰρ ἄψυχον ὡς ἁπλῶς εἰπεῖν ὀρφανὸν καὶ ἀτελὲς καὶ πρὸς οὐδ' ὁτιοῦν μὴ χρωμένης ψυχῆς ἐπιτήδειον· ἡ δὲ τὴν ψυχὴν ἐμποιοῦσα κίνησις ἢ διάθεσις μεταβολῇ διὰ πέντε E *γιγνομένη τῇ φύσει τὸ τέλειον ἀποδίδωσι καὶ τοσούτῳ κυριώτερον ἔχει τῆς τετράδος λόγον, ὅσῳ τιμῇ διαφέρει τοῦ ἀψύχου τὸ ζῷον. ἔτι δ' ἰσχύσασα μᾶλλον ἡ τῶν πέντε συμμετρία καὶ δύναμις οὐκ εἴασεν εἰς ἄπειρα γένη προελθεῖν τὸ ἔμψυχον, ἀλλὰ πέντε τῶν ζώντων ἁπάντων ἰδέας παρέσχεν. εἰσὶ γὰρ θεοὶ δήπου καὶ δαίμονες καὶ ἥρωες, εἶτα μετὰ τούτους τὸ τέταρτον ἄνθρωποι γένος, ἔσχατον δὲ καὶ πέμπτον τὸ ἄλογον καὶ θηριῶδες. ἔτι δ' εἰ τὴν ψυχὴν αὐτὴν κατὰ φύσιν διαιροῖς, πρῶτον αὐτῆς καὶ ἀμαυρότατόν ἐστι τὸ θρεπτικὸν δεύτερον δὲ τὸ αἰσθητι-* F *κὸν εἶτα τὸ ἐπιθυμητικὸν εἶτ' ἐπὶ τούτῳ τὸ θυμοειδές· εἰς δὲ τὴν τοῦ λογιστικοῦ δύναμιν ἐξικομένη καὶ τελεώσασα τὴν φύσιν ὥσπερ ἐν ἄκρῳ τῷ πέμπτῳ καταπέπαυται.'*

14. *'Τοσαύτας δὲ καὶ τηλικαύτας ἔχοντος τοῦ ἀριθμοῦ δυνάμεις καλὴ καὶ ἡ γένεσίς ἐστιν, οὐχ ἣν ἤδη διήλθομεν ἐκ δυάδος οὖσαν καὶ τριάδος, ἀλλ' ἣν ἡ ἀρχὴ τῷ πρώτῳ*

16 cf. 415 b 18 cf. 429 e

1 ἡ] ἐν Γ (ὃν Bases) del. Wil. 2 δυάς Re. μῆκος **O** καὶ γρ. F^1 καὶ ἐπιφ. $F^1Π$ 3 βάθος Γ τούτοις x τούτου **O** 5 δεῦρο Γ μὴ δ. **O** μέχρι δ. Steph. προάγουσα Γ 6 καὶ μέχρι FΠB ἁπτ. Re. διττὸν **Ω** 10 μετ. X^1 μεταβολὴ (ἢ μετ. x) **O** 15 ἄψυχ. $ΓΠ^1$ 17 εἶτα] καὶ D 19 διαιρεῖς Xx 21 εἶτα τὸ ἐπ. om. Γ εἶτ'] ἔστ' X^1F^1 25 ἔχ. x -τες **O** 27 οὖσαν X^3g οὖσα **O** ἡ x om. **O**

391 *συνελθοῦσα τετραγώνῳ παρέσχεν. | ἀρχὴ μὲν γὰρ ἀριθμοῦ παντὸς ἡ μονάς, τετράγωνος δὲ πρῶτος ἡ τετράς· ἐκ δὲ τούτων ὥσπερ ἰδέας καὶ ὕλης πέρας ἐχούσης ἡ πεμπάς. εἰ δὲ δὴ καὶ τὴν μονάδα τετράγωνον ὀρθῶς ἔνιοι τίθενται δύναμιν οὖσαν ἑαυτῆς καὶ περαίνουσαν εἰς ἑαυτήν, ἐκ δυεῖν πεφυκυῖα τῶν πρώτων τετραγώνων ἡ πεμπὰς οὐκ ἀπολέλοιπεν ὑπερβολὴν εὐγενείας.'*

15. *'Τὸ δὲ μέγιστον' ἔφην 'δέδια μὴ ῥηθὲν πιέζῃ τὸν Πλάτωνα ἡμῶν, ὡς ἐκεῖνος ἔλεγε πιέζεσθαι τῷ τῆς σελήνης ὀνόματι τὸν Ἀναξαγόραν, παμπάλαιον οὖσαν [τινα]* **B** *τὴν περὶ τῶν φωτισμῶν δόξαν ἰδίαν αὐτοῦ ποιούμενον. ἢ γὰρ οὐ ταῦτ' εἴρηκεν ἐν Κρατύλῳ* (409a)*;' 'πάνυ μὲν οὖν' ὁ Εὔστροφος ἔφη, 'τί δ' ὅμοιον πέφυκεν οὐ συνορῶ.' 'καὶ μὴν οἶσθα δήπουθεν, ὅτι πέντε μὲν ἐν Σοφιστῇ* (256c) *τὰς κυριωτάτας ἀποδείκνυσιν ἀρχάς, τὸ ὂν τὸ ταὐτὸν τὸ ἕτερον, τέταρτον δὲ καὶ πέμπτον ἐπὶ τούτοις κίνησιν καὶ στάσιν. ἄλλῳ δ' αὖ τρόπῳ διαιρέσεως ἐν Φιλήβῳ* (23c) *χρώμενος ἓν μὲν εἶναί φησι τὸ ἄπειρον ἕτερον δὲ τὸ πέρας, τούτων δὲ μιγνυμένων πᾶσαν συνίστασθαι γένεσιν· αἰτίαν δ', ὑφ' ἧς μίγνυται, τέταρτον γένος τίθεται· καὶ πέμπτον ἡμῖν ὑπονοεῖν ἀπολέλοιπεν, ᾧ τὰ μιχθέντα πάλιν ἴσχει διάκρισιν καὶ διάστασιν.* **C** *τεκμαίρομαι δὲ ταῦτ' ἐκείνων ὥσπερ εἰκόνας λέγεσθαι, τοῦ μὲν ὄντος τὸ γιγνόμενον, κινήσεως δὲ τὸ ἄπειρον, τὸ δὲ πέρας τῆς στάσεως, ταὐτοῦ δὲ τὴν μιγνύουσαν ἀρχήν, θατέρου δὲ τὴν διακρίνουσαν. εἰ δ' ἕτερα ταῦτ' ἐστί, κἀκείνως ἂν εἴη καὶ οὕτως ἐν πέντε γένεσι καὶ διαφοραῖς τιθέμενος· †φησὶ δή τις ταῦτα πρότερος συνιδὼν Πλάτωνος*

---

1 cf. 429e 8 ss. cf. Wil. Hermes 33, p. 525 14 cf. 428c

---

4. 6 πεμπ. X^1? πεντ. Ex πεμπτ. *O* 9 ὑμῶν X^1? ἡμῖν Mez. 10 οὐσ.] ἔχουσαν *Γ* del. Wil. 11 αὐτοῦ ἰδ. *Γ* αὐτῆς ἰδ. *O* trp. Bern. ἰδ. del. Bases 19 τὸ π. x π. *O* 21 ὑπολ. X^1D 27 γέν. g γενέσσσι *O* τιθ. Wil. πειθόμενος *Γ* πυθόμενος *O* 28 φήσει X^3 corrupta sic rest. Po.: τιθ. ⟨τὰ ὄντα⟩· φαίνεται δέ τις ταῦτα πρ. σ. Π., ὁ τὸ E καθιερ.

δύο Ε καθιερώσας τῷ θεῷ, δήλωμα καὶ σύμβολον τοῦ ἀριθμοῦ τῶν πάντων. ἀλλὰ μὴν καὶ τἀγαθὸν ἐν πέντε γένεσι φανταζόμενον κατανοήσας, ὧν πρῶτόν ἐστι τὸ μέτριον δεύτερον δὲ τὸ σύμμετρον, καὶ τρίτον ὁ νοῦς καὶ D τέταρτον αἱ περὶ ψυχὴν ἐπιστῆμαι καὶ τέχναι καὶ δόξαι ἀληθεῖς, πέμπτον ⟨δ'⟩ εἴ τις ἡδονὴ καθαρὰ καὶ πρὸς τὸ λυποῦν ἄκρατος, ἐνταῦθα λήγει τὸ Ὀρφικὸν (fr. 14) ὑπειπών

'ἕκτῃ δ' ἐν γενεῇ καταπαύσατε οἶμον ἀοιδῆς.'

16. 'Ἐπὶ τούτοις' ἔφην 'εἰρημένοις πρὸς ὑμᾶς 'ἓν βραχὺ' τοῖς περὶ Νίκανδρον 'ἀείσω ξυνετοῖσι' (Orph. fr. 334). τῇ γὰρ ἕκτῃ τοῦ †νέου μηνὸς ὅταν κατάγῃς τὴν Πυθίαν εἰς τὸ πρυτανεῖον, ὁ πρῶτος ὑμῖν γίγνεται τῶν τριῶν κλήρων εἰς τὰ πέντε †πρὸς ἀλλήλους ἐκείνης τὰ τρία οὐδὲ τὰ δύο βάλλοντες. ἦ γὰρ οὐχ οὕτως ἔχει;' καὶ ὁ Νίκανδρος 'οὕτως' εἶπεν· 'ἡ δ' αἰτία πρὸς ἑτέρους ἄρρητός ἐστιν.' 'οὐκοῦν' ἔφην ἐγὼ μειδιάσας 'ἄχρι οὗ τἀληθὲς E ἡμῖν ὁ θεὸς ἱεροῖς γενομένοις γνῶναι παράσχῃ, προσκείσεται καὶ τοῦτο τοῖς ὑπὲρ τῆς πεμπάδος λεγομένοις.' τοιοῦτο μὲν καὶ ὁ τῶν ἀριθμητικῶν καὶ ὁ τῶν μαθηματικῶν ἐγκωμίων τοῦ εἶ λόγος, ὡς ἐγὼ μέμνημαι, πέρας ἔσχεν.

---

2 ss. cf. Plat. Phileb. 66 a ss. 11 cf. 636 d

---

1 ε̅ Ω καθ. Γ -ιέρωσε O 2 ἀλλὰ usque ad 9 ἀοιδῆς del. Wil. 3 γενέσεσι F[1]B 6 add. Bern. εἴ τ.] ἧτ. X 8 ἐπειπ. X[3]g 9 γενεῇ x γενεᾷ O οἶμ. Kroll θυμὸν Ω 10 ἔφ. X[1]E ἔφη O ἡμᾶς FΠ ἓν βρ. τ.] ἐν βραχυτάτοις Γ 12 τῆς γὰρ ἑκτῆς Ω corr. Bern. ταῖς γὰρ ἕκταις τοῦ Ἰλαίου μηνὸς Pat. κατ. Re. κατάγῃ εἰς Ω 13 τὸ Wy. τι Ω 14 τὰ[1]] τὰς F[1], def. Wil., nomen collegii latere ratus ἐκ. Γ -οις O 15 οὐδὲ . . . βάλλ.] σοῦ · δὲ . . . βάλλοντος Bern. Pat. 16 ἄρρητον Γ 17 οὗ] οὖν Γ 19 πεμπ. X[1]D πεμπτ. X[3]B πεντ. O 20 τοι. Ax -ος O

17. *Ὁ δ' Ἀμμώνιος, ἅτε δὴ καὶ αὐτὸς οὐ τὸ φαυλότατον ἐν μαθηματικῇ φιλοσοφίας τιθέμενος, ἥσθη τε τοῖς λεγομένοις καὶ εἶπεν 'οὐκ ἄξιον πρὸς ταῦτα λίαν ἀκριβῶς ἀντιλέγειν τοῖς νέοις, πλὴν ὅτι τῶν ἀριθμῶν ἕκαστος οὐκ ὀλίγα βουλομένοις ἐπαινεῖν καὶ ὑμνεῖν παρέξει. καὶ τί δεῖ περὶ*
F *τῶν ἄλλων λέγειν; ἡ γὰρ ἱερὰ τοῦ Ἀπόλλωνος ἑβδομὰς ἀναλώσει τὴν ἡμέραν πρότερον ἢ λόγῳ τὰς δυνάμεις αὐτῆς ἁπάσας ἐπεξελθεῖν. εἶτα τῷ κοινῷ νόμῳ 'πολεμοῦντας' ἅμα καὶ 'τῷ πολλῷ χρόνῳ' τοὺς σοφοὺς ἀποφανοῦμεν ἄνδρας, εἰ τὴν ἑβδομάδα τῆς προεδρίας παρώσαντες τῷ θεῷ τὴν πεμπάδα καθιερώσουσιν ὡς μᾶλλόν τι προσήκουσαν; οὔτ' οὖν ἀριθμὸν οὔτε τάξιν οὔτε σύνδεσμον οὔτ' ἄλλο τῶν*
392 *ἐλλιπῶν μορίων οὐδὲν οἶμαι τὸ γράμμα σημαίνειν· | ἀλλ' ἔστιν αὐτοτελὴς τοῦ θεοῦ προσαγόρευσις καὶ προσφώνησις ἅμα τῷ ῥήματι τὸν φθεγγόμενον εἰς ἔννοιαν καθιστᾶσα τῆς τοῦ θεοῦ δυνάμεως. ὁ μὲν γὰρ θεὸς ἕκαστον [ἡμῶν] τῶν ἐνταῦθα προσιόντων οἷον ἀσπαζόμενος προσαγορεύει τό 'γνῶθι σαυτόν,' ὃ τοῦ χαῖρε δήπουθεν οὐδὲν μεῖόν ἐστιν· ἡμεῖς δὲ πάλιν ἀμειβόμενοι τὸν θεόν 'εἶ' φαμέν, ὡς ἀληθῆ καὶ ἀψευδῆ καὶ μόνην μόνῳ προσήκουσαν τὴν τοῦ εἶναι προσαγόρευσιν ἀποδιδόντες.'*

18. *''Ἡμῖν μὲν γὰρ ὄντως τοῦ εἶναι μέτεστιν οὐδέν, ἀλλὰ πᾶσα θνητὴ φύσις ἐν μέσῳ γενέσεως καὶ φθορᾶς*

---

8 cf. 359 f v. Thes. **10** Simonid. fr. 193 B **11** *οὔτ'* — 21, **21** *μὴ ὄντος* cit. Euseb. Praep. Evang. XI, 11; **11** *οὔτ'* — **16** *δυν.* cit. Cyrill. adv. Iul. VIII (Migne 76, 908) **16** ss. Plat. Charm. 164 d **22** ss. cf. Philo de Iosepho 125 ss. (ab Arnim, Phil. Unters. XI 95 ss.) **23** *γεν. κ. φθ.*] Anaximand. fr. 9, Plat. Phaedo 95 e St. V. Fr. II 594 etc.

---

1 *ὁ δ'*] *οὐδ'* X^1D **2** *ἐν μ. φ.* Wy. *ἐν μ. φιλοσοφία* ΓΠ *τὴν μαθηματικὴν φιλοσοφίας μέρος* x **5** *ἐ. κ. ὑ.* XDg *ἐ. κ. ὑμῖν* F *κ. ὑμῖν* (*ἡμῖν* B) *ἐ.* **O** **5/6** *περὶ τ. ἄ.*] *πολλὰ* E **7** *ἢ*] *ἢ ἂν* Γ *ἂν* x *ἤ τινα* Po. **8** post *ἐπεξ.* add. *ἐθελήσωμεν* x **11** *πεμπ.* X^1D *πεμπτ.* x *πεντ.* **O** **13** *οὐδ.* Eus. Cyr. *οἶδεν* **Ω** **16** del. Wil. **17** *τῶν . . . προσιόντων* Eus. *προσιόντα* **Ω** **18** *ὃ δὴ τ. χ. οὐδ.* D *δήπ.* codd. cdfg Eus. *δὴ* cett. Eus. **Ω**

γενομένη φάσμα παρέχει καὶ δόκησιν ἀμυδρὰν καὶ ἀβέ-
βαιον αὐτῆς· ἂν δὲ τὴν διάνοιαν ἐπερείσῃς λαβέσθαι βου- B
λόμενος, ὥσπερ ἡ σφοδρὰ περίδραξις ὕδατος τῷ πιέζειν
καὶ εἰς ταὐτὸ συνάγειν διαρρέον ἀπόλλυσι τὸ περιλαμβα-
νόμενον, οὕτω τῶν παθητῶν καὶ μεταβλητῶν ἑκάστου τὴν
ἄγαν ἐνάργειαν ὁ λόγος διώκων ἀποσφάλλεται τῇ μὲν εἰς
τὸ γιγνόμενον αὐτοῦ τῇ δ' εἰς τὸ φθειρόμενον, οὐδενὸς λα-
βέσθαι μένοντος οὐδ' ὄντως ὄντος δυνάμενος. 'ποταμῷ
γὰρ οὐκ ἔστιν ἐμβῆναι δὶς τῷ αὐτῷ' καθ' Ἡράκλειτον
(fr. 91) οὐδὲ θνητῆς οὐσίας δὶς ἅψασθαι κατὰ ἕξιν· ἀλλ'
ὀξύτητι καὶ τάχει μεταβολῆς 'σκίδνησι καὶ πάλιν συνάγει',
μᾶλλον δ' οὐδὲ πάλιν οὐδ' ὕστερον ἀλλ' ἅμα συνίσταται
καὶ ἀπολείπει καὶ 'πρόσεισι καὶ ἄπεισιν'. ὅθεν οὐδ' εἰς τὸ C
εἶναι περαίνει τὸ γιγνόμενον αὐτῆς τῷ μηδέποτε λήγειν
μηδ' ἵστασθαι τὴν γένεσιν, ἀλλ' ἀπὸ σπέρματος ἀεὶ
μεταβάλλουσαν ἔμβρυον ποιεῖν εἶτα βρέφος εἶτα παῖδα,
μειράκιον ἐφεξῆς, νεανίσκον, εἶτ' ἄνδρα, πρεσβύτην, γέ-
ροντα, τὰς πρώτας φθείρουσαν γενέσεις καὶ ἡλικίας ταῖς
ἐπιγιγνομέναις.· ἀλλ' ἡμεῖς ἕνα φοβούμεθα γελοίως θάνα-
τον, ἤδη τοσούτους τεθνηκότες καὶ θνήσκοντες. οὐ γὰρ
μόνον, ὡς Ἡράκλειτος (fr. 76) ἔλεγε, 'πυρὸς θάνατος
ἀέρι γένεσις, καὶ ἀέρος θάνατος ὕδατι γένεσις,' ἀλλ' ἔτι
σαφέστερον ἐπ' αὐτῶν ἡμῶν φθείρεται μὲν ὁ ἀκμάζων
γινομένου γέροντος, ἐφθάρη δ' ὁ νέος εἰς τὸν ἀκμάζοντα, D
καὶ ὁ παῖς εἰς τὸν νέον, εἰς δὲ τὸν παῖδα τὸ νήπιον· ὅ τ'
ἐχθὲς εἰς τὸν σήμερον τέθνηκεν, ὁ δὲ σήμερον εἰς τὸν

3 cf. 1082 a 9 cf. 559 c 11 cf. 447 a

2 ἐπερείσῃ τις Eus. 3 τὸ π. Γ 4 κ. εἰς τ. Eus. εἰς τ. κ. Ω 5 π. . κ. μ. Eus. παθημάτων μεταβάντων (καὶ μ. Γ) Ω 6 ἐνάργ. F²Π ἐνέργ. O Eus. 6/7 τῇ . . . τῇ] πῇ . . . πῇ x 8 ὄντος ὄντως Ω trp. Wil. 10 ἕξιν ⟨τῆς αὐτῆς⟩ Diels 12/13 μᾶλλον . . . ἀπολ. hab. solus Eus. 14 παραινεῖ Γ αὐτῇ Γ 15 ἵστ. Eus. ἡττᾶσθαι Ω 22 ἀέρι θάν. Γ 23 ἡμῶν Eus. ἢ δι' ὧν Γ ἴδοις ἄν O ὁ Eus. om. Ω 24 γενομ. X³g Eus. 25/26 τ' ἐχθὲς] τεχθεὶς Γ δὲ χθὲς Eus.

αὔριον ἀποθνήσκει· μένει δ' οὐδεὶς οὐδ' ἔστιν εἷς, ἀλλὰ γιγνόμεθα πολλοί, περὶ ἕν τι φάντασμα καὶ κοινὸν ἐκμαγεῖον ὕλης περιελαυνομένης καὶ ὀλισθανούσης. ἐπεὶ πῶς οἱ αὐτοὶ μένοντες ἑτέροις χαίρομεν νῦν, ἑτέροις πρότερον, τἀναντία φιλοῦμεν καὶ μισοῦμεν καὶ θαυμάζομεν καὶ ψέγομεν, ἄλλοις χρώμεθα λόγοις ἄλλοις πάθεσιν, οὐκ εἶδος οὐ E *μορφὴν οὐ διάνοιαν ἔτι τὴν αὐτὴν ἔχοντες; οὔτε γὰρ ἄνευ μεταβολῆς ἕτερα πάσχειν εἰκός, οὔτε μεταβάλλων ⟨οὐδεὶς⟩ ὁ αὐτός ἐστιν· εἰ δ' ὁ αὐτὸς οὐκ ἔστιν, οὐδ' ἔστιν, ἀλλὰ τοῦτ' αὐτὸ μεταβάλλει γιγνόμενος ἕτερος ἐξ ἑτέρου. ψεύδεται δ' ἡ αἴσθησις ἀγνοίᾳ τοῦ ὄντος εἶναι τὸ φαινόμενον.'*

19. *'Τί οὖν ὄντως ὄν ἐστι; τὸ ἀίδιον καὶ ἀγένητον καὶ ἄφθαρτον, ᾧ χρόνος μεταβολὴν οὐδὲ εἷς ἐπάγει. κινητὸν γάρ τι καὶ κινουμένῃ συμφανταζόμενον ὕλῃ καὶ ῥέον ἀεὶ καὶ μὴ στέγον, ὥσπερ ἀγγεῖον φθορᾶς καὶ γενέσεως, ὁ χρόνος· ὅπου γε δὴ τὸ μέν 'ἔπειτα' καὶ τό 'πρότερον' καὶ τό 'ἔσται' λεγόμενον καὶ τό 'γέγονεν' αὐτόθεν ἐξομολόγησίς ἐστι τοῦ μὴ ὄντος· τὸ γὰρ ἐν τῷ εἶναι μηδέπω* F *γεγονὸς ἢ πεπαυμένον ἤδη τοῦ εἶναι λέγειν ὡς ἔστιν, εὔηθες καὶ ἄτοπον. ᾧ δὲ μάλιστα τὴν νόησιν ἐπερείδοντες τοῦ χρόνου τό 'ἐνέστηκε' καὶ τό 'πάρεστι' καὶ τό 'νῦν' φθεγγόμεθα, τοῦτ' αὖ πάλιν ἄγαν ἐνδυόμενος ὁ λόγος ἀπόλλυσιν. ἐκθλίβεται γὰρ εἰς τὸ μέλλον καὶ τὸ παρ-*

---

13 *τί* — **14** *ἐπάγει* cit. Theodoretus Graec. aff. cur. II 108

---

2 *τι* Eus. om. **Ω** **4** *πρ.* Eus. *δὲ ἄλλοτε καὶ* g om. ***O*** **5** *καὶ*[1] Eus. *ἢ* **Ω** **6** *ἄλ. χρ.* x Eus. *ἄλ. δὲ χρ.* ***O*** **8** *πάσχ.*] *παρέχειν Γ* add. Si. **9** *ἀλ.* Eus. *ἅμα* **Ω** **10** *τ. αὐ.*] *ἐκ τοῦ αὐτὸν* Eus. **13** *ὄ. ὄ.* om. Theod. *ἀγέν.* E x Eus. *ἀγένν.* ***O*** **14** *χρ. οὐδεὶς μ.* Theod. **16** *στ.* Eus. *στερρὸν* **Ω** **17** *ὅπου* Wil. *ὀξύ Γ οὗ* ***O*** *ἐξ οὗ* Eus. *γε* om. Eus. **18** *αὐτὸς ἓν Γ* **19** *μηδ. Γ* Eus. *τὸ μηδ.* ***O*** **20** *τὸ πεπ.* X^3B *τὸ ποτὲ πεπ.* g *τοῦ*] *τὸ* vel *τῷ Γ* **21** *ἐπερ.* Eus. *ὑπερ.* X^2B *ὑπεριδόντες* ***O*** **23** *ἄγ.* om. gB Eus. *ἅπαν* Re. *ἐνδ.* Ha. *ἐκδ.* **Ω** *ἐκλ.* Eus. *ἄγ. ἐνδ.*] *ἐπανερχόμενος* Schw.

ῳχημένον ὥσπερ αὐγὴ βουλομένοις ἰδεῖν ἐξ ἀνάγκης διιστάμενον. | εἰ δὲ ταὐτὰ τῷ μετροῦντι πέπονθεν ἡ με- 393
τρουμένη φύσις, οὐδὲν αὐτῆς μένον οὐδ' ὂν ἐστιν, ἀλλὰ γιγνόμενα πάντα καὶ φθειρόμενα κατὰ τὴν πρὸς τὸν χρόνον συννέμησιν. ὅθεν οὐδ' ὅσιόν ἐστιν ἐπὶ τοῦ ὄντος λέγειν, ὡς ἦν ἢ ἔσται· ταῦτα γὰρ ἐγκλίσεις τινές εἰσι καὶ παραλλάξεις τοῦ μένειν ἐν τῷ εἶναι μὴ πεφυκότος.'

20. 'Ἀλλ' ἔστιν ὁ θεός, 'εἶ' χρὴ φάναι, καὶ ἔστι κατ' οὐδένα χρόνον ἀλλὰ κατὰ τὸν αἰῶνα τὸν ἀκίνητον καὶ ἄχρονον καὶ ἀνέγκλιτον καὶ οὗ πρότερον οὐδέν ἐστιν οὐδ' ὕστερον οὐδὲ μέλλον οὐδὲ παρῳχημένον οὐδὲ πρεσβύτερον οὐδὲ νεώτερον· ἀλλ' εἷς ὢν ἑνὶ τῷ νῦν τὸ ἀεὶ πεπλήρωκε, καὶ μόνον ἐστὶ τὸ κατὰ τοῦτ' ὄντως ὄν, οὐ γεγονὸς οὐδ' B
ἐσόμενον οὐδ' ἀρξάμενον οὐδὲ παυσόμενον. οὕτως οὖν αὐτὸ δεῖ σεβομένους ἀσπάζεσθαι [καὶ] προσεθίζειν, 'εἶ', καὶ νὴ Δία, ὥς ἔνιοι τῶν παλαιῶν, 'εἶ ἕν'. οὐ γὰρ πολλὰ τὸ θεῖόν ἐστιν, ὡς ἡμῶν ἕκαστος ἐκ μυρίων διαφορῶν ἐν πάθεσι γινομένων ἄθροισμα παντοδαπὸν καὶ πανηγυρικῶς μεμιγμένον· ἀλλ' ἓν εἶναι δεῖ τὸ ὄν, ὥσπερ ὂν τὸ ἕν. ἡ δ' ἑτερότης διαφορᾷ τοῦ ὄντος εἰς γένεσιν ἐξίσταται τοῦ μὴ ὄντος. ὅθεν εὖ καὶ τὸ πρῶτον ἔχει τῷ θεῷ τῶν ὀνο-

---

8 ἀλλ' — 19 ἕν cit. Cyrill. adv. Iul. VIII (Migne 76, 908)
12 ss. cf. Norden, Agnostos Theos p. 231

---

1 αὐγὴ Eus. ἀκμὴ Ω στιγμὴ Po. cl. Marc. Aur. II 17 VI 36 βουλ. Eus. βουλόμενος Ω 2 εἰ δὲ Eus. ὁ δὲ Ω ἡ μετ. Eus. ἢ μέτρον μὲν. Ω 4 κατὰ τὴν Γ Eus. κατ' αὐτὴν O 5 συνν. Eus. συνεμίγη Ω ὅθ. οὐδὲν τοιοῦτον ἔστ. Eus. ἐπὶ Eus. οὐδὲν (οὐδὲ Γ) Ω 6 γὰρ om. Γ ἐκκλ. X³gF ἐκκλήσεις X¹D εἰσὶ om. Γ Eus. 8 εἰ χρὴ Eus. Cyr. χρὴ Ω corr. Patzig 11 οὐ. μ. . . . πρ. Eus. Cyr. om. Ω 12 τὸ νῦν Γ 13 κατὰ τοῦτο X¹(?)B κατὰ τοῦ F¹ κατ' αὐτὸ Eus. κατὰ ταῦτα Cyr. κ. τοῦτον O (ν in ras. X³) γέγονεν X¹D (οὐ γ. om. F¹) 14 πανσάμ. Γ οὖν Eus. Cyr. om. Ω αὐτὸν E 15 del. Schw. προσεθ.] προσαγορεύειν Eus. προσεπιθεάζειν Diels κ. πρ. om. Cyr. εἶ Cyr. ἢ Ω 16 νὴ om. Γαx 18 γεν. X¹Dx 19 δεῖ τὸ ἓν Γ 20 διαφ. X³ -ρὰ Q

μάτων καὶ τὸ δεύτερον καὶ τὸ τρίτον. Ἀπόλλων μὲν γὰρ
οἷον ἀρνούμενος τὰ πολλὰ καὶ τὸ πλῆθος ἀποφάσκων
C *ἐστίν, Ἰήιος δ' ὡς εἷς καὶ μόνος· Φοῖβον δὲ δήπου τὸ*
καθαρὸν καὶ ἁγνὸν οἱ παλαιοὶ πᾶν ὠνόμαζον, ὡς ἔτι
Θεσσαλοὶ τοὺς ἱερέας ἐν ταῖς ἀποφράσιν ἡμέραις αὐτοὺς
ἐφ' ἑαυτῶν ἔξω διατρίβοντας, οἶμαι, 'φοιβονομεῖσθαι'
λέγουσι. τὸ δ' ἓν εἰλικρινὲς καὶ καθαρόν· ἑτέρου γὰρ μίξει
πρὸς ἕτερον ὁ μιασμός, ὥς που καὶ Ὅμηρος (Δ 141)
'ἐλέφαντα' [τινὰ] φοινισσόμενον βαφῇ 'μιαίνεσθαι' φησί·
καὶ τὰ μιγνύμενα τῶν χρωμάτων οἱ βαφεῖς 'φθείρεσθαι'
καί 'φθοράν' τὴν μῖξιν ὀνομάζουσιν. οὐκοῦν ἕν τ' εἶναι
καὶ ἄκρατον ἀεὶ τῷ ἀφθάρτῳ καὶ καθαρῷ προσήκει.'

21. *'Τοὺς δ' Ἀπόλλωνα καὶ ἥλιον ἡγουμένους τὸν*
D *αὐτὸν ἀσπάζεσθαι μὲν ἄξιόν ἐστι καὶ φιλεῖν δι' εὐφυΐαν,*
ὃ μάλιστα τιμῶσιν ὧν ἴσασι καὶ ποθοῦσιν, εἰς τοῦτο
τιθέντας τοῦ θεοῦ τὴν ἐπίνοιαν· ὡς δὲ νῦν ἐν τῷ καλλίστῳ
τῶν ἐνυπνίων τὸν θεὸν ὀνειροπολοῦντας ἐγείρωμεν καὶ
παρακαλῶμεν ἀνωτέρω προάγειν καὶ θεάσασθαι τὸ ὕπαρ
αὐτοῦ καὶ τὴν οὐσίαν, τιμᾶν δὲ καὶ τὴν εἰκόνα τήνδε καὶ
σέβεσθαι τὸ περὶ αὐτὴν γόνιμον ὡς ἀνυστόν ἐστιν αἰσθητῷ
νοητοῦ καὶ φερομένῳ μένοντος ἐμφάσεις τινὰς καὶ εἴδωλα
διαλάμπουσαν ἁμωσγέπως τῆς περὶ ἐκεῖνον εὐμενείας καὶ
μακαριότητος. ἐκστάσεις δ' αὐτοῦ καὶ μεταβολὰς ⟨εἰς⟩
E *πῦρ ἀνιέντος ἑαυτὸν ἅμα τοῖς πᾶσιν, ὡς λέγουσιν, αὖθις*
δὲ καταθλίβοντος ἐνταῦθα ⟨καὶ⟩ κατατείνοντος εἰς γῆν
καὶ θάλασσαν καὶ ἀνέμους καὶ ζῷα καὶ τὰ δεινὰ παθή-

---

1 cf. 381 f 8 cf. 421 c 8 ss. cf. 725 c 13 cf. ad p. 4, 28

---

1 κ. τρ. X[1]D 3 ἴητος Ω corr. Xyl. Φοῖβος Γ 9 del. Po. 14 τὸ δι' Γ εὐφημ. D εὐσέβειαν Schw. 15 ὃν Γ 16 νῦν ἐν] νοητὸν Schw. 17 ὀν. Re. -ες Ω 18 προσάγ. FΠ θεᾶσθαι A[corr.]x ὑπὲρ Ω corr. Wy 19 αὐτοὺς F[2]Πx 20 τὸ περὶ] πῶς E καὶ γόν. Γ ὡς ἀνυπόστατόν ἐ. Γ 23 ἐκτ. X[1]D add. Emp. 24 ἀνι. Bases ἀφι. Ω ἅ. τ. π. Wil. cf. p. 11, 10 ἅμα σπῶσιν Ω 25 δὲ Wil. τε Ω add. Re. εἰς γῆν E εἰσὶ O

ματα [καὶ] ζῴων καὶ φυτῶν οὐδ' ἀκούειν ὅσιον· ἢ τοῦ ποιητικοῦ παιδὸς (Hom. *O* 362) *ἔσται φαυλότερος, ἣν ἐκεῖνος ἔν τινι ψαμάθῳ συντιθεμένῃ καὶ διαχεομένῃ πάλιν ὑφ' αὑτοῦ παίζει παιδιάν, ταύτῃ περὶ τὰ ὅλα χρώμενος ἀεὶ καὶ τὸν κόσμον οὐκ ὄντα πλάττων εἶτ' ἀπολλύων γενόμενον. τοὐναντίον γὰρ ὃ θεῖον ἁμωσγέπως ἐγγέγονε τῷ κόσμῳ, τοῦτο συνδεῖ τὴν οὐσίαν καὶ κρατεῖ τῆς περὶ τὸ σωματικὸν ἀσθενείας ἐπὶ φθορὰν φερομένης. καί μοι δοκεῖ* F *μάλιστα πρὸς τοῦτον τὸν λόγον ἀντιταττόμενον τὸ ῥῆμα καὶ μαρτυρόμενον 'εἶ' φάναι πρὸς τὸν θεόν, ὡς οὐδέποτε γινομένης περὶ αὐτὸν ἐκστάσεως καὶ μεταβολῆς,* | *ἀλλ'* 394 *ἑτέρῳ τινὶ θεῷ μᾶλλον δὲ δαίμονι τεταγμένῳ περὶ τὴν ἐν φθορᾷ καὶ γενέσει φύσιν τοῦτο ποιεῖν καὶ πάσχειν προσῆκον· ὡς δῆλόν ἐστιν ἀπὸ τῶν ὀνομάτων εὐθὺς οἷον ἐναντίων ὄντων καὶ ἀντιφώνων. λέγεται γὰρ ὁ μὲν Ἀπόλλων ὁ δὲ Πλούτων, καὶ ὁ μὲν Δήλιος ὁ δ' Ἀιδωνεύς, καὶ ὁ μὲν Φοῖβος ὁ δὲ Σκότιος· καὶ παρ' ᾧ μὲν αἱ Μοῦσαι καὶ ἡ Μνημοσύνη, παρ' ᾧ δ' ἡ Λήθη καὶ ἡ Σιωπή· καὶ ὁ μὲν Θεώριος καὶ Φαναῖος, ὁ δέ*

> *'Νυκτὸς ⟨τ'⟩ αἰδνᾶς ἀεργηλοῖό θ' Ὕπνου κοίρανος·'* (Lyr. adesp. 92)

καὶ ὁ μέν

> *'βροτοῖσι θεῶν ἔχθιστος ἁπάντων,'* (*I* 159)

πρὸς ὃν δὲ Πίνδαρος εἴρηκεν οὐκ ἀηδῶς (fr. 149)

> *'κατεκρίθη δὲ θνατοῖς ἀγανώτατος ἔμμεν.'* B

---

15 ss. cf. 1130 a   25 cf. 413 c 1102 e

---

1 del. Si.   6 ὃ θ. Harder *ὅσον* ***Ω*** (def. Po., sc. *ἐγγέγ. ὁ θεὸς*)   7 *τούτω* X[1] Po.   10 *μαρτυρούμ.* *Γ*   11 *γιν.* DX[3]g *γεν.* ***O***   *αὐτὸ* X[1]D *αὐτῷ* F   13 *φύσει* *Γ*   *προσῆκεν* ***Ω*** corr. Re.   20 add. Wil.   *αἰδοίας* (-ης x) ***Ω*** corr. ex 1130 a   25 *δεονατοῖς* X[1]D *δέον αὐτοῖς* ***O*** corr. Wy. ex 413 c   *ἀγαν.* AEB *ἀγον.* ***O***

εἰκότως οὖν ὁ Εὐριπίδης εἶπε (Suppl. 974 b)

ʻλοιβαὶ νεκύων φθιμένων
ἀοιδαί θ', ἃς χρυσοκόμας
Ἀπόλλων οὐκ ἐνδέχεται·ʼ

καὶ πρότερος ἔτι τούτου [ὁ] Στησίχορος (fr. 50)

⟨χορεύ⟩ματά τοι μάλιστα
παιγμοσύνας ⟨τε⟩ φιλεῖ μολπάς τ' Ἀπόλλων,
κάδεα δὲ στοναχάς τ' Ἀίδας ἔλαχε.ʼ

Σοφοκλῆς δὲ καὶ τῶν ὀργάνων ἑκατέρῳ προσνέμων ἑκάτερον δῆλός ἐστι διὰ τούτων (fr. 765)

ʻοὐ νάβλα κωκυτοῖσιν οὐ λύρα φίλαʼ.

καὶ γὰρ ὁ αὐλὸς ὀψὲ καὶ πρῴην ἐτόλμησε φωνήν †ʻἐφινερθίσινʼ ἀφιέναι· τὸν δὲ πρῶτον χρόνον εἵλκετο πρὸς τὰ πένθη, καὶ τὴν περὶ ταῦτα λειτουργίαν οὐ μάλ' ἔντιμον
C οὐδὲ φαιδρὰν εἶχεν, εἶτ' ἐμίχθη πάντα πᾶσι. μάλιστα δὲ τὰ θεῖα πρὸς τὰ δαιμόνια συγχέοντες εἰς ταραχὴν αὐτοὺς κατέστησαν. ἀλλά γε τῷ εἶ τό ʻγνῶθι σαυτόνʼ ἔοικέ πως ἀντικεῖσθαι καὶ τρόπον τινὰ πάλιν συνᾴδειν· τὸ μὲν γὰρ ἐκπλήξει καὶ σεβασμῷ πρὸς τὸν θεὸν ὡς ὄντα διὰ παντὸς ἀναπεφώνηται, τὸ δ' ὑπόμνησίς ἐστι τῷ θνητῷ τῆς περὶ αὐτὸ φύσεως καὶ ἀσθενείας.

---

2 deest in codd. Eur. 3 θ' ἃς Markland ἃς ὁ Ω τὰς codd. Eur. 5 del. Bens. 6 χορ. Wil. μάλα Ω 7 add. Bergk 8 κήδεά τε Ω corr. Bergk 11 οὐ νάβλα Brunck οὐ ναῦλα F²Πg ἐν αὐλᾷ ΓB οὖν ἄβλα X³ 12 αὐλ. Vat. Reg. Gr. 80 αὐτὸς O ἐφιν. corrupta ʻἐφ' ἱμέροισινʼ (in elegiis eroticis) Schw. 13 εἷλκ. XDAB εἶλκε O 14 αὐτουργίαν Ω corr. Re. 17 ἔστησαν FΠ 18 τὸ] ὁ in ras. X³ 21 αὐτὸν X¹D

25.

D

ΠΕΡΙ ΤΟΥ ΜΗ ΧΡΑΝ ΕΜΜΕΤΡΑ ΝΥΝ ΤΗΝ ΠΥΘΙΑΝ

(Plan. 72)

COLLOCUNTUR BASILOCLES ET PHILINUS

1. *Β.* *Ἑσπέραν ἐποιήσατε βαθεῖαν, ὦ Φιλῖνε, διὰ τῶν ἀναθημάτων παραπέμποντες τὸν ξένον· ἐγὼ γὰρ ὑμᾶς* E *ἀναμένων ἀπηγόρευσα.*

Φ. Βραδέως γὰρ ὡδεύομεν, ὦ Βασιλόκλεις, σπείροντες λόγους καὶ θερίζοντες εὐθὺς μετὰ μάχης ὑπούλους καὶ πολεμικούς, ὥσπερ οἱ Σπαρτοί, βλαστάνοντας ἡμῖν καὶ ὑποφυομένους κατὰ τὴν ὁδόν.

Β. Ἕτερον οὖν τινα δεήσει παρακαλεῖν τῶν παραγεγονότων, ἢ σὺ βούλει χαριζόμενος ἡμῖν διελθεῖν, τίνες ἦσαν οἱ λόγοι καὶ τίνες οἱ λέγοντες;

Φ. Ἐμόν, ὡς ἔοικεν, ὦ Βασιλόκλεις, τὸ ἔργον. τῶν γὰρ ἄλλων οὐδενὶ ῥᾳδίως ἂν ἐντύχοις κατὰ πόλιν· τοὺς γὰρ πλείστους ἑώρων αὖθις εἰς τὸ Κωρύκιον τῷ ξένῳ καὶ τὴν F *Λυκώρειαν συναναβαίνοντας.*

Β. Ἦ φιλοθεάμων τις ἡμῖν καὶ περιττῶς φιλήκοός ἐστιν ὁ ξένος.

Φ. Φιλόλογος δὲ καὶ φιλομαθὴς ἔτι μᾶλλον. οὐ μὴν ταῦτα μάλιστα θαυμάζειν ἄξια, ἀλλὰ πρᾳότης τε πολλὴν

Personae dialogi, de quo Philinus refert, praeter ipsum sunt Diogenianus, Theo, Sarapio, Boethus. Cf. notam ad p. 1. Plutarchi periegesin Delphicam enarrat Pomtow, BPhW 1912, 1170. Cat. Lampr. 116. Codd.: EB **18** Paus. X 6, 2. 3

Nomina personarum in codd. non indicantur. **2** *χρᾶν νῦν ἔμ.* cat. Lampr. **13** *δεήσει τινά* B **14** *διελεῖν* *Ω* corr. Leon. **19** *Λυκουρίαν* *Ω* corr. Pat. **20** *φιλικός* *Ω* corr. Mez. **22** *ἐστι* *Ω* corr. Hu. **23** *ἄξιον* *Ω* corr. Wil. propter nominativum sequentem

395 χάριν ἔχουσα, | καὶ τὸ μάχιμον καὶ διαπορητικὸν ὑπὸ συνέσεως, οὔτε δύσκολον οὔτ' ἀντίτυπον πρὸς τὰς ἀποκρίσεις· ὥστε καὶ βραχὺ συγγενόμενον εὐθὺς εἰπεῖν †'τέκος ⟨ἀγαθὸν⟩ ἀγαθοῦ πατρός.' οἶσθα γὰρ Διογενιανὸν ἀνδρῶν ἄριστον.

Β. Αὐτὸς μὲν οὐκ εἶδον, ὦ Φιλῖνε, πολλοῖς δ' ἐντετύχηκα καὶ τὸν λόγον καὶ τὸ ἦθος τοῦ ἀνδρὸς ἰσχυρῶς ἀποδεχομένοις, ὅμοια δὲ τούτοις ἕτερα περὶ τοῦ νεανίσκου λέγουσιν. ἀλλὰ τίνα, ὦ ἑταῖρε, ἀρχὴν ἔσχον οἱ λόγοι καὶ πρόφασιν;

2. Φ. Ἐπέραινον οἱ περιηγηταὶ τὰ συντεταγμένα μηδὲν ἡμῶν φροντίσαντες δεηθέντων ἐπιτεμεῖν τὰς ῥήσεις καὶ τὰ πολλὰ τῶν ἐπιγραμμάτων. τὸν δὲ ξένον ἡ μὲν ἰδέα καὶ τὸ τεχνικὸν τῶν ἀνδριάντων μετρίως προσήγετο πολλῶν καὶ
B καλῶν ἔργων ὡς ἔοικε θεατὴν γεγενημένον· ἐθαύμαζε δὲ τοῦ χαλκοῦ τὸ ἀνθηρὸν ὡς οὐ πίνῳ προσεοικὸς οὐδ' ἰῷ, βαφῇ δὲ κυάνου στίλβοντος, ὥστε καὶ παῖξαί τι πρὸς τοὺς ναυάρχους (ἀπ' ἐκείνων γὰρ ἦρκτο τῆς θέας) οἷον ἀτεχνῶς θαλαττίους τῇ χρόᾳ καὶ βυθίους ἑστῶτας. 'ἆρ' οὖν' ἔφη 'κρᾶσίς τις ἦν καὶ φάρμαξις τῶν πάλαι τεχνιτῶν περὶ τὸν χαλκὸν ὥσπερ ἡ λεγομένη τῶν ξιφῶν στόμωσις, ἧς ἐκλαμπούσης ἐκεχειρίαν ἔσχεν ἔργων πολεμικῶν ὁ χαλκός; τὸν μὲν γὰρ Κορίνθιον οὐ τέχνῃ ⟨φασὶν⟩ ἀλλὰ συντυχίᾳ τῆς χρόας λαβεῖν τὸ κάλλος, ἐπινειμαμένου πυρὸς οἰκίαν ἔχουσάν τι χρυσοῦ καὶ ἀργύρου, πλεῖστον δὲ χαλκὸν ἀπο-
C κείμενον· ὧν συγχυθέντων καὶ συντακέντων ὄνομα τοῦ

---

18 v. Lys. 18 23 Paus. II 3, 3

3/4 τέκ. ἀγ.] lac. 9 litt. E; proverbium subesse verbis corruptis censet Wil. 4 add. Schw. 8 ἀποδεχομένους Ω corr. Duebn. 9 τ. ἑτέραν ἀ. Ω corr. Wy. 13 ἐπιγ. ⟨παραδραμεῖν⟩ Wil. 15 ἐθαύμαζον Ω corr. Basil. 17 παῖξαί τι Doehner πέμψαι τι Ω 18 νεάρχους Ω corr. Amyot ἦρκται Ω corr. Kurtz 22 ἐκλαμπ. Kurtz ἐκλειπ. Ω 23 τὸν Basil. τὸ Ω add. Pat. 26 ⟨τὸ⟩ ὄν. [τ. χ.] Wil.

χαλκοῦ τῷ μείγματι τὸ πλῆθος παρέσχεν'. ὁ δὲ Θέων ὑπολαβὼν 'ἄλλον' ἔφη 'λόγον ἡμεῖς ἀκηκόαμεν πανουργέστερον, ὡς ἀνὴρ ἐν Κορίνθῳ χαλκοτύπος ἐπιτυχὼν θήκῃ χρυσίον ἐχούσῃ πολὺ καὶ δεδοικὼς φανερὸς γενέσθαι κατὰ μικρὸν ἀποκόπτων καὶ ὑπομιγνὺς ἀτρέμα τῷ χαλκῷ θαυμαστὴν λαμβάνοντι κρᾶσιν ἐπίπρασκε πολλοῦ διὰ τὴν χρόαν καὶ τὸ κάλλος ἀγαπώμενον. ἀλλὰ καὶ ταῦτα κἀκεῖνα μῦθός ἐστιν· ἦν δέ τις ὡς ἔοικε μῖξις καὶ ἄρτυσις, ὥς που καὶ νῦν ἀνακεραννύντες ἀργύρῳ χρυσὸν ἰδίαν τινὰ καὶ περιττὴν ἐμοὶ δὲ φαινομένην νοσώδη χλωρότητα καὶ φθορὰν ἀκαλλῆ παρέχουσι.' D

3. 'Τίν' οὖν αἰτίαν' ἔφη ὁ Διογενιανός 'οἴει τῆς ἐνταῦθα τοῦ χαλκοῦ χρόας γεγονέναι;' καὶ ὁ Θέων 'ὅταν' ἔφη 'τῶν πρώτων καὶ φυσικωτάτων καὶ λεγομένων καὶ ὄντων, πυρὸς καὶ γῆς καὶ ἀέρος καὶ ὕδατος, [καὶ] μηδὲν ἄλλο τῷ χαλκῷ πλησιάζῃ μηδ' ὁμιλῇ πλὴν μόνος ὁ ἀήρ, δῆλός ἐστιν ὑπὸ τούτου πεπονθὼς καὶ διὰ τοῦτον ἐσχηκὼς ἣν ἔχει διαφορὰν ἀεὶ συνόντα καὶ προσκείμενον· ἢ

'τουτὶ μὲν ⟨ᾖδον⟩ πρὶν Θέογνιν γεγονέναι'
(Com. adesp. 461)

κατὰ τὸν κωμικόν, ἣν δ' ἔχων φύσιν ὁ ἀὴρ ᾗ τε χρώμενος δυνάμει κατὰ τὰς ἐπιψαύσεις ἐπικέχρωκε τὸν χαλκὸν ἐπιθυμεῖς μαθεῖν;' φήσαντος δὲ τοῦ Διογενιανοῦ 'καὶ γὰρ E ἐγώ' εἶπεν 'ὦ παῖ· ζητῶμεν οὖν κοινῇ καὶ πρότερον, εἰ βούλει, δι' ἣν αἰτίαν μάλιστα τῶν ὑγρῶν ἀναπίμπλησιν ἰοῦ τοὔλαιον· οὐ γὰρ αὐτό γε δήπου τῷ χαλκῷ προστρίβεται τὸν ἰόν, ἅτε δὴ καθαρὸν αὐτῷ καὶ ἀμίαντον

19 cf. 777 c

1 μείγ. Blass μείζονι Ω 14 λεγ. P. Maas ἐσ. Ω 15 del. Basil. 19 τουτὶ p. 777 c τοῦτο Ω ᾖδειν p. 777 c om. Ω corr. Schadewaldt. lac. 13 litt. E 10 B 25/6 ἀναπ.] 'scil. ὁ χαλκός' Si. 'scil. ὁ ἀήρ' Wy., at in hoc exemplo oleum pro aëre ponitur 26 τῷ χ. Leon. τὸ χ. Ω (ὸ in ras. B) προστρίβεσθαι Ω corr. Wy.

πλησιάζον.' 'οὐδαμῶς' εἶπεν ὁ νεανίας, ἄλλο δ' αὐτῷ μοι δοκεῖ τούτου τὸ αἴτιον ὑπάρχειν· λεπτῷ γὰρ ὄντι καὶ καθαρῷ καὶ διαυγεῖ προσπίπτων ὁ ἰὸς ἐκφανέστατός ἐστιν, ἐν δὲ τοῖς ἄλλοις ὑγροῖς ἀφανίζεται.' καὶ ὁ Θέων 'εὖγε' εἶπεν 'ὦ παῖ, καὶ ⟨φυσικῶς⟩· σκόπει δ' εἰ βούλει καὶ τὴν F ὑπ' Ἀριστοτέλους αἰτίαν λεγομένην.' 'ἀλλὰ βούλομαι' εἶπε. 'φησὶ τοίνυν τῶν μὲν ἄλλων ὑγρῶν ⟨τὴν λε⟩πτότητα διαχεῖν ἀδήλως καὶ διασπείρεσθαι τὸν ἰόν, ἀνωμάλων ⟨τῶν μορίων⟩ καὶ μανῶν ὄντων· τοῦ δ' ἐλαίου τῇ πυκνότητι στέγεσθαι καὶ διαμένειν ἀθροιζόμενον. ἂν οὖν καὶ αὐτοί τι τοιοῦτον ὑποθέσθαι δυνηθῶμεν, οὐ παντάπασιν ἀπορήσομεν ἐπῳδῆς καὶ παραμυθίας πρὸς τὴν ἀπορίαν.'

396 4. Ὡς οὖν ἐκελεύομεν καὶ συνεχωροῦμεν, ἔφη | τὸν ἀέρα τὸν ἐν Δελφοῖς πυκνὸν ὄντα καὶ συνεχῆ καὶ τόνον ἔχοντα διὰ τὴν ἀπὸ τῶν ὀρῶν ἀνάκλασιν καὶ ἀντέρεισιν ἔτι καὶ λεπτὸν εἶναι καὶ δηκτικόν, ὥς που μαρτυρεῖ καὶ τὰ περὶ τὰς πέψεις τῆς τροφῆς· ἐνδυόμενον οὖν ὑπὸ λεπτότητος καὶ τέμνοντα τὸν χαλκὸν ἀναχαράσσειν πολὺν ἰὸν ἐξ αὐτοῦ καὶ γεώδη, στέγειν δὲ τοῦτον αὖ πάλιν καὶ πιέζειν τῆς πυκνότητος ⟨διάχυσιν⟩ μὴ διδούσης, τὸν δ' ὑφιστάμενον αὐτῷ διὰ πλῆθος ἐξανθεῖν καὶ λαμβάνειν αὐγὴν καὶ γάνωμα περὶ τὴν ἐπιφάνειαν. ἀποδεξαμένων δ' ἡμῶν ὁ ξένος ἔφη τὴν ἑτέραν ἀρκεῖν ὑπόθεσιν πρὸς τὸν λόγον. B 'ἡ δὲ λεπτότης' ἔφη 'δόξει μὲν ὑπεναντιοῦσθαι καὶ πρὸς τὴν λεγομένην πυκνότητα τοῦ ἀέρος, λαμβάνεται δ' οὐκ

6 in Aristotelis operibus non traditur

1 πλησιάζοντα Ω corr. Amyot 2 τοῦτο Ω corr. Turn. 5 add. Cruserius, lac. 7 litt. E 9 B 6 εἰπεῖν Ω corr. Xyl. 7 τὴν λ. Schw. πιόντα Ω διαχ. Schw. διέχειν Ω 8/9 add. Strijd, lac. 8 litt. Ω 9 μ. ὄ. Turn. μενόντων Ω 10 αὐτ. τῇδέ τι Re. 12 ἀπορ.] αἰτιολογίαν Schw. 18 πολ.] παχὺν P. Maas hic et 510 f 20 add. Anon. (cf. 432 e), lac. 11 litt. Ω 21 αὐτῷ ('aëri') Si. αὐτὸν B αὐτ cum lac. 2 litt. E αὐτοῦ ('ibi') Re. αὐτῆς edd. 24 δὲ] γὰρ Pat. καὶ del. Re.

ἀναγκαίως· αὐτὸς γὰρ ὑφ' ἑαυτοῦ παλαιούμενος ὁ χαλκὸς ἀποπνεῖ καὶ μεθίησι τὸν ἰόν, ὃν ἡ πυκνότης συνέχουσα καὶ παχνοῦσα ποιεῖ ἐκφανῆ διὰ τὸ πλῆθος.' ὑπολαβὼν δ' ὁ Θέων 'τί γάρ' εἶπεν 'ὦ ξένε, κωλύει ταὐτὸν εἶναι καὶ λεπτὸν καὶ πυκνόν, ὥσπερ τὰ σηρικὰ καὶ τὰ βύσσινα τῶν ὑφασμάτων, ἐφ' ὧν καὶ Ὅμηρος (η 107) εἶπε

'και⟨ροσέ⟩ων δ' ὀθονῶν ἀπολείβεται ὑγρὸν ἔλαιον',

ἐνδεικνύμενος τὴν ἀκρίβειαν καὶ λεπτότητα τοῦ ὕφους τῷ μὴ προσμένειν τὸ ἔλαιον ἀλλ' ἀπορρεῖν καὶ ἀπολισθάνειν C τῆς πυκνότητος οὐ διιείσης; καὶ μὴν οὐ μόνον πρὸς τὴν ἀναχάραξιν τοῦ ἰοῦ χρήσαιτ' ἄν ⟨τις⟩ τῇ λεπτότητι τοῦ ἀέρος, ἀλλὰ καὶ τὴν χρόαν αὐτὴν ποιεῖν ἔοικεν ἡδίονα καὶ γλαυκοτέραν ἀναμιγνύουσα τῷ κυανῷ φῶς καὶ αὐγήν.'

5. Ἐκ τούτου γενομένης σιωπῆς πάλιν οἱ περιηγηταὶ προεχειρίζοντο τὰς ῥήσεις. χρησμοῦ δέ τινος ἐμμέτρου λεχθέντος, οἶμαι, περὶ τῆς Αἴγωνος τοῦ Ἀργείου βασιλείας πολλάκις ἔφη θαυμάσαι τῶν ἐπῶν ὁ Διογενιανός, ἐν οἷς οἱ χρησμοὶ λέγονται, τὴν φαυλότητα καὶ τὴν εὐτέλειαν. 'καίτοι μουσηγέτης ὁ θεὸς καὶ τῆς λεγομένης λογιότητος οὐχ ἧττον αὐτῷ [τὸ] καλὸν ἢ τῆς περὶ μέλη καὶ D ᾠδὰς [καὶ] εὐφωνίας μετεῖναι καὶ πολὺ τὸν Ἡσίοδον εὐεπείᾳ καὶ τὸν Ὅμηρον ὑπερφθέγγεσθαι· τοὺς δὲ πολλοὺς τῶν χρησμῶν ὁρῶμεν καὶ τοῖς μέτροις καὶ τοῖς ὀνόμασι πλημμελείας καὶ φαυλότητος ἀναπεπλησμένους.' παρὼν οὖν Ἀθήνηθεν ὁ ποιητὴς Σαραπίων 'εἶτ'' ἔφη 'ταῦτα τὰ ἔπη τοῦ θεοῦ πιστεύοντες εἶναι τολμῶμεν αὖ πάλιν, ὡς λείπεται κάλλει τῶν Ὁμήρου καὶ Ἡσιόδου,

---

16 cf. 340 c

---

8 de hiatu cf. ad p. 45, 20   τὸ om. B   4 ταὐτὸ Ω corr. Bens.   7 lac. 7 litt. E 9 B   10 λεπτότητος κ. πυκν. E   διίησι Ω corr. Re.   11 χρήσαι' Emp.   add. Bern.   12 αὐτὴ Re. αὕτη Emp. Wil.   20 del. Re.   ἢ del. Ha.   21 del. Re.   25 Σερ. Ω, cf. 384 e, 628 a   26/27 τολμ. . . . ὡς λ. Mez. τὸ ἄμωμον . . . ὡς λέγεται Ω

λέγειν; οὐ χρησόμεθα τούτοις ὡς ἄριστα καὶ κάλλιστα
πεποιημένοις, ἐπανορθούμενοι τὴν αὑτῶν κρίσιν προκατει-
λημμένην ὑπὸ φαύλης συνηθείας;'
E 'Ὑπολαβὼν οὖν Βόηθος ὁ γεωμέτρης (οἶσθα γὰρ τὸν
ἄνδρα μεταταττόμενον ἤδη πρὸς τὸν Ἐπίκουρον), 'ἆρ'
οὖν' ἔφη 'τὸ τοῦ ζωγράφου Παύσωνος ἀκήκοας;' 'οὐκ
ἔγωγε' εἶπεν ὁ Σαραπίων. 'ἀλλὰ μὴν ἄξιον. ἐκλαβὼν γὰρ
ὡς ἔοικεν ἵππον ἁλινδούμενον γράψαι τρέχοντα ἔγραψεν·
ἀγανακτοῦντος δὲ τοῦ ἀνθρώπου γελάσας ὁ Παύσων κατέ-
στρεψε τὸν πίνακα, καὶ γενομένων ἄνω τῶν κάτω πάλιν ὁ
ἵππος οὐ τρέχων ἀλλ' ἁλινδούμενος ἐφαίνετο. τοῦτό φησιν
ὁ Βίων ἐνίους τῶν λόγων πάσχειν, ὅταν ἀναστραφῶσι.
διὸ καὶ τοὺς χρησμοὺς ἔνιοι φήσουσιν οὐ καλῶς ἔχειν, ὅτι
τοῦ θεοῦ εἰσιν, ἀλλὰ τοῦ θεοῦ μὴ εἶναι, ὅτι φαύλως ἔχου-
F σιν. ἐκεῖνο μὲν γὰρ ἐν ἀδήλῳ· τὸ δ' ⟨οὐκ εὖ τὰ ἔπη⟩
πεποιῆσθαι τὰ περὶ τοὺς χρησμοὺς καὶ σοὶ κριτῇ δήπου-
θεν, ὦ φίλε Σαραπίων', εἶπεν, 'ἐναργές ἐστι. ποιήματα
[μὲν] γὰρ γράφεις τοῖς μὲν πράγμασι φιλοσόφως καὶ
αὐστηρῶς, δυνάμει δὲ καὶ χάριτι καὶ κατασκευῇ ⟨τῇ⟩
περὶ λέξιν ἐοικότα τοῖς Ὁμήρου καὶ Ἡσιόδου μᾶλλον ἢ
τοῖς ὑπὸ τῆς Πυθίας ἐκφερομένοις.'

6. Καὶ ὁ Σαραπίων 'νοσοῦμεν γάρ' εἶπεν 'ὦ Βόηθε, καὶ
τὰ ὦτα καὶ τὰ ὄμματα, συνειθισμένοι διὰ τρυφὴν καὶ
397 μαλακίαν τὰ ἡδίω καλὰ νομίζειν καὶ ἀποφαίνεσθαι. | τάχα
δὴ μεμψόμεθα τὴν Πυθίαν, ὅτι Γλαύκης οὐ φθέγγεται
τῆς κιθαρῳδοῦ λιγυρώτερον οὐδὲ χριομένη μύροις οὐδ'
ἁλουργίδας ἀμπεχομένη κάτεισιν εἰς τὸ ⟨χρηστήριον⟩

---

4 cf. 673 c 6 Σ Ar. Plut. 602, Aelian. V. H. 14, 15
25 Σ Theocr. IV 31

---

11 ταὐτὸ Fuchs 12 ἀναστρέφωσι Ω corr. Perizonius 13 οὐ] οὐχὶ dub. Wil., ne cum καλῶς iungatur. οὐ ⟨καὶ⟩ Po. 15 add. Wy. 16 πεποιν. Ω corr. Wy. 18 del. Re. 19 add. Re. 22 εἶπ. ὦ Basil. ἕν τε νῶ Ω 26 χριομένην Ω corr. Turn. 27 ἀμπεχομένην καί τισιν Ω corr. Re. add. Pat. (cf. 405 c)

οὐδ' ἐπιθυμιᾷ κασσίαν ἢ λήδανον ἢ λιβανωτὸν ἀλλὰ
δάφνην καὶ κρίθινον ἄλευρον. οὐχ ὁρᾷς', εἶπεν, 'ὅσην χάριν
ἔχει τὰ Σαπφικὰ μέλη κηλοῦντα καὶ καταθέλγοντα τοὺς
ἀκροωμένους; 'Σίβυλλα δὲ μαινομένῳ στόματι' καθ'
'Ηράκλειτον (fr. 92) 'ἀγέλαστα καὶ ἀκαλλώπιστα καὶ
ἀμύριστα φθεγγομένη χιλίων ἐτῶν ἐξικνεῖται τῇ φωνῇ
διὰ τὸν θεόν.' ὁ δὲ Πίνδαρος (fr. 32) 'ἀκοῦσαι' φησὶ 'τοῦ
θεοῦ τὸν Κάδμον [οὐ] μουσικὰν ὀρθάν', οὐχ ἡδεῖαν οὐδὲ
τρυφερὰν οὐδ' ἐπικεκλασμένην τοῖς μέλεσιν. 'Ηδονὴν γὰρ B
οὐ προσίεται τὸ ἀπαθὲς καὶ ἁγνόν, ἀλλ' ἐνταῦθα μετὰ
τῆς Ἄτης ἐρρίφη καὶ τὸ πλεῖστον αὐτῆς [καὶ] ὡς ἔοικεν
εἰς τὰ ὦτα τῶν ἀνθρώπων συνερρύηκεν.'

7. Εἰπόντος δὲ ταῦτα τοῦ Σαραπίωνος ὁ Θέων μειδιάσας
'ὁ Σαραπίων μέν' εἶπε 'τὸ εἰωθὸς ἀποδέδωκε τῷ τρόπῳ,
λόγου περὶ Ἄτης καὶ Ἡδονῆς παραπεσόντος ἀπολαύσας·
ἡμεῖς δ', ὦ Βόηθε, κἂν ᾖ ⟨μὴ⟩ φαυλότερα τῶν Ὁμήρου
ταῦτα τὰ ἔπη, μὴ νομίσωμεν αὐτὰ πεποιηκέναι τὸν θεόν,
ἀλλ' ἐκείνου τὴν ἀρχὴν τῆς κινήσεως ἐνδιδόντος ὡς ἑκάστη
πέφυκε κινεῖσθαι τῶν προφητίδων. καὶ γὰρ εἰ γράφειν C
ἔδει μὴ λέγειν τοὺς χρησμούς, οὐκ ἂν οἶμαι τοῦ θεοῦ τὰ
γράμματα νομίζοντες ἐψέγομεν, ὅτι λείπεται καλλιγραφίᾳ
τῶν βασιλικῶν. οὐ γάρ ἐστι θεοῦ ⟨γ'⟩ ἡ γῆρυς οὐδ' ὁ
φθόγγος οὐδ' ἡ λέξις οὐδὲ τὸ μέτρον ἀλλὰ τῆς γυναικός·
ἐκεῖνος δὲ μόνας τὰς φαντασίας παρίστησι καὶ φῶς ἐν τῇ
ψυχῇ ποιεῖ πρὸς τὸ μέλλον· ὁ γὰρ ἐνθουσιασμὸς τοιοῦτόν
ἐστι. καθόλου δ' εἰπεῖν ὑμᾶς τοὺς τοῦ Ἐπικούρου (fr. 395)
προφήτας (δῆλος γὰρ εἶ καὶ αὐτὸς ὑποφερόμενος) οὐκ
ἔστι διαφυγεῖν, ἀλλὰ κἀκείνας αἰτιᾶσθε τὰς πάλαι προ-

22 cf. 404 b 414 e

1 λήδανον [α] E 7 ἀκούσας Ω corr. Leon. 8 del. Amyot.
11 Ἄτης Turn. (cf. Hom. T 120) αὐτῆς Ω λύπης Richards
del. Ha. 15 Ἄ. κ. Duebn. αὐτῆς τῆς Ω 16 add. Wil.
17 νομίζ. Ω corr. Wil. 22 add. Wil. 23 τῆς del. Pat.
28 κἀκ. Wy. κακίας Ω αἰτιᾶσθαι Ω corr. Leon.

D *φήτιδας ὡς φαύλοις ποιήμασι χρωμένας καὶ τὰς νῦν καταλογάδην καὶ διὰ τῶν ἐπιτυχόντων ὀνομάτων τοὺς χρησμοὺς λεγούσας, ὅπως ὑμῖν ἀκεφάλων καὶ λαγαρῶν μέτρων καὶ μειούρων εὐθύνας μὴ ὑπέχωσι.' καὶ ὁ Διογενιανός 'μὴ παῖζ'' εἶπεν 'ὦ πρὸς θεῶν, ἀλλὰ διάλυσον ἡμῖν ταύτην τὴν ἀπορίαν κοινὴν οὖσαν. οὐδεὶς γάρ ἐστιν ἡμῶν ὃς οὐκ αἰτίαν ἐπιζητεῖ καὶ λόγον, πῶς πέπαυται τὸ μαντεῖον ἔπεσι καὶ ἐλεγείοις χρώμενον.' ὑπολαβὼν οὖν ὁ Θέων 'ἀλλὰ καὶ νῦν', εἶπεν, 'ὦ παῖ, δοκοῦμεν ἐπηρείᾳ τινὶ τοὺς περιηγητὰς ἀφαιρεῖσθαι τὸ οἰκεῖον ἔργον. ἔασον οὖν*
E *γενέσθαι τὸ τούτων πρότερον, εἶτα περὶ ὧν βούλει καθ' ἡσυχίαν διαπορήσεις.'*

8. *Ἤδη δὲ προϊόντες ἦμεν κατὰ τὸν Ἱέρωνος ἀνδριάντα τοῦ τυράννου· καὶ τῶν μὲν ἄλλων ὁ ξένος εἰδὼς ἅπαντα παρεῖχεν ὅμως ὑπ' εὐκολίας ἀκροατὴν αὑτόν· ἀκούσας δ' ὅτι κίων τις ἑστὼς ἄνω χαλκοῦς Ἱέρωνος ἔπεσεν αὐτομάτως τῆς ἡμέρας ἐκείνης, ᾗ τὸν Ἱέρωνα συνέβαινεν ἐν Συρακούσαις τελευτᾶν, ἐθαύμασε. κἀγὼ τῶν ὁμοίων ἅμα συνανεμίμνησκον, οἷα δὴ τοῦ Ἕρμωνος μὲν τοῦ Σπαρτιάτου, ὅτι πρὸ τῆς ἐν Λεύκτροις αὐτῷ γενομένης τελευτῆς ἐξέπεσον οἱ ὀφθαλμοὶ τοῦ ἀνδριάντος, οἱ δ' ἀστέρες ἠφανί-*
F *σθησαν οὓς Λύσανδρος ἀνέθηκεν ἀπὸ τῆς ἐν Αἰγὸς ποταμοῖς ναυμαχίας, ὁ δ' αὐτοῦ ⟨τοῦ⟩ Λυσάνδρου λίθινος ἀνδριὰς ἐξήνθησεν ἀγρίαν λόχμην καὶ πόαν τοσαύτην τὸ πλῆθος, ὥστε κατακρύψαι τὸ πρόσωπον, ἐν δὲ τοῖς Σικελικοῖς τῶν Ἀθηναίων ἀτυχήμασιν αἵ τε χρυσαῖ τοῦ φοίνικος ἀπέρρεον βάλανοι, καὶ τὴν ἀσπίδα τοῦ Παλλαδίου κόρακες περιέκοπτον, ὁ δὲ Κνιδίων στέφανος, ὃν Φαρσα-*

---

3 cf. Athen. XIV, 632 d ss. 19 Paus. X 9, 7 21 v. Lys. 18
25 Paus. X 15, 5 28 Athen. XIII 605 c

---

7 ἡμ. Harder ἀλλήλων E ἄλλων B πῶς Duebn. ὡς Ω
8 ἐλ.] λόγοις Ω corr. Wil. (ἐλέγοις Madv.) 19 Ἱέρωνος Ω corr. Muhl 23 add. Steph.

λίᾳ τῇ ὀρχηστρίδι Φιλόμηλος ὁ Φωκέων τύραννος ἐδωρήσατο, μεταστᾶσαν αὐτὴν ἐκ τῆς Ἑλλάδος εἰς τὴν Ἰταλίαν ἀπώλεσεν ἐν Μεταποντίῳ παίζουσαν περὶ τὸν νεὼν τοῦ Ἀπόλλωνος· | ὁρμήσαντες γὰρ ἐπὶ τὸν στέφανον οἱ νεα- 398 νίσκοι καὶ μαχόμενοι περὶ τοῦ χρυσίου πρὸς ἀλλήλους διέσπασαν τὴν ἄνθρωπον. Ἀριστοτέλης (fr. 130) μὲν οὖν μόνον Ὅμηρον ἔλεγε κινούμενα ποιεῖν ὀνόματα διὰ τὴν ἐνέργειαν, ἐγὼ δὲ φαίην ἂν καὶ τῶν ἀναθημάτων τὰ ἐνταυθοῖ μάλιστα συγκινεῖσθαι καὶ συνεπισημαίνειν τῇ τοῦ θεοῦ προνοίᾳ, καὶ τούτων μέρος μηδὲν εἶναι κενὸν μηδ' ἀναίσθητον, ἀλλὰ πεπλῆσθαι πάντα θειότητος. καὶ ὁ Βόηθος 'ναί' εἶπεν· 'οὐ γὰρ ἀρκεῖ τὸν θεὸν εἰς σῶμα καθειργνύναι θνητὸν ἅπαξ ἑκάστου μηνός, ἀλλὰ καὶ λίθῳ παντὶ καὶ χαλκῷ συμφυράσομεν αὐτόν, ὥσπερ οὐκ ἔχοντες ἀξιόχρεων τῶν τοιούτων συμπτωμάτων τὴν τύχην δημιουρ- B γὸν καὶ ταὐτόματον.' 'εἶτ'' ἔφην ἐγώ 'τύχῃ σοι δοκεῖ καὶ αὐτομάτῳ τῶν τοιούτων ἕκαστον ἐοικέναι, καὶ πιθανόν ἐστι τὰς ἀτόμους ἐξολισθεῖν καὶ διαχυθῆναι καὶ παρεγκλῖναι μήτε πρότερον μήθ' ὕστερον, ἀλλὰ κατ' ἐκεῖνον τὸν χρόνον, ἐν ᾧ τῶν ἀναθέντων ἕκαστος ἢ χεῖρον ἔμελλε πράξειν ἢ βέλτιον; καὶ σὲ μὲν Ἐπίκουρος (fr. 383) ὠφελεῖ νῦν ὡς ἔοικεν ἀφ' ὧν εἶπεν ἢ ἔγραψε πρὸ ἐτῶν τριακοσίων· ὁ θεὸς δ', εἰ μὴ συνείρξειε φέρων ἑαυτὸν εἰς ἅπαντα μηδ' ἀνακερασθείη πᾶσιν, οὐκ ἄν σοι δοκεῖ κινήσεως ἀρχὴν καὶ πάθους αἰτίαν παρασχεῖν οὐδενὶ τῶν ὄντων;' C

9. Τοιαῦτα μὲν ἐγὼ πρὸς τὸν Βόηθον ἀπεκρινάμην, ὅμοια δὲ *** περὶ τῶν Σιβυλλείων. ἐπειδὴ γὰρ ἔστημεν κατὰ τὴν πέτραν γενόμενοι τὴν κατὰ τὸ βουλευτήριον, ἐφ'

28—p. 34, **13** utitur Clem. Al. Strom. I 70 (p. 358 P)

7 π. ὀ. ποιεῖν B 8 ἐν$\overset{α}{ε}$ργειαν Ω 14 ἔχοντος Ω corr. Anon. 15 ἀξιόχρεω Ω corr. Re. 16/17 τύχη . . . αὐτόματον Ω corr. Leon. 18 διαλυθ. Ω corr. Usener 23 συνείρξει B φυρῶν Po. cf. v 14 24 δοκοίη E -είη B corr. Blass 25 αἰτίαν Leon. ἑστίαν Ω 27 lac. ind. Wil. expl. e. g. ⟨ὁ Σαραπίων⟩ Po.

ἧς λέγεται καθίζεσθαι τὴν πρώτην Σίβυλλαν ἐκ τοῦ Ἑλικῶνος παραγενομένην ὑπὸ τῶν Μουσῶν τραφεῖσαν (ἔνιοι δέ φασιν ἐκ Μαλιέων ἀφικέσθαι Λαμίας οὖσαν θυγατέρα τῆς Ποσειδῶνος), ὁ μὲν Σαραπίων· ἐμνήσθη τῶν ἐπῶν, ἐν οἷς ὕμνησεν ἑαυτήν, ὡς οὐδ' ἀποθανοῦσα λήξει μαντικῆς, ἀλλ' αὐτὴ μὲν ἐν τῇ σελήνῃ περίεισι τὸ [καλούμενον] φαινόμενον γενομένη πρόσωπον, τῷ δ' ἀέρι
D τὸ πνεῦμα συγκραθὲν ἐν φήμαις ἀεὶ φορήσεται καὶ κληδόσιν· ἐκ δὲ τοῦ σώματος μεταβαλόντος ἐν τῇ γῇ πόας καὶ ὕλης ἀναφυομένης βοσκήσεται ταύτην ἱερὰ θρέμματα χρόας τε παντοδαπὰς ἴσχοντα καὶ μορφὰς καὶ ποιότητας ἐπὶ τῶν σπλάγχνων ἀφ' ὧν αἱ προδηλώσεις ἀνθρώποις τοῦ μέλλοντος. ὁ δὲ Βόηθος ἔτι μᾶλλον ἦν φανερὸς καταγελῶν· τοῦ δὲ ξένου *** εἰπόντος, ὡς, εἰ καὶ ταῦτα μύθοις ἔοικεν, ἀλλὰ ταῖς γε μαντείαις ἐπιμαρτυροῦσι πολλαὶ μὲν ἀναστάσεις καὶ μετοικισμοὶ πόλεων Ἑλληνίδων, πολλαὶ δὲ βαρβαρικῶν στρατιῶν ἐπιφάνειαι καὶ ἀναιρέσεις ἡγεμονιῶν·
E 'ταυτὶ δὲ τὰ πρόσφατα καὶ νέα πάθη περί τε Κύμην καὶ Δικαιάρχειαν οὐχ ὑμνούμενα πάλαι καὶ ᾀδόμενα διὰ τῶν Σιβυλλείων ὁ χρόνος ὥσπερ ὀφείλων ἀποδέδωκεν, ἐκρήξεις πυρὸς ὀρείου καὶ ζέσεις θαλασσίας καὶ πετρῶν καὶ φλογμῶν ὑπὸ πνεύματος ἀναρρίψεις καὶ φθορὰς πόλεων ἅμα τοσούτων καὶ τηλικούτων, ὡς μεθ' ἡμέραν ἐπελθοῦσιν ἄγνοιαν εἶναι καὶ ἀσάφειαν ὅπου κατῴκηντο τῆς χώρας συγκεχυμένης; ταῦτα γὰρ εἰ γέγονε πιστεῦσαι χαλεπόν ἐστι, μή τί γε προειπεῖν ἄνευ θειότητος.'

---

2 Σ Plat. Phaedr. 244 b, Paus. X 12 6 cf. 566 d 18 cf. 566 e

---

3 εἰς Μαλεῶνα Ω corr. Meineke (ἐκ Μαλιαίων Clem.) 6 αὐτὴ Re. αὕτη Ω 7 del. Stegm. 13 φανερῶς E 14 sententia non perficitur. καὶ p. 35, 1 del. Hu. καταγελῶν τοῦ [δὲ] ξένου ⟨τότ'⟩ εἰπ. Bens. hiatum ind. Bens. 15 γε Re. τε Ω 19 δικαιαρχίαν Ω corr. Bern. 22 φλεγμονῶν Ω corr. Wil. 25 πιστοῦσθαι B. 26 τι E τοι B

10. *Καὶ ὁ Βόηθος 'ποῖον γάρ' εἶπεν 'ὦ δαιμόνιε, τῇ
φύσει πάθος ὁ χρόνος οὐκ ὀφείλει; τί δ' ἔστι τῶν ἀτόπων* F
*καὶ ἀπροσδοκήτων περὶ γῆν ἢ θάλατταν ἢ πόλεις ἢ
ἄνδρας, ὅ τις ἂν προειπὼν οὐ τύχοι γενομένου; καίτοι
τοῦτό γε σχεδὸν οὐδὲ προειπεῖν ἔστιν ἀλλ' εἰπεῖν, μᾶλλον
δὲ ῥῖψαι καὶ διασπεῖραι λόγους οὐκ ἔχοντας ἀρχὴν εἰς τὸ
ἄπειρον· οἷς πλανωμένοις ἀπήντησε πολλάκις ἡ τύχη καὶ
συνέπεσεν αὐτομάτως. διαφέρει γὰρ οἶμαι γενέσθαι τὸ
ῥηθὲν ἢ ῥηθῆναι τὸ γενησόμενον. ὁ γὰρ εἰπὼν τὰ μὴ
ὑπάρχοντα λόγος ἐν ἑαυτῷ τὸ ἡμαρτημένον ἔχων οὐ
δικαίως ἀναμένει τὴν ἐκ τοῦ αὐτομάτου πίστιν | οὐδ'* 399
*ἀληθεῖ τεκμηρίῳ χρῆται τοῦ προειπεῖν ἐπιστάμενος ⟨τῷ⟩
μετὰ τὸ εἰπεῖν γενομένῳ, πάντα τῆς ἀπειρίας φερούσης·
μᾶλλον δ' ὁ μὲν 'εἰκάζων καλῶς', ὃν 'ἄριστον μάντιν'
ἀνηγόρευκεν ἡ παροιμία* (Eur. fr. 973), *ἰχνοσκοποῦντι
καὶ στιβεύοντι διὰ τῶν εὐλόγων τὸ μέλλον ὅμοιός ἐστι,
Σίβυλλαι δ' αὗται καὶ Βάκιδες ὥσπερ εἰς πόντον ἀτεκμάρτως τὸν χρόνον κατέβαλον καὶ διέσπειραν ὡς ἔτυχε παντοδαπῶν ὀνόματα καὶ ῥήματα παθῶν καὶ συμπτωμάτων·
⟨ἐν⟩ οἷς γιγνομένων ἐνίων ἀπὸ τύχης ὁμοίως ψεῦδός ἐστι
τὸ νῦν λεγόμενον, κἂν ὕστερον ἀληθές, εἰ τύχοι, γένηται.'*

11. *Τοιαῦτα τοῦ Βοήθου διελθόντος ὁ Σαραπίων 'δίκαιον' ἔφη 'τὸ ἀξίωμα περὶ τῶν οὕτως, ⟨ὡς⟩ λέγει Βόη-* B
*θος, ἀορίστως καὶ ἀνυποθέτως λεγομένων, ⟨οἷον⟩ εἰ νίκη
στρατηγῷ προείρηται ⟨καὶ⟩ νενίκηκεν, εἰ πόλεως ἀναίρεσις ⟨καὶ⟩ ἀπόλωλεν· ὅπου δ' οὐ μόνον λέγεται τὸ γενησόμενον, ἀλλὰ καὶ πῶς καὶ πότε καὶ μετὰ τί καὶ μετὰ*

---

14 cf. 432 c

---

6 *ἀρχ.*] *ἀφορμὴν* Po. 11 *ἀναμένοι* E 12 add. Wy. 13 *γενομένου* Ω corr. Wy. 14 *μᾶλλ.* Re. *καλ* cum lac. 2 litt. Ω 20 add. Wy. 21 *κἂν* Leon. *καὶ* Ω *ἀληθῶς* Ω corr. Emp. 24 add. Xyl. 25. 26. 27 add. Pat.

τίνος, οὐκ ἔστιν εἰκασμὸς τῶν τάχα γενησομένων ἀλλὰ τῶν πάντως ἐσομένων προδήλωσις ⟨οἷα⟩ καὶ ταῦτ᾽ ἔστιν εἰς τὴν Ἀγησιλάου χωλότητα (112 P. — W.)·

῾φράζεο δή, Σπάρτη, καίπερ μεγάλαυχος ἐοῦσα,
μὴ σέθεν ἀρτίποδος βλάστῃ χωλὴ βασιλεία.
δηρὸν γὰρ μόχθοι σε κατασχήσουσιν ἄελπτοι,
C φθισίβροτόν τ᾽ ἐπὶ κῦμα κυλινδομένου πολέμοιο.᾽

καὶ τὰ περὶ τῆς νήσου πάλιν, ἣν ἀνῆκεν ἡ πρὸ Θήρας καὶ Θηρασίας θάλασσα [καὶ] περὶ τὸν Φιλίππου καὶ Ῥωμαίων πόλεμον (357 P. — W.)·

῾ἀλλ᾽ ὁπότε Τρώων γενεὰ καθύπερθε γένηται
Φοινίκων ἐν ἀγῶνι, τότ᾽ ἔσσεται ἔργα ἄπιστα·
πόντος μὲν λάμψει πῦρ ἄσπετον, ἐκ δὲ κεραυνῶν
πρηστῆρες μὲν ἄνω διὰ κύματος ἀίξουσιν
ἄμμιγα σὺν πέτραις, ἡ δὲ στηρίξεται αὐτοῦ
οὐ φατὸς ἀνθρώποις νῆσος· καὶ χείρονες ἄνδρες
χερσὶ βιησάμενοι τὸν κρείσσονα νικήσουσι.᾽

D τὸ γὰρ ἐν ὀλίγῳ χρόνῳ Ῥωμαίους τε Καρχηδονίων περιγενέσθαι καταπολεμήσαντας Ἀννίβαν καὶ Φίλιππον Αἰτωλοῖς συμβαλόντα καὶ Ῥωμαίοις μάχῃ κρατηθῆναι καὶ τέλος ἐκ βυθοῦ νῆσον ἀναδῦναι μετὰ πυρὸς πολλοῦ καὶ κλύδωνος ἐπιζέσαντος οὐκ ἂν εἴποι τις ὡς ἀπήντησεν ἅμα πάντα καὶ συνέπεσε κατὰ τύχην ⟨καὶ⟩ αὐτομάτως, ἀλλ᾽ ἡ τάξις ἐμφαίνει τὴν πρόγνωσιν. καὶ τὸ Ῥωμαίοις πρὸ ἐτῶν ὁμοῦ τι πεντακοσίων προειπεῖν τὸν χρόνον, ἐν ᾧ πρὸς ἅπαντα τὰ ἔθνη πολεμήσοιεν ἅμα· τοῦτο δ᾽ ἦν τὸ

4 ss. cf. v. Ages. c. 3, Paus. III 8, 9 8 Strab. I 3, 16; Iustinus XXX 4, 1

2 add. Xyl. 4 δὲ E 5 βλάψῃ B 7 φθισίμβρ. B φθερσίβρ. Paus. κυλινδουμ. B κυκωόμενον vel κυκωομένου codd. Paus. 9 del. Re. 15 πέτρᾳ Ω corr. Re. 23 add. Stegm. 25 ὁμοῦ τοι B 26 πολεμήσειεν (οι supra ει) B

πολεμῆσαι τοῖς οἰκέταις ἀποστᾶσιν. ἐν τούτοις γὰρ οὐθὲν
ἀτέκμαρτον οὐδὲ τυφλὸν †ἀμφί τε τύχην ζητεῖν ἐν ἀπει-
ρίᾳ ὁ λόγος· ἀλλὰ πολλὰ τῆς πείρας ἐνέχυρα δίδωσι καὶ E
δείκνυσι τὴν ὁδόν, ᾗ βαδίζει τὸ πεπρωμένον. οὐ γὰρ οἶμαί
τιν' ἐρεῖν, ὅτι †μετὰ τούτων ὡς προερρήθη συνέπεσε κατὰ
τύχην· ἐπεὶ τί κωλύει λέγειν ἕτερον, ὡς οὐκ ἔγραψε τὰς
Κυρίας ὑμῖν Ἐπίκουρος, ὦ Βόηθε, δόξας, ἀλλ' ἀπὸ τύχης
καὶ αὐτομάτως οὕτως πρὸς ἄλληλα τῶν γραμμάτων συν-
εμπεσόντων ἀπετελέσθη τὸ βιβλίον;'

12. Ἅμα δὲ τούτων λεγομένων προήειμεν. ἐν δὲ τῷ
Κορινθίων οἴκῳ τὸν φοίνικα θεωμένοις τὸν χαλκοῦν,
ὅσπερ ἔτι λοιπός ἐστι τῶν ἀναθημάτων, οἱ περὶ τὴν
ῥίζαν ἐντετορευμένοι βάτραχοι καὶ ὕδροι θαῦμα τῷ Διο-
γενιανῷ παρεῖχον, ἀμέλει δὲ καὶ ἡμῖν. οὔτε γὰρ φοίνιξ, F
ὡς ἕτερα δένδρα, λιμναῖόν ἐστι καὶ φίλυδρον φυτὸν οὔτε
Κορινθίοις τι βάτραχοι προσήκουσιν, ὥστε σύμβολον ἢ
παράσημον εἶναι τῆς πόλεως· ὥσπερ ἀμέλει Σελινούντιοί
ποτε χρυσοῦν σέλινον ἀναθεῖναι λέγονται, καὶ Τενέδιοι
τὸν πέλεκυν ἀπὸ τῶν καρκίνων τῶν γιγνομένων περὶ τὸ
καλούμενον Ἀστέριον παρ' αὐτοῖς· | μόνοι γὰρ ὡς ἔοικεν 400
ἐν τῷ χελωνίῳ τύπον πελέκεως ἔχουσι. καὶ μὴν αὐτῷ γε
τῷ θεῷ κόρακας καὶ κύκνους καὶ λύκους καὶ ἱέρακας καὶ
πάντα μᾶλλον ἢ ταῦτ' εἶναι προσφιλῆ τὰ θηρία νομίζο-
μεν. εἰπόντος δὲ τοῦ Σαραπίωνος, ὅτι τὴν ἐξ ὑγρῶν
ᾐνίξατο τροφὴν τοῦ ἡλίου καὶ γένεσιν καὶ ἀναθυμίασιν ὁ
δημιουργός, εἶθ' Ὁμήρου λέγοντος ἀκηκοώς (γ 1)

'ἠέλιος δ' ἀπόρουσε λιπὼν περικαλλέα λίμνην'

---

6 ss. Usener, Epicurea p. 342 **10 ss.** cf. 164 a

---

2 τυφλ. ⟨οὐδ'⟩ ἀμφί⟨βολον ὥσ⟩τε τύχην ζητ. ἐ. ἀ. ⟨διέσπειρεν⟩ ὁ λ. tempt. Po. ζ. ἐ.] ζητεῖ ἐν (ex ζητεῖν sine ἐν, ut videtur, corr. m. 1) E **5** [ὅτι] κατὰ τούτων ὡς ⟨ἃ⟩ πρ. Wil. Schadewaldt ὅτι τὰ ἔμμετρα ταῦτ' ὡς Po. προερρέθη E corr. B **7** ὑμῖν Leon. μῖν praemissa lac. 1 litt. **Ω** **11** κορινθίω **Ω** corr. edd. **13** ἐντετορνευμ. B **15** φίλυδρόν ἐστι φ. B φ. τι φ. Re **27** ἀνόρ. codd. Hom.

εἶτ' Αἰγυπτίους ἑωρακὼς ἀρχῆς ⟨σύμβολον καὶ⟩ ἀνατολῆς παιδίον νεογιλὸν γράφοντας ἐπὶ λωτῷ καθεζόμενον, γελάσας ἐγώ 'ποῦ σὺ πάλιν', εἶπον 'ὦ χρηστέ, τὴν Στοὰν δευρὶ
B παρωθεῖς καὶ ὑποβάλλεις ἀτρέμα τῷ λόγῳ τὰς ἀνάψεις καὶ ἀναθυμιάσεις, [οὐχ] ὥσπερ αἱ Θετταλαὶ κατάγων τὴν σελήνην καὶ τὸν ἥλιον ὡς ἐντεῦθεν ἀπὸ γῆς καὶ ὑδάτων βλαστάνοντας καὶ ἀρδομένους; ὁ μὲν γὰρ Πλάτων (Tim. 90 a) καὶ τὸν ἄνθρωπον οὐράνιον ὠνόμασε φυτόν, ὥσπερ ἐκ ῥίζης ἄνω τῆς κεφαλῆς ὀρθούμενον· ὑμεῖς δὲ τοῦ μὲν Ἐμπεδοκλέους καταγελᾶτε φάσκοντος (fr. 44) τὸν ἥλιον περὶ γῆν ἀνακλάσει φωτὸς οὐρανίου γενόμενον αὖθις

'ἀνταυγεῖν πρὸς ὄλυμπον ἀταρβήτοισι προσώποις',

αὐτοὶ δὲ γηγενὲς ζῷον ἢ φυτὸν ἕλειον ἀποφαίνετε τὸν ἥλιον εἰς βατράχων πατρίδα ἢ ὕδρων ἐγγράφοντες. ἀλλὰ
C ταῦτα μὲν εἰς τὴν Στωικὴν ἀναθώμεθα τραγῳδίαν, τὰ δὲ τῶν χειροτεχνῶν πάρεργα παρέργως ἐξετάσωμεν· ἐν πολλοῖς γάρ εἰσι κομψοί, τὸ δὲ ψυχρὸν οὐ πανταχοῦ καὶ περίεργον ἐκπεφεύγασιν. ὥσπερ οὖν ὁ τὸν ἀλεκτρυόνα ποιήσας ἐπὶ τῆς χειρὸς τοῦ Ἀπόλλωνος ἑωθινὴν ὑπεδήλωσεν ὥραν καὶ καιρὸν ἐπιούσης ἀνατολῆς, οὕτως ἐνταῦθα τοὺς βατράχους ἐαρινῆς ὥρας φαίη τις ἂν γεγονέναι σύμβολον ἐν ᾗ κρατεῖν ἄρχεται τοῦ ἀέρος ὁ ἥλιος καὶ τὸν χειμῶνα διαλύειν, εἴ γε δεῖ καθ' ὑμᾶς τὸν Ἀπόλλωνα καὶ τὸν ἥλιον μὴ
D δύο θεοὺς ἀλλ' ἕνα νομίζειν.' καὶ ὁ Σαραπίων 'σὺ γάρ' εἶπεν 'οὐχ οὕτω νομίζεις ἀλλ' οἴει τὸν ἥλιον διαφέρειν τοῦ Ἀπόλλωνος;' 'ἔγωγ'' εἶπον 'ὡς τοῦ ἡλίου τὴν σελή-

---

3 cf. St. V. Fr. II 652 ss. 7 cf. 600 f 9 ss. cf. 890 b 23 ss. cf. ad p. 4, 28

---

1 add. Po. cf. 21 et 363 f 2 *νεογνὸν* Ω corr. Pat. ex 355 b 3 *ποῦ* Ω cf. Porson ad Eur. Or. 792 *πῶς* Si. 5 del. Stegm. post *κατάγ.* add. ⟨*ἀλλ' ἀνάγων*⟩ Re. 7 *ἀρδ.* Wy. *ἀρχ.* Ω 12 *ἀταρβήτοις* Ω corr. Wy. 26 *εἶπεν* Ω 'inquam' Xyl.

νην· ἀλλ' αὕτη μὲν οὐ πολλάκις οὐδὲ πᾶσιν ἀποκρύπτει τὸν ἥλιον, ὁ δ' ἥλιος ὁμοῦ τι πάντας ἀγνοεῖν τὸν Ἀπόλλωνα πεποίηκεν ἀποστρέφων τῇ αἰσθήσει τὴν διάνοιαν ἀπὸ τοῦ ὄντος ἐπὶ τὸ φαινόμενον.'

13. Ἐκ τούτου τοὺς περιηγητὰς ὁ Σαραπίων ἤρετο τί δὴ τὸν οἶκον οὐ Κυψέλου τοῦ ἀναθέντος ἀλλὰ Κορινθίων ὀνομάζουσιν. ἀπορίᾳ δ' αἰτίας ἐμοὶ γοῦν δοκεῖ σιωπώντων ἐκείνων ἐπιγελάσας ἐγώ 'τί δ'' εἶπον 'ἔτι τούτους οἰόμεθα γιγνώσκειν ἢ μνημονεύειν ἐκπεπληγμένους παντάπασιν E ἡμῶν μετεωρολεσχούντων; ἐπεὶ πρότερόν γ' αὐτῶν ἠκούομεν λεγόντων, ὅτι τῆς τυραννίδος καταλυθείσης ἐβούλοντο Κορίνθιοι καὶ τὸν ἐν Πίσῃ χρυσοῦν ἀνδριάντα καὶ τὸν ἐνταῦθα τουτονὶ θησαυρὸν ἐπιγράψαι τῆς πόλεως. Δελφοὶ μὲν οὖν ἔδοσαν ὡς δίκαιον καὶ συνεχώρησαν, Ἠλείους δὲ φθονήσαντας ἐψηφίσαντο μὴ μετέχειν Ἰσθμίων· ὅθεν οὐδεὶς ἐξ ἐκείνου γέγονεν Ἰσθμίων ἀγωνιστὴς Ἠλεῖος. ὁ δὲ Μολιονιδῶν φόνος ὑφ' Ἡρακλέους περὶ Κλεωνὰς οὐδέν ἐστι μεταίτιος, ὡς ἔνιοι νομίζουσιν, Ἠλείοις τοῦ εἴργεσθαι· τοὐναντίον γὰρ ἦν αὐτοῖς προσῆκον εἴργειν, εἰ διὰ τοῦτο Κορινθίοις προσεκεκρούκεσαν.' F ἐγὼ μὲν οὖν ταῦτ' εἶπον.

14. Ἐπεὶ δὲ τὸν Ἀκανθίων καὶ Βρασίδου παρελθοῦσιν οἶκον ⟨ἔρημον⟩ ἡμῖν ἔδειξεν ὁ περιηγητὴς χωρίον, ἐν ᾧ Ῥοδώπιδος ἔκειντό ποτε τῆς ἑταίρας ὀβελίσκοι σιδηροῖ, δυσχεράνας ὁ Διογενιανός 'ἦν ἄρα τῆς αὐτῆς' ἔφη 'πόλεως Ῥοδώπιδι μὲν χώραν παρασχεῖν, ὅπου τὰς δεκάτας φέρουσα καταθήσεται τῶν μισθῶν, | Αἴσωπον δ' ἀπολέσαι 401 τὸν ὁμόδουλον αὐτῆς.' καὶ ὁ Σαραπίων 'τί δὲ ταῦτ'' ἔφη

---

17 ss. Apollod. Bibl. II 7, 2 24 ss. Herodot. II 134 ss.
27 cf. 150 a 556 f

---

1 αὐτὴ Ω corr. Re. 6 Κυψέλλου Ω corr. Xyl. 7 δοκεῖν Kurtz 10 ἡμ. Re. ὑμῶν Ω 12 πίσση Ω corr. edd.
20 προσκεκρ. B 23 propter positionem vocis ἡμῖν add. Wil.

‘μακάριε, δυσχεραίνεις; ἐκεῖ βλέψον ἄνω καὶ τὴν χρυσῆν ἐν τοῖς στρατηγοῖς καὶ βασιλεῦσι θέασαι Μνησαρέτην, ἣν Κράτης εἶπε τῆς τῶν ‘Ελλήνων ἀκρασίας ἀνακεῖσθαι τρόπαιον.’ ἰδὼν οὖν ὁ νεανίας ‘εἶτ’ οὐ περὶ Φρύνης’ ἔφη ‘τοῦτ’ ἦν εἰρημένον τῷ Κράτητι;’ ‘ναί’ εἶπεν ὁ Σαραπίων· ‘Μνησαρέτη γὰρ ἐκαλεῖτο, τὴν δὲ Φρύνην ἐπίκλησιν ἔσχε διὰ τὴν ὠχρότητα. πολλὰ δ’ ὡς ἔοικε τῶν ὀνομάτων ἀποκρύπτουσιν αἱ παρωνυμίαι. τὴν γοῦν Ἀλεξάνδρου μητέρα
B Πολυξένην εἶτα Μυρτάλην Ὀλυμπιάδα τε καὶ Στρατονίκην κληθῆναι λέγουσι, τὴν δὲ ‘Ροδίαν Εὔμητιν ἄχρι νῦν Κλεοβουλίνην πατρόθεν οἱ πλεῖστοι καλοῦσιν, ‘Ηροφίλην δὲ τὴν Ἐρυθραίαν μαντικὴν γενομένην Σίβυλλαν προσηγόρευσαν. τῶν δὲ γραμματικῶν ἀκούσῃ καὶ τὴν Λήδαν Μνησινόην καὶ τὸν Ὀρέστην Ἀχαιὸν .... ὠνομάσθαι φασκόντων. ἀλλὰ πῶς’ ἔφη ‘διανοῇ σύ (βλέψας πρὸς τὸν Θέωνα) τουτὶ διαλῦσαι τὸ περὶ Φρύνης αἰτίαμα;’ (15.) κἀκεῖνος ἡσυχῇ διαμειδιάσας ‘οὕτως’ εἶπεν ‘ὥστε καὶ σοὶ προσεγκαλεῖν τὰ μικρότατα τῶν ‘Ελληνικῶν πλημμελημάτων ἐλέγχοντι.
C καθάπερ γὰρ ὁ Σωκράτης (Xen. Conv. II, 3) ἑστιώμενος ἐν Καλλίου τῷ μύρῳ πολεμεῖ μόνον, ὀρχήσεις δὲ παίδων καὶ κυβιστήσεις καὶ φιλήματα καὶ γελωτοποιοὺς ὁρῶν ἀνέχεται, καὶ σύ μοι δοκεῖς ὁμοίως γύναιον εἴργειν τοῦ ἱεροῦ χρησάμενον ὥρᾳ σώματος οὐκ ἐλευθερίως, φόνων δὲ καὶ πολέμων καὶ λεηλασιῶν ἀπαρχαῖς καὶ δεκάταις κύκλῳ περιεχόμενον τὸν θεὸν ὁρῶν καὶ τὸν νεὼν σκύλων ‘Ελληνικῶν ἀνάπλεων καὶ λαφύρων οὐ δυσχεραίνεις οὐδ’ οἰκτίρεις τοὺς Ἕλληνας ἐπὶ τῶν καλῶν ἀναθημάτων αἰσχίστας

---

2 cf. 336 c, Athen. XIII 591 b 3 cf. Diels, Poet. Phil. fr. p. 214 10 cf. 148 c

---

4 εἶτ’ οὐ Re. εἶτα Ω 10 ‘Ροδ.] Κορινθίαν B κλεοβούλην (ιν ss. m. 1) B κλεοβούλην E 14 lac. 20 litt. Ω 16 ἡσυχῇ om. B 17 ὥστε Re. ὥς γε Ω 19 αἰτιώμενος Ω corr. Re. 20 καλλία Ω πολεμεῖν Ω corr. Re. 26 ἀνάπλεω Ω corr. Re.

ἀναγιγνώσκων ἐπιγραφάς ʽΒρασίδας καὶ Ἀκάνθιοι ἀπ᾽ Ἀθηναίων᾽ καὶ ʽἈθηναῖοι ἀπὸ Κορινθίων᾽ καὶ ʽΦωκεῖς ἀπὸ D Θεσσαλῶν᾽, ʽ Ὀρνεᾶται᾽ δ᾽ ʽἀπὸ Σικυωνίων᾽, ʽἈμφικτύονες᾽ δ᾽ ʽἀπὸ Φωκέων.᾽ ἀλλὰ Πραξιτέλης ὡς ἔοικε μόνος ἠνίασε Κράτητα τῇ ἐρωμένῃ τυχὼν αὐτόθι χώρας, ὃν ἐπαινεῖν ὤφειλε Κράτης, ὅτι τοῖς χρυσοῖς βασιλεῦσι τούτοις παρέστησε χρυσῆν ἑταίραν, ἐξονειδίζων τὸν πλοῦτον ὡς οὐδὲν ἔχοντα θαυμάσιον οὐδὲ σεμνόν. δικαιοσύνης γὰρ ἀναθήματα καὶ σωφροσύνης καὶ μεγαλονοίας καλῶς ἔχει τίθεσθαι παρὰ τῷ θεῷ τοὺς βασιλεῖς καὶ τοὺς ἄρχοντας, οὐ χρυσῆς καὶ τρυφώσης εὐπορίας ἧς μέτεστι καὶ τοῖς αἴσχιστα βεβιωκόσιν.᾽

16. ʽ Ἐκεῖνο δ᾽ οὐ λέγεις᾽ εἶπεν ἅτερος τῶν περιηγητῶν, E ʽὅτι Κροῖσος ἐνταῦθα καὶ τῆς ἀρτοποιοῦ χρυσῆν εἰκόνα ποιησάμενος ἀνέθηκε.᾽ ⟨καὶ ὁ Θέων ʽναί᾽ ἔφη⟩ ʽπλὴν οὐκ ἐντρυφῶν τῷ ἱερῷ, καλὴν δὲ λαβὼν αἰτίαν καὶ δικαίαν. λέγεται γὰρ Ἀλυάττην τὸν πατέρα τοῦ Κροίσου δευτέραν ἀγαγέσθαι γυναῖκα καὶ παῖδας ἑτέρους τρέφειν· ἐπιβουλεύουσαν οὖν τῷ Κροίσῳ τὴν ἄνθρωπον φάρμακον δοῦναι τῇ ἀρτοποιῷ καὶ κελεῦσαι διαπλάσασαν ἄρτον ἐξ αὐτοῦ τῷ Κροίσῳ παραδοῦναι· τὴν δ᾽ ἀρτοποιὸν κρύφα τῷ Κροίσῳ φράσαι, παραθεῖναι δὲ τοῖς ἐκείνης παισὶ τὸν ἄρτον. ἀνθ᾽ ὧν βασιλεύσαντα τὸν Κροῖσον οἷον ἐπὶ μάρ- F τυρι τῷ θεῷ τὴν χάριν ἀμείψασθαι τῆς γυναικὸς εὖ γε ποιοῦντ᾽ ἐκεῖνον. ὅθεν᾽ εἶπεν ʽἄξιον δὴ καὶ τῶν πόλεων εἴ τι τοιοῦτόν ἐστιν ἀνάθημα τιμᾶν καὶ ἀγαπᾶν, οἷον τὸ Ὀπουντίων. ἐπεὶ γὰρ οἱ Φωκέων τύραννοι πολλὰ τῶν χρυσῶν καὶ ἀργυρῶν ἀναθημάτων συγχέαντες ἔκοψαν

---

27 cf. Theop. fr. 182 ss. FHG I 308

---

3 ὀρνιάται E 5 χώρ. Emp. (cf. p. 39, 26) δωρεᾶς Ω 8 οὐθὲν E 9 ἔχειν E 10 τῶν θεῶν Ω corr. edd. 14 ἀρτ.] ἀρτόπου E γρ. ἀρτόπω B² mg. 15 add. Pat. lac. 15 litt. Ω 20 ἀρτόπω Ω ποι subsc. B² 21 ἄρτοπον Ω 26 ἀγ. Stegm. ἄγαν Ω

νόμισμα καὶ διέσπειραν εἰς τὰς πόλεις, Ὀπούντιοι συναγαγόντες ὅσον ⟨ἔσχον⟩ ἀργυρίου ⟨Φωκικοῦ καὶ ποιήσαντες⟩ ὑδρίαν ἀνέπεμψαν ἐνθάδε τῷ θεῷ καὶ καθιέρωσαν. ἐγὼ δὲ καὶ Μυριναίους ἐπαινῶ καὶ Ἀπολλω-
402 νιάτας | θέρη χρυσᾶ δεῦρο πέμψαντας, ἔτι δὲ μᾶλλον Ἐρετριεῖς καὶ Μάγνητας ἀνθρώπων ἀπαρχαῖς δωρησαμένους τὸν θεὸν ὡς καρπῶν δοτῆρα καὶ πατρῷον καὶ γενέσιον καὶ φιλάνθρωπον· αἰτιῶμαι δὲ Μεγαρεῖς, ὅτι μόνοι σχεδὸν ἐνταῦθα λόγχην ἔχοντα τὸν θεὸν ἔστησαν ἀπὸ τῆς μάχης, ἣν Ἀθηναίους μετὰ τὰ Περσικὰ τὴν πόλιν ἔχοντας αὐτῶν νικήσαντες ἐξέβαλον. ὕστερον μέντοι πλῆκτρον ἀνέθηκαν τῷ θεῷ χρυσοῦν ἐπιστήσαντες ὡς ἔοικε Σκυθίνῳ λέγοντι (fr. 1) περὶ τῆς λύρας

'ἣν ἁρμόζεται
Ζηνὸς εὐειδὴς Ἀπόλλων πᾶσαν, ἀρχὴν καὶ τέλος
B συλλαβών, ἔχει δὲ λαμπρὸν πλῆκτρον ἡλίου φάος.' '

17. Ἐπιβάλλοντος δὲ τοῦ Σαραπίωνος εἰπεῖν τι περὶ τούτων ὁ ξένος 'ἡδὺ μέν' ἔφη 'τὸ τοιούτων ἀκροᾶσθαι λόγων, ἐμοὶ δ' ἀναγκαῖόν ἐστι τὴν πρώτην ὑπόσχεσιν ἀπαιτῆσαι περὶ τῆς αἰτίας, ᾗ πέπαυκε τὴν Πυθίαν ἐν ἔπεσι καὶ μέτροις ἄλλοις θεσπίζουσαν· ὥστ', εἰ δοκεῖ, τὰ λειπόμενα τῆς θέας ὑπερθέμενοι περὶ τούτων ἀκούσωμεν ἐνταῦθα καθίσαντες. οὗτος γάρ ἐστιν ὁ μάλιστα πρὸς τὴν τοῦ χρηστηρίου πίστιν ἀντιβαίνων λόγος, ὡς δυοῖν θάτερον, ἢ τῆς Πυθίας τῷ χωρίῳ μὴ πελαζούσης ἐν ᾧ τὸ θεῖόν ἐστιν, ἢ τοῦ πνεύματος παντάπασιν ἀπεσβεσμένου καὶ τῆς δυνάμεως ἐκλελοιπυίας.'

C Περιελθόντες οὖν ἐπὶ τῶν μεσημβρινῶν καθεζόμεθα

---

11 St. V. Fr. I 502

---

2 lac. ind. Re. expl. Pat. Si. 3 ὑδρίον Ω corr. Re. 4 μυρίνας Ω corr. Re. 10 ἔχοντες B 25 μὴ] μηκέτι dub. Pat.

κρηπίδων ⟨τοῦ⟩ νεὼ πρὸς τὸ τῆς Γῆς ἱερὸν τό θ' ὕδωρ . . . ἀποβλέποντες· ὥστ' εὐθὺς εἰπεῖν τὸν Βόηθον, ὅτι 'καὶ ὁ τόπος τῆς ἀπορίας συνεπιλαμβάνεται τῷ ξένῳ. Μουσῶν γὰρ ἦν ἱερὸν ἐνταῦθα περὶ τὴν ἀναπνοὴν τοῦ νάματος, ὅθεν ἐχρῶντο πρός τε τὰς λοιβὰς ⟨καὶ τὰς χέρνιβας⟩ τῷ ὕδατι τούτῳ, ὥς φησι Σιμωνίδης (fr. 44),

'ἔνθα χερνίβεσσιν ἀρύεται [τε]
Μουσᾶν καλλικόμων ὑπένερθεν ἁγνὸν ὕδωρ.'

μικρῷ δὲ περιεργότερον αὖθις ὁ Σιμωνίδης τὴν Κλειὼ προσειπὼν (fr. 45) 'ἁγνᾶν ἐπίσκοπον χερνίβων' φησί 'πολύλιστον ἀρυόντεσσιν ἀχρυσόπεπλον . . . . εὐῶδες ἀμ- D
βροσίων ἐκ μυχῶν ἐρανὸν ὕδωρ λαβόν.' οὐκ ὀρθῶς οὖν Εὔδοξος ἐπίστευσε τοῖς Στυγὸς ὕδωρ τοῦτο καλεῖσθαι πεφήνασι. τὰς δὲ Μούσας ἱδρύσαντο παρέδρους τῆς μαντικῆς καὶ φύλακας αὐτοῦ παρὰ τὸ νᾶμα καὶ τὸ τῆς Γῆς ἱερόν, ἧς λέγεται τὸ μαντεῖον γενέσθαι, ⟨διὰ⟩ τὴν ἐν μέτροις καὶ μέλεσι χρησμῳδίαν. ἔνιοι δὲ καὶ πρῶτον ἐνταῦθά φασιν ἡρῷον μέτρον ἀκουσθῆναι (613 P.—W.)

'συμφέρετε πτερά ⟨τ'⟩, οἰωνοί, κηρόν τε, μέλισσαι·'

ὅτε τῷ θεῷ *** ἐπιδεᾶ γενομένην ἀποβαλεῖν τὸ σεμνόν.'

18. Ὁ Σαραπίων 'ἐπιεικέστερα ταῦτ'' εἶπεν 'ὦ Βόηθε, E
καὶ μουσικώτερα· δεῖ γὰρ μὴ μάχεσθαι πρὸς τὸν θεὸν μηδ' ἀναιρεῖν μετὰ τῆς μαντικῆς ἅμα τὴν πρόνοιαν καὶ τὸ θεῖον, ἀλλὰ τῶν ὑπεναντιοῦσθαι δοκούντων λύσεις ἐπιζητεῖν τὴν δ' εὐσεβῆ καὶ πάτριον μὴ προϊέσθαι πίστιν.'

---

1 add. Emp. 2 ante ἀποβλ. lac. 12 litt. E post ἀποβλ. lac. 11 litt. B 5 add. Re. 7 εἰρύεται Ω corr. Turn. del. Re. 11 ἀρ. Emp. ἀραιόν τέ ἐστιν Ω lac. 16 litt. E 20 B 12 ἐραννὸν Turn. λαβ.] λίβα dub. Pat. 14 πεφ. B πεφύκασι E πεποιηκόσι Wil. 16 add. Wy. 18 φ. ἠ. ἐ. B 19 add. ex Philostr. v. Apoll. 247 20 lac. ind. Re. 'exc. haec fere: postquam Musarum cultus cessavit, Pythia quoque versus effundere desiit' Po. 22 θεὸν Amyot θέωνα Ω

ʽὀρθῶςʼ ἔφην ἐγὼ ʽλέγεις, ἄριστε Σαραπίων· οὐδὲ γὰρ φιλοσοφίαν ἀπογιγνώσκομεν ὡς ἀνῃρημένην παντάπασι καὶ διεφθορυῖαν, ὅτι πρότερον μὲν ἐν ποιήμασιν ἐξέφερον οἱ φιλόσοφοι τὰ δόγματα καὶ τοὺς λόγους, ὥσπερ Ὀρφεὺς καὶ Ἡσίοδος καὶ Παρμενίδης καὶ Ξενοφάνης καὶ Ἐμπεδοκλῆς [καὶ Θαλῆς], ὕστερον δʼ ἐπαύσαντο καὶ πέπαυνται
F χρώμενοι μέτροις πλὴν σοῦ· διὰ σοῦ δʼ αὖθις εἰς φιλοσοφίαν ποιητικὴ κάτεισιν ὄρθιον καὶ γενναῖον ἐγκελευομένη τοῖς νέοις. οὐδʼ ἀστρολογίαν ἀδοξοτέραν ἐποίησαν οἱ περὶ Ἀρίσταρχον καὶ Τιμόχαριν καὶ Ἀρίστυλλον καὶ Ἵππαρχον καταλογάδην γράφοντες, ἐν μέτροις πρότερον Εὐδόξου
403 καὶ Ἡσιόδου καὶ Θαλοῦ γραφόντων, | εἴ γε Θαλῆς ἐποίησεν ὡς ἀληθῶς εἰπεῖν ⟨τὴν⟩ εἰς αὐτὸν ἀναφερομένην Ἀστρολογίαν. Πίνδαρος δὲ καὶ περὶ τρόπου μελῳδίας ἀμελουμένου καθʼ αὑτὸν ἀπορεῖν ὁμολογεῖ, καὶ θαυμάζειν ὅτι .... οὐδὲν γάρ ἐστι δεινὸν οὐδʼ ἄτοπον αἰτίας ζητεῖν τῶν τοιούτων μεταβολῶν· ἀναιρεῖν δὲ τὰς τέχνας καὶ τὰς δυνάμεις, ἄν τι κινηθῇ καὶ παραλλάξῃ τῶν κατὰ ταύτας, οὐ δίκαιον.ʼ

19. Ὑπολαβὼν δʼ ὁ Θέων ʽἀλλὰ ταῦτα μένʼ εἶπε ʽμεγάλας ἔσχηκε τῷ ὄντι παραλλαγὰς καὶ καινοτομίας· τῶν δʼ ἐνταῦθα ⟨χρησμῶν οἶσθα⟩ πολλοὺς καὶ τότε καταλογάδην ἐκφερομένους καὶ περὶ πραγμάτων οὐ τῶν τυχόν-
B των· Λακεδαιμονίοις τε γάρ, ὡς Θουκυδίδης ἱστόρηκε, περὶ τοῦ πρὸς Ἀθηναίους πολέμου χρωμένοις ἀνεῖλε νίκην καὶ κράτος, καὶ βοηθήσειν αὐτὸς καὶ παρακαλούμενος καὶ ἀπαράκλητος· καὶ Παυσανίαν εἰ μὴ καταγάγοιεν ʽἀργυρέᾳ ⟨εὐλάκᾳ⟩ εὐλαξεῖνʼ. Ἀθηναίοις δὲ περὶ τῆς ἐν Σικελίᾳ

28 ss. v. Nic. 13

2 ἀπεγ. Ω corr. Wil. 3 πρότεροι E 6 del. Wil. intrusum e proximis 8 καὶ om. E 13 τὴν εἰς αὐτὸν Turn. εἰς αὐτὴν Ω 15 θαυμάζει Ω corr. Re. 16 lac. 120 litt. E 50 B 22 add. Pat. 26 κ. κρ.] κατὰ κράτος πολεμοῦσι Wasse, quibus ἔσεσθαι add. Re. (cf. Thuc. I 118, 3) 27 Παυσ.] Πλειστοάνακτα Wy. (cf. Thuc. V 16, 2) 27/8 ἀ. εὐ. εὐ. Wasse ἀργύρεα συλλέξειν Ω (post ἀ. lac. 9 litt. E 11 B)

μαντευομένοις στρατιᾶς προσέταξε τὴν ἐξ Ἐρυθρῶν ἱέρειαν ἄγειν τῆς Ἀθηνᾶς· ἐκαλεῖτο δ' Ἡσυχία τὸ γύναιον. Δεινομένους δὲ τοῦ Σικελιώτου μαντευομένου περὶ τῶν υἱέων ἀνεῖλεν ὡς οἱ τρεῖς τυραννήσοιεν· ὑποτυχόντος δὲ τοῦ Δεινομένους 'οἰμωξόμενοί γ' ὦ δέσποτ' Ἄπολλον', καὶ C
τοῦτο [σοι] ἔφη διδόναι καὶ προσαναιρεῖν. ἴστε τοίνυν, ὅτι Γέλων μὲν ὑδρωπιῶν Ἱέρων δὲ λιθιῶν ἐτυράννησεν· ὁ δὲ τρίτος Θρασύβουλος ἐν στάσεσι καὶ πολέμοις γενόμενος χρόνον οὐ πολὺν ἐξέπεσε τῆς ἀρχῆς. Προκλῆς τοίνυν ὁ Ἐπιδαύρου τύραννος ἄλλους τε πολλοὺς ὠμῶς καὶ παρανόμως ἀνεῖλε καὶ Τίμαρχον ἀπ' Ἀθηνῶν παραγενόμενον μετὰ χρημάτων πρὸς αὐτὸν ὑποδεξάμενος καὶ φιλοφρονηθεὶς ἀπέκτεινε καὶ τὸ σῶμα κατεπόντισεν ἐμβαλὼν εἰς φορμόν· ἔπραξε δὲ ταῦτα διὰ Κλεάνδρου τοῦ Αἰγινήτου τῶν ἄλλων ἀγνοούντων. ὕστερον δὲ τῶν πραγμάτων αὐτῷ ταραττο- D
μένων ἔπεμψεν ἐνταῦθα Κλεότιμον τὸν ἀδελφὸν ἐν ἀπορρήτῳ μαντευσόμενον περὶ φυγῆς αὐτοῦ καὶ μεταστάσεως. ἀνεῖλεν οὖν ὁ θεὸς διδόναι Προκλεῖ φυγὴν καὶ μετάστασιν, ὅπου τὸν φορμὸν ἐκέλευσε καταθέσθαι τὸν Αἰγινήτην ξένον ἢ ὅπου τὸ κέρας ἀποβάλλει ὁ ἔλαφος. συνεὶς οὖν ὁ τύραννος, ὅτι κελεύει καταποντίζειν αὐτὸν ἢ κατορύττειν ὁ θεός (οἱ γὰρ ἔλαφοι κατορύττουσι καὶ ἀφανίζουσι κατὰ τῆς γῆς ὅταν ἐκπέσῃ τὸ κέρας), ἐπέσχεν ὀλίγον χρόνον, εἶτα τῶν πραγμάτων παντάπασι μοχθηρῶν γενομένων ἐξέπεσε· λαβόντες δ' αὐτὸν οἱ τοῦ Τιμάρχου φίλοι καὶ διαφθείραντες ἐξέβαλον τὸν νεκρὸν εἰς τὴν θάλασσαν. ὃ δ' E
ἐστὶ μέγιστον, αἱ ῥῆτραι, δι' ὧν ἐκόσμησε τὴν Λακεδαιμονίων πολιτείαν Λυκοῦργος, ἐδόθησαν αὐτῷ καταλογάδην.

---

22 cf. 700 d et ibi l. l.

---

1 Ἐρ.] Κλαζομενῶν v. Nic. 2 ἄγειν (scil. ἡσυχίαν) Pat. e v. Nic. ἀνάγειν Ω 6 del. Po. 19 καθέσθαι Naber 20 hiatum huius modi admisisse videtur Plutarchus, cf. pp. 29, 3; 52, 4/5 23 τῆς del. Pat.

μυρίους τοίνυν καὶ Ἡροδότου καὶ Φιλοχόρου καὶ Ἴστρου,
τῶν μάλιστα τὰς ἐμμέτρους μαντείας φιλοτιμηθέντων
συναγαγεῖν, ἄνευ μέτρου χρησμοὺς ⟨ἀνα⟩γεγραφότων
Θεόπομπος οὐδενὸς ἧττον ἀνθρώπων ἐσπουδακὼς περὶ
τὸ χρηστήριον ἰσχυρῶς ἐπιτετίμηκε τοῖς μὴ νομίζουσι
κατὰ τὸν τότε χρόνον ἔμμετρα τὴν Πυθίαν θεσπίζειν·
εἶτα τοῦτο βουλόμενος ἀποδεῖξαι παντάπασιν ὀλίγων χρη-
F σμῶν ηὐπόρηκεν, ὡς τῶν πολλῶν καὶ τότ᾽ ἤδη καταλο-
γάδην ἐκφερομένων.᾽

20. ‛Ἔνιοι δὲ καὶ νῦν μετὰ μέτρων ἐκτρέχουσιν, ὧν
ἕν[εκ]α καὶ ⟨τὸ⟩ πρᾶγμα περιβόητον πεποίηκε. μισο-
γύνου γὰρ Ἡρακλέους ἱερόν ἐστιν ἐν τῇ Φωκίδι, καὶ
νομίζεται τὸν ἱερώμενον ἐν τῷ ἐνιαυτῷ γυναικὶ μὴ ὁμι-
λεῖν· διὸ καὶ πρεσβύτας ἐπιεικῶς ἱερεῖς ἀποδεικνύουσι.
πλὴν ἔμπροσθεν ὀλίγῳ χρόνῳ νεανίας οὐ πονηρὸς ἀλλὰ
404 φιλότιμος, ἐρῶν παιδίσκης, ἔλαβε τὴν ἱερωσύνην. | καὶ τὸ
πρῶτον ἦν ἐγκρατὴς ἑαυτοῦ καὶ ἔφευγε τὴν ἄνθρωπον·
ἀναπαυομένῳ δ᾽ αὐτῷ ποτε μετὰ πότον καὶ χορείαν προσ-
πεσοῦσα διεπράξατο. φοβούμενος οὖν καὶ ταραττόμενος
ἐπὶ τὸ μαντεῖον κατέφυγε καὶ περὶ τῆς ἁμαρτίας ἠρώτα τὸν
θεὸν εἴ τις εἴη παραίτησις ἢ λύσις· ἔλαβε δὲ τόνδε τὸν
χρησμόν (464 P.—W.)

‛ἅπαντα τἀναγκαῖα συγχωρεῖ θεός.᾽

οὐ μὴν ἀλλὰ δοὺς ἄν τις, ὡς οὐδὲν ἄνευ μέτρου θεσπίζεται
καθ᾽ ἡμᾶς, μᾶλλον διαπορήσειε περὶ τῶν παλαιῶν ποτὲ
μὲν ⟨ἐν⟩ μέτροις ποτὲ δ᾽ ἄνευ μέτρων διδόντων τὰς ἀπο-
B κρίσεις. ἔστι δ᾽ οὐδέτερον, ὦ παῖ, παράλογον, μόνον [ἂν]
ὀρθὰς καὶ καθαρὰς περὶ τοῦ θεοῦ δόξας ἔχωμεν καὶ μὴ

---

1 μυρ. Pat. ἀλυρίου Ω 3 add. Wil. 8 πολλ. Herw. ἄλλων Ω 11 del. Wy. add. Ha. μισογ. Xyl. μισοῦν Ω 17 ἔφυγε Ω corr. Emp. 18 ἀναπαυομένων B προσπεσοῦσαν Ω corr. Naber 21 παράκλησις B 23 τἀν. Re. ἀναγκαῖα Ω 24 ἄν. μ.] ἄρ᾽ ἔμμετρον Pat., vix recte 25 διαπορήσει Ω corr. Re. 26 add. Duebn. 27 del. Stegm. cf. 721 d 28 pro ὀρθ. lac. 9 litt. E

νομίζωμεν αὐτὸν ἐκεῖνον εἶναι τὸν τὰ ἔπη συντιθέντα πρότερον καὶ νῦν ὑποβάλλοντα τῇ Πυθίᾳ τοὺς χρησμούς, ὥσπερ ἐκ προσωπείων φθεγγόμενον.'

21. ' Ἀλλ' αὖθις ἄξιον μέν ἐστι διὰ μακροτέρων εἰπεῖν τι καὶ πυθέσθαι περὶ τούτων, τὰ δὲ νῦν ἐν βραχεῖ μαθόντες διαμνημονεύωμεν, ὡς σῶμα μὲν ὀργάνοις χρῆται πολλοῖς αὐτῷ δὲ σώματι ψυχὴ καὶ μέρεσι τοῖς σώματος· ψυχὴ δ' ὄργανον θεοῦ γέγονεν, ὀργάνου δ' ἀρετὴ μάλιστα μιμεῖσθαι τὸ χρώμενον ᾗ πέφυκε δυνάμει καὶ παρέχειν τὸ ἔργον αὐτοῦ νοήματος ἐν αὐτῷ διαφαινομένου, δεικνύ- C
ναι δ' οὐχ οἷον ἦν ἐν τῷ δημιουργῷ καθαρὸν καὶ ἀπαθὲς καὶ ἀναμάρτητον, ἀλλὰ μεμιγμένον ⟨πολλῷ τῷ ἀλλοτρίῳ⟩· καθ' ἑαυτὸ γὰρ ἄδηλον ἡμῖν, ἐν ἑτέρῳ δὲ καὶ δι' ἑτέρου φαινόμενον ἀναπίμπλαται τῆς ἐκείνου φύσεως. καὶ κηρὸν μὲν ἐῶ καὶ χρυσὸν ἄργυρόν τε καὶ χαλκὸν ὅσα τ' ἄλλα πλαττομένης οὐσίας εἴδη δέχεται μὲν ἰδέαν μίαν ἐκτυπουμένης ὁμοιότητος, ἄλλο δ' ἄλλην ἀφ' ἑαυτοῦ τῷ μιμήματι διαφορὰν προστίθησι· καὶ τὰς ἐν κατόπτροις ἐπιπέδοις τε καὶ κοίλοις καὶ περιαγέσι φασμάτων καὶ εἰδώλων ἀφ' ἑνὸς εἴδους μυρίας παρατυπώσεις. καὶ γάρ εἰσι ⟨.... D
ἡλίῳ δ'⟩ οὐδὲν οὔτε μᾶλλον ⟨τὴν⟩ ἰδέαν ἔοικεν οὔθ' ὡς ὀργάνῳ χρῆσθαι φύσει γέγονεν εὐπειθέστερον σελήνης· λαμβάνουσα δὲ παρ' ἡλίου τὸ λαμπρὸν καὶ πυρωπὸν οὐχ ὅμοιον ἀποπέμπει πρὸς ἡμᾶς, ἀλλὰ μιχθὲν αὐτῇ καὶ χρόαν μετέβαλε καὶ δύναμιν ἔσχεν ἑτέραν· ἡ δὲ θερμότης καὶ παντάπασιν ἐξοίχεται καὶ προλέλοιπε τὸ φῶς ὑπ' ἀσθενείας. οἶμαι δὲ ⟨καὶ σὲ⟩ γιγνώσκειν τὸ παρ' Ἡρακλείτῳ (fr. 93) λεγόμενον ὡς 'ὁ ἄναξ, οὗ τὸ μαντεῖόν ἐστι τὸ ἐν

1 cf. 397 c 414 e 5 ss. cf. 163 e

2 νῦν ⟨πεζοὺς⟩ dub. Si. 10 διαφ. Klaffenbach δυναμένη Ω 12 add. Wy. lac. 11 litt. Ω 13 ἐν ἑτ. Emp. ἕτερον Ω 17 ⟨τῆς⟩ ὁμ. Wil. 19 περιαυγέσι Ω corr. Re. 20/1 add. Wy. Pat. (⟨γνώριμοι πᾶσιν. ἡ. δ'⟩ Po.) lac. 20 litt. Ω 21 τὴν add. Re. 22 ὄργανον Ω corr. Re. 27 add. Re. 28 ὡς ὁ. ἄ. Turn. ὥσθ' ἄναξ E ὥσθ' ἄναξ B

Δελφοῖς, οὔτε λέγει οὔτε κρύπτει ἀλλὰ σημαίνει.’ πρόσλαβε
E *δὲ τούτοις εὖ λεγομένοις καὶ νόησον τὸν ἐνταῦθα θεὸν χρώμενον τῇ Πυθίᾳ πρὸς ἀκοήν, καθὼς ἥλιος χρῆται σελήνῃ πρὸς ὄψιν· δείκνυσι μὲν γὰρ καὶ ἀναφαίνει τὰς αὑτοῦ νοήσεις, μεμιγμένας δὲ δείκνυσι διὰ σώματος θνητοῦ καὶ ψυχῆς ⟨ἀνθρωπίνης⟩ ἡσυχίαν ἄγειν μὴ δυναμένης μηδὲ τῷ κινοῦντι παρέχειν ἑαυτὴν ἀκίνητον ἐξ αὑτῆς καὶ καθεστῶσαν, ἀλλ’ ὥσπερ ἐν σάλῳ †ψαύουσαν [αὐτὴν] καὶ συμπλεκομένην τοῖς ἐν αὐτῇ κινήμασι καὶ πάθεσιν ἐπιταράττουσιν ⟨αὐτήν⟩. ὡς γὰρ οἱ δῖνοι τῶν ἅμα κύκλῳ καταφερομένων σωμάτων οὐκ ἐπικρατοῦσι βεβαίως, ἀλλὰ κύκλῳ μὲν*
F *ὑπ’ ἀνάγκης φερομένων κάτω δὲ φύσει ῥεπόντων γίγνεταί τις ἐξ ἀμφοῖν ταραχώδης καὶ παράφορος ἑλιγμός, οὕτως ὁ καλούμενος ἐνθουσιασμὸς ἔοικε μῖξις εἶναι κινήσεων δυοῖν, τὴν μὲν ὡς πέπονθε τῆς ψυχῆς ἅμα δὲ τὴν ὡς πέφυκε κινουμένης. ὅπου γὰρ ἀψύχοις σώμασι καὶ κατὰ ταὐτὰ μονίμοις οὐκ ἔστι χρήσασθαι παρ’ ὃ πέφυκε βιαζόμενον οὐδὲ κινῆσαι σφαιρικῶς κύλινδρον ἢ ⟨κῶνον⟩ κυβικῶς ἢ λύραν αὐλητικῶς ἢ σάλπιγγα κιθαριστικῶς, ἀλλ’ οὐχ ἕτερον ἦν ὡς ἔοικε τὸ τεχνικῶς ἑκάστῳ χρῆσθαι καὶ ὡς πέφυκεν, ἧπου τὸ ἔμψυχον καὶ αὐτοκίνητον ὁρμῆς τε καὶ λόγου μετέχον ἄλλως ἄν τις ἢ κατὰ τὴν ἐν αὐτῷ προϋπάρχουσαν ἕξιν ἢ δύναμιν ἢ φύσιν μεταχειρίσαιτο, |*
405 *μουσικῶς κινῶν νοῦν ἄμουσον ἢ γραμματικῶς τὸν ἀγράμματον ἢ λογίως τὸν ἐν λόγοις ἀθεώρητον καὶ ἀνάσκητον; οὐκ ἔστιν εἰπεῖν.’*

22. *‘Μαρτυρεῖ δέ μοι καὶ Ὅμηρος, αἰτίᾳ μὲν ‘ἄνευ*

---

4 *πρὸς ὄψιν* post *Πυθ.* (3) *Ω* trp. Wy. 6 add. Wil. lac. 20 litt. E 14 B *δυν. μηδ.* Wy. *δυνάμενος δὲ Ω* 7 *καὶ* om. B 8 *ψαύ.*] *ναυτιῶσαν* dub. Po. cf. 798 d del. Wy. 9 *ἐπιτ. αὐτ.* Wy. *ἐπιταραττούσης Ω* 10 *κύκλ.* ⟨*καὶ*⟩ *κάτω φερ.* Schw. 13 *οὕτως* B 15 *δὲ τὴν* Wil. *τὴν δὲ Ω* 16/17 *καθ’ αὑτὰ* Harder 18 add. Wil. 20 *ἦν* Pat. *ἢ Ω* 21 ⟨*τὸ*⟩ *ὡς π.* Ha. 22 *ἐν αὐτῷ* Mez. *ἑαυτῶν Ω* 24 *κινοῦντι Ω* corr. Wy. ⟨*τὸν*⟩ *νοῦν* Wil. 27 *αἰτίας Ω* corr. Harder

θεοῦ' (β 372, ο 531) οὐδὲν ὡς ἔπος εἰπεῖν ὑποτιθέμενος
περαινόμενον, οὐ μὴν πᾶσι πρὸς πάντα χρώμενον ποιῶν
τὸν θεόν, ἀλλ' ἑκάστῳ καθ' ἣν ἔχει τέχνην ἢ δύναμιν. ἦ
γὰρ οὐχ ὁρᾷς' εἶπεν 'ὦ φίλε Διογενιανέ, τὴν Ἀθηνᾶν, ὅτε
πεῖσαι βούλεται τοὺς Ἀχαιούς, τὸν Ὀδυσσέα παρακαλοῦ-
σαν, ὅτε συγχέαι τὰ ὅρκια, τὸν Πάνδαρον ζητοῦσαν, ὅτε
τρέψασθαι τοὺς Τρῶας, ἐπὶ τὸν Διομήδην βαδίζουσαν;
ὁ μὲν γὰρ εὔρωστος καὶ μάχιμος ὁ δὲ τοξικὸς καὶ ἀνόητος B
ὁ δὲ δεινὸς εἰπεῖν καὶ φρόνιμος. οὐ γὰρ εἶχεν Ὅμηρος τὴν
αὐτὴν †Πανδάρῳ διάνοιαν, εἴ γε Πάνδαρος ἦν ὁ ποιήσας

'θεοῦ θέλοντος κἂν ἐπὶ ῥιπὸς πλέοις (Eur. fr. 397)'

ἀλλ' ἐγίνωσκεν ἄλλας πρὸς ἄλλα δυνάμεις καὶ φύσεις
γεγενημένας, ὧν ἑκάστη κινεῖται διαφόρως, κἂν ἓν ᾖ
τὸ κινοῦν ἁπάσας. ὥσπερ οὖν τὸ κινοῦν τὸ πεζὸν
οὐ δύναται πτητικῶς οὐδὲ τορῶς τὸ τραυλὸν οὐδ'
εὐφώνως τὸ ἰσχνόφωνον (ἀλλὰ καὶ τὸν Βάττον, οἶμαι, διὰ
τοῦτ' ἐπὶ τὴν φωνὴν παραγενόμενον εἰς Λιβύην ἔπεμψεν
οἰκιστήν, ὅτι τραυλὸς μὲν ἦν καὶ ἰσχνόφωνος βασιλικὸς δὲ C
καὶ πολιτικὸς καὶ φρόνιμος), οὕτως ἀδύνατον διαλέγεσθαι
ποιητικῶς τὸν ἀγράμματον καὶ ἀνήκοον ἐπῶν. ὥσπερ ἡ
νῦν τῷ θεῷ λατρεύουσα γέγονε μὲν εἴ τις ἄλλος ἐνταῦθα
νομίμως καὶ καλῶς καὶ βεβίωκεν εὐτάκτως, τραφεῖσα δ'
ἐν οἰκίᾳ γεωργῶν πενήτων οὔτ' ἀπὸ τέχνης οὐδὲν οὔτ' ἀπ'
ἄλλης τινὸς ἐμπειρίας καὶ δυνάμεως ἐπιφερομένη κάτεισιν
εἰς τὸ χρηστήριον, ἀλλ' ὥσπερ ὁ Ξενοφῶν (Oec. 7, 5)
οἴεται δεῖν ἐλάχιστα τὴν νύμφην ἰδοῦσαν ἐλάχιστα δ'
ἀκούσασαν εἰς ἀνδρὸς βαδίζειν, οὕτως ἄπειρος καὶ ἀδαὴς
ὀλίγου δεῖν ἁπάντων καὶ παρθένος ὡς ἀληθῶς τὴν ψυχὴν
τῷ θεῷ σύνεστιν. ἀλλ' ἡμεῖς ἐρωδιοῖς οἰόμεθα καὶ τροχί- D

17 Herodot. IV 155

10 Πανδ. Ω Μενάνδρῳ Wil. 11 θεοῦ πλέοντος κἂν ἐπιρρε-πῶς Ω corr. ex aliis locis 12 ἀλλὰ γίνωσκε Ω corr. Xyl. 15 πτητ. ⟨κινῆσαι⟩ Bern. 17 φων. Re. ῥώμην Ω ἔπεμψαν Ω corr. Re. 22 τραφ. Basil. γραφ. Ω

λοις καὶ κόραξι χρῆσθαι φθεγγομένοις σημαίνοντα τὸν θεὸν καὶ οὐκ ἀξιοῦμεν, ἣ θεῶν ἄγγελοι καὶ κήρυκές εἰσι, λογικῶς ἕκαστα καὶ σαφῶς φράζειν, τὴν δὲ τῆς Πυθίας φωνὴν καὶ διάλεκτον ὥσπερ ⟨τραγικὴν⟩ ἐκ θυμέλης, οὐκ ἀνήδυντον οὐδὲ λιτὴν ἀλλ' ἐν μέτρῳ καὶ ὄγκῳ καὶ πλάσματι καὶ μεταφοραῖς ὀνομάτων καὶ μετ' αὐλοῦ φθεγγομένην παρέχειν ἀξιοῦμεν.'

23. *'Τί οὖν φήσομεν περὶ τῶν παλαιῶν; οὐχ ἓν ἀλλὰ πλείονα, οἶμαι. πρῶτον μὲν γάρ, ὥσπερ εἴρηται, τὰ πλεῖστα κἀκεῖναι καταλογάδην ἀπεφθέγγοντο, δεύτερον δὲ καὶ σωμάτων ἤνεγκε κράσεις καὶ φύσεις ὁ χρόνος ἐκεῖνος* E *εὔρουν τι καὶ φορὸν ἐχούσας πρὸς ποίησιν, αἷς εὐθὺς ἐπεγίγνοντο προθυμίαι καὶ ὁρμαὶ καὶ παρασκευαὶ ψυχῆς ἑτοιμότητα ποιοῦσαι μικρᾶς ἔξωθεν ἀρχῆς καὶ παρατροπῆς τοῦ φανταστικοῦ δεομένην, ὡς εὐθὺς ἕλκεσθαι πρὸς τὸ οἰκεῖον οὐ μόνον, ὡς λέγει Φιλῖνος, ἀστρολόγους καὶ φιλοσόφους, ἀλλ' ἐν οἴνῳ τε πολλῷ καὶ πάθει γιγνομένων οἴκτου ⟨τέ⟩ τινος ὑπορρυέντος ἢ χαρᾶς προσπεσούσης ὠλίσθανεν εἰς 'ἐνῳδὸν .... γῆρυν' ἐρωτικῶν τε κατεπίμπλαντο μέτρων καὶ ᾀσμάτων τὰ συμπόσια καὶ τὰ βιβλία γραμμάτων. ὁ δ' Εὐριπίδης εἰπὼν* (fr. 663) *ὡς ' Ἔρως ποιητὴν* F *διδάσκει, κἂν ἄμουσος ᾖ τὸ πρίν' ἐνενόησεν, ὅτι ποιητικὴν καὶ μουσικὴν Ἔρως δύναμιν οὐκ ἐντίθησιν, ἐνυπάρχουσαν δὲ κινεῖ καὶ ἀναθερμαίνει λανθάνουσαν καὶ ἀργοῦσαν. ἢ μηδένα νῦν ἐρᾶν, ὦ ξένε, λέγωμεν, ἀλλὰ φροῦδον οἴχεσθαι τὸν ἔρωτα, ὅτι μέτροις οὐδεὶς οὐδ' ᾠδαῖς 'ῥίμφα παιδείους' ὡς Πίνδαρος ἔφη* (Isth. II 3) *'τοξεύει μελι-*

---

9 cf. 403 f **19** cf. 623 a **21** cf. 622 c 762 b

---

2 *ἣ*] *εἰ* Wil. **3** *σοφῶς* **Ω** corr. Re. **4** add. Po. lac. 10 litt. **Ω** **5** *μέτρων ὄγκῳ* Re. **7** *παρέχ.*] 'scil. deum' cf. 1/2 Schw. *ἐκτρέχειν* Po. cf. p. 46, 10 **14** *προτρ.* Re. **15** *δεομένης* **Ω** corr. Re. **18** add. Wil. **19** lac. 8 litt. **Ω** ⟨*δαριστὺς*⟩ Pat. **21** *εἰπὼν* Basil. *ἐπιὼν* **Ω** **22** *ἐννοῆσαι* **Ω** corr. Wy. **27** *παιδίοις* **Ω** corr. e Pindaro *μελιγάρεας* Pind.

γήρεας ὕμνους;᾿ | ἀλλ᾿ ἄτοπον· ἔρωτες γὰρ ἔτι πολλοὶ τῶν 406
ἀνθρώπων ἐπιστρέφονται, ψυχαῖς ⟨δ᾿⟩ ὁμιλοῦντες οὐκ
εὐφυῶς οὐδ᾿ ἑτοίμως πρὸς μουσικὴν ἐχούσαις ἄναυλοι μὲν
καὶ ἄλυροι λάλοι δ᾿ οὐδὲν ἧττόν εἰσι καὶ διάπυροι τῶν
παλαιῶν· ἔτι ⟨δ᾿⟩ οὐδ᾿ ὅσιον εἰπεῖν ἢ καλὸν ὡς ἀνέραστος
ἦν ἡ Ἀκαδήμεια καὶ ὁ Σωκράτους καὶ Πλάτωνος χορός,
ὧν λόγοις μὲν ἐρωτικοῖς ἐντυχεῖν ἔστι, ποιήματα δ᾿ οὐκ
ἀπολελοίπασι. τί δ᾿ ἀπολείπει τοῦ λέγοντος ἐρωτικὴν μό-
νην γεγονέναι Σαπφὼ γυναικῶν ⟨ὁ⟩ μαντικὴν ⟨φάσκων
μόνην⟩ γεγονέναι Σίβυλλαν καὶ Ἀριστονίκαν καὶ ὅσαι διὰ
μέτρων ἐθεμίστευσαν; ὁ μὲν γὰρ οἶνος ὥς ἔλεγε Χαιρή- B
μων (fr. 16) ‘τοῖς τρόποις κεράννυται᾿ τῶν πινόντων· ὁ
δὲ μαντικὸς ἐνθουσιασμός, ὥσπερ ὁ ἐρωτικός, χρῆται τῇ
ὑποκειμένῃ δυνάμει καὶ κινεῖ τῶν δεξαμένων ἕκαστον καθ᾿
ὃ πέφυκεν.᾿

24. ‘Οὐ μὴν ἀλλὰ καὶ τὸ τοῦ θεοῦ καὶ τῆς προνοίας
σκοποῦντες ὀψόμεθα πρὸς τὸ βέλτιον γεγενημένην τὴν
μεταβολήν. ἀμοιβῇ γὰρ ἔοικε νομίσματος ἡ τοῦ λόγου
χρεία, καὶ δόκιμον καὶ αὐτοῦ τὸ σύνηθές ἐστι καὶ γνώρι-
μον, ἄλλην ἐν ἄλλοις χρόνοις ἰσχὺν λαμβάνοντος. ἦν οὖν
ὅτε λόγου νομίσμασιν ἐχρῶντο μέτροις καὶ μέλεσι καὶ
ᾠδαῖς, πᾶσαν μὲν ἱστορίαν καὶ φιλοσοφίαν πᾶν δὲ πάθος
ὡς ἁπλῶς εἰπεῖν καὶ πρᾶγμα σεμνοτέρας φωνῆς δεόμενον C
εἰς ποιητικὴν καὶ μουσικὴν ἄγοντες. οὐ γὰρ μόνον νῦν
⟨μὲν⟩ ὀλίγοι μόλις ἐπαΐουσι, τότε δὲ πάντες ἠκροῶντο καὶ
ἔχαιρον ᾀδομένοις ⟨‘μηλοβόται τ᾿⟩ ἀρόται τ᾿ ὀρνιχολόχοι τε᾿
κατὰ Πίνδαρον (Isth. I 48), ἀλλ᾿ ὑπὸ τῆς πρὸς ποιητικὴν
ἐπιτηδειότητος οἱ πλεῖστοι διὰ λύρας καὶ ᾠδῆς ἐνουθέτουν

---

11 cf. 437 d e **26** cf. 473 a

---

1 ἔτι Re. ὅτι Ω πολὺ B **1/2** τὸν ἄνθρωπον Ω corr. Turn. **2** add. Re. **5** ἔτι δ᾿ Re. ὅτι Ω **8** ἀπολείπ. Turn. ἀπολιπεῖν Ω **9** add. Turn. **9/10** add. Turn. lac. 18 litt. E 15 B **24/25** μόνον ⟨ὢν⟩.. τότε [δὲ] Wil. **25** add. Hu. **26** add. ex Pind. lac. 12 litt. Ω ὀρνιθολόγοι Ω

ἐπαρρησιάζοντο παρεκελεύοντο μύθους καὶ παροιμίας ἐπέραινον, ἔτι δ' ὕμνους θεῶν ⟨κατ⟩ευχὰς παιᾶνας ἐν μέτροις ἐποιοῦντο καὶ μέλεσιν οἱ μὲν δι' εὐφυΐαν οἱ δὲ διὰ συνήθειαν. οὐκοῦν οὐδὲ μαντικῇ κόσμου καὶ χάριτος ἐφθόνει D *ὁ θεὸς οὐδ' ἀπήλαυνεν ἐνθένδε ⟨τὴν⟩ τιμωμένην μοῦσαν τοῦ τρίποδος, ἀλλ' ἐπήγετο μᾶλλον ἐγείρων τὰς ποιητικὰς ⟨καὶ⟩ ἀσπαζόμενος φύσεις, αὐτός τε φαντασίας ἐνεδίδου καὶ συνεξώρμα τὸ σοβαρὸν καὶ λόγιον ὡς ἁρμόττον καὶ θαυμαζόμενον. ἐπεὶ δὲ τοῦ βίου μεταβολὴν ἅμα ταῖς τύχαις καὶ ταῖς φύσεσι λαμβάνοντος ἐξωθοῦσα τὸ περιττὸν ἡ χρεία κρωβύλους τε χρυσοῦς ἀφῄρει καὶ ξυστίδας μαλακὰς ἀπημφίαζε καί που καὶ κόμην σοβαρωτέραν ἀπέκειρε καὶ ὑπέλυσε κόθορνον οὐ φαύλως ἐθιζομένων ἀντικαλλωπίζεσθαι πρὸς τὴν πολυτέλειαν εὐτελείᾳ καὶ τὸ* E *ἀφελὲς καὶ λιτὸν ἐν κόσμῳ τίθεσθαι μᾶλλον ἢ τὸ σοβαρὸν καὶ περίεργον, οὕτω τοῦ λόγου συμμεταβάλλοντος ἅμα καὶ συναποδυομένου κατέβη μὲν ἀπὸ τῶν μέτρων ὥσπερ ὀχημάτων ἡ ἱστορία καὶ τῷ πεζῷ μάλιστα τοῦ μυθώδους ἀπεκρίθη τὸ ἀληθές, φιλοσοφία δὲ τὸ σαφὲς καὶ διδασκαλικὸν ἀσπασαμένη μᾶλλον ἢ τὸ ἐκπλῆττον διὰ λόγων ἐποιεῖτο τὴν ζήτησιν, ἀπέπαυσε δὲ τὴν Πυθίαν ὁ θεός 'πυρικάους' μὲν ὀνομάζουσαν τοὺς αὑτῆς πολίτας, 'ὀφιοβόρους' δὲ τοὺς Σπαρτιάτας, 'ὀρεᾶνας' δὲ τοὺς ἄνδρας, 'ὀρεμπότας' δὲ τοὺς ποταμούς· ἀφελὼν δὲ τῶν χρησμῶν* F *ἔπη καὶ γλώσσας καὶ περιφράσεις καὶ ἀσάφειαν οὕτω διαλέγεσθαι παρεσκεύασε τοῖς χρωμένοις ὡς νόμοι τε πόλεσι διαλέγονται καὶ βασιλεῖς ἐντυγχάνουσι δήμοις καὶ*

---

11 Thuc. I 6

---

1 *μύθοις καὶ παροιμίαις Ω* corr. Wy. 2 add. Wil., cf. Sappho u. Sim. p. 152 4 *μαντικὴν Ω* corr. Turn. 4/5 de hiatu cf. ad p. 45, 20 5 add. Schw. 6 *ἐγ.*] *ἑτέρων* Apelt 7 add. Vulc. 16 *οὕτως* E *τῷ λόγῳ Ω* corr. Leon. 20 *τὴν* ante *διὰ Ω* trp. Re. 25 *οὕτως* E

μαθηταὶ διδασκάλων ἀκροῶνται, πρὸς τὸ συνετὸν καὶ πιθανὸν ἁρμοζόμενος.'

25. Εὖ γὰρ εἰδέναι χρὴ τὸν θεόν, ὥς φησι Σοφοκλῆς (fr. 704),

'σοφοῖς μὲν αἰνικτῆρα θεσφάτων ἀεί,
σκαιοῖς δὲ φαῦλον κἂν βραχεῖ διδάσκαλον'

μετὰ δὲ τῆς σαφηνείας καὶ ἡ πίστις οὕτως ἐστρέφετο 407 συμμεταβάλλουσα τοῖς ἄλλοις πράγμασιν, ὥστε πάλαι μὲν τὸ μὴ σύνηθες μηδὲ κοινὸν ἀλλὰ λοξὸν ἀτεχνῶς καὶ περιπεφρασμένον εἰς ὑπόνοιαν θειότητος ἀνάγοντας ἐκπλήττεσθαι καὶ σέβεσθαι τοὺς πολλούς· ὕστερον δὲ τὸ σαφῶς καὶ ῥᾳδίως ἕκαστα καὶ μὴ σὺν ὄγκῳ μηδὲ πλάσματι μανθάνειν ἀγαπῶντες οὐ μόνον ᾐτιῶντο τὴν περικειμένην τοῖς χρησμοῖς ποίησιν ὡς ἀντιπράττουσαν τῇ νοήσει πρὸς τὸ ἀληθὲς ἀσάφειάν τε καὶ σκιὰν τῷ φραζομένῳ μιγνύουσαν, ἀλλ' ἤδη καὶ τὰς μεταφορὰς καὶ τὰ αἰνίγματα καὶ τὰς ἀμφιβολίας ὥσπερ μυχοὺς καὶ καταφυγὰς ἐνδύεσθαι B καὶ ἀναχωρεῖν τῷ πταίοντι πεποιημένας τῆς μαντικῆς ὑφεωρῶντο. πολλῶν δ' ἦν ἀκούειν ὅτι ποιητικοί τινες ἄνδρες ἐκδεχόμενοι τὰς φωνὰς καὶ ὑπολαμβάνοντες ἐπικάθηνται περὶ τὸ χρηστήριον, ἔπη καὶ μέτρα καὶ ῥυθμοὺς οἷον ἀγγεῖα τοῖς χρησμοῖς ἐκ τοῦ προστυχόντος περιπλέκοντες. Ὀνομάκριτοι δ' ἐκεῖνοι καὶ Πρόδικοι καὶ Κιναίθωνες ὅσην αἰτίαν ἠνέγκαντο ⟨ἐπὶ⟩ τῶν χρησμῶν, ὡς τραγῳδίαν αὐτοῖς καὶ ὄγκον οὐδὲν δεομένοις προσθέντες, ἐῶ λέγειν οὐδὲ †προσεῖναι τὰς μεταβολάς. πλείστης μέντοι ποιητικὴν ἐνέπλησεν ἀδοξίας τὸ ἀγυρτικὸν καὶ C

---

1 μαθ. Leon. καθηγηταὶ Ω 5 αἰει B 6 βραχὺ B 9 ἀλ. λόξ. Re. ἀλλ' ἄδοξον Ω 10 θ. Wy. ὁσιότητος Ω 13 οὐ μόν. post ποίησιν Ω trp. Re. 18 πεποιημένα Ω corr. Mez. 20 ἐπικ. Emp. ἔτι κ. Ω 23 Πρόδικοι Botzon Qu. Mimet. Berol. 1852 προδόται (-ὄται E) Ω Κιν. Botzon κινέσωνες Ω 24 add. Re. 26 πρὸς ⟨ὑμᾶς πάσας χρὴ διεξ⟩ιέναι τ. μ. prop. Po. 27 ποιητικῆς Ω corr. Turn.

ἀγοραῖον καὶ περὶ τὰ μητρῷα καὶ Σεραπεῖα βωμολοχοῦν καὶ πλανώμενον γένος, οἱ μὲν αὐτόθεν οἱ δὲ κατὰ κλῆρον ἔκ τινων γραμματείων χρησμοὺς περαίνοντες οἰκέταις καὶ γυναίοις ὑπὸ τῶν μέτρων ἀγομένοις μάλιστα καὶ τοῦ ποιητικοῦ τῶν ὀνομάτων· ὅθεν οὐχ ἥκιστα ποιητικὴ δοκοῦσα κοινὴν ἐμπαρέχειν ἑαυτὴν ἀπατεῶσι καὶ γόησιν ἀνθρώποις καὶ ψευδομάντεσιν ἐξέπεσε τῆς ἀληθείας καὶ τοῦ τρίποδος.'

26. 'Οὐ τοίνυν θαυμάσαιμ' ἄν, εἰ διπλόης τινὸς ἔδει καὶ περιαγωγῆς καὶ ἀσαφείας ἔστιν ὅτε τοῖς παλαιοῖς. οὐ γὰρ D ὁ δεῖνα μὰ Δία κατέβαινε περὶ ὠνῆς ἀνδραπόδου χρησόμενος οὐδ' ὁ δεῖνα περὶ ἐργασίας, ἀλλὰ πόλεις μέγα δυνάμεναι καὶ βασιλεῖς καὶ τύραννοι μέτριον οὐδὲν φρονοῦντες ἐνετύγχανον τῷ θεῷ περὶ πραγμάτων *** οὓς ἀνιᾶν καὶ παροξύνειν ἀπεχθείᾳ πολλὰ τῶν ἀβουλήτων ἀκούοντας οὐκ ἐλυσιτέλει τοῖς περὶ τὸ χρηστήριον. οὐ πείθεται γὰρ ὁ θεὸς ὥσπερ νομοθετοῦντι τῷ Εὐριπίδῃ καὶ λέγοντι (Phoen. 958)

'Φοῖβον ἀνθρώποις μόνον
χρῆν θεσπιῳδεῖν'

χρώμενος δὲ θνητοῖς ὑπηρέταις καὶ προφήταις, ὧν κήδεσθαι προσήκει καὶ φυλάττειν, ὅπως ὑπ' ἀνθρώπων οὐκ E ἀπολοῦνται πονηρῶν θεῷ λατρεύοντες, ἀφανίζειν μὲν οὐ θέλων τὸ ἀληθές, παρατρέπων δὲ τὴν δήλωσιν αὐτοῦ καθάπερ αὐγὴν ἐν τῇ ποιητικῇ πολλὰς ἀνακλάσεις λαμβάνουσαν καὶ πολλαχοῦ περισχιζομένην, ἀφῄρει τὸ ἀντίτυπον αὐτοῦ καὶ σκληρόν. ἦν δ' ἄρ' ἃ καὶ ⟨συνέφερε⟩ τυράννους ἀγνοῆσαι καὶ πολεμίους μὴ προαισθέσθαι. τούτοις οὖν περιέβαλεν ὑπονοίας καὶ ἀμφιλογίας, αἳ πρὸς ἑτέρους

8 γραμματίων Ω corr. Bern. 10 οὐ] οὐδὲ B 11 κατέβ. μ. δ. B 14 lac. ind. Pat., ⟨πολιτικῶν⟩ Schw. 15 εἰς ἀπέχθειαν Wil. 16 χρ. Steph. δικαστήριον Ω 17 ὥ. τ. Εὐρ. ν. Ω trp. Re. 18 καὶ del. P. Maas 20 χρῆν codd. Eur. χρὴ Ω 24 θέλει Ω corr. Wil. 27 ἄρ' ἃ Madv. ἄρα Ω add. Po.

ἀποκρύπτουσαι τὸ φραζόμενον οὐ διέφευγον αὐτοὺς οὐδὲ παρεκρούοντο τοὺς δεομένους καὶ προσέχοντας. ὅθεν εὐηθέστατός ἐστιν ὁ τῶν πραγμάτων ἑτέρων γεγονότων, εἰ μηκέτι τὸν αὐτὸν ἡμῖν τρόπον ἀλλ' ἕτερον οἴεται δεῖν βοηθεῖν ὁ θεός, ἐγκαλῶν καὶ συκοφαντῶν.' F

27. '"Ετι τοίνυν οὐδὲν ἀπὸ ποιητικῆς λόγῳ χρησιμώτερον ὑπάρχει τοῦ δεθέντα μέτροις τὰ φραζόμενα καὶ συμπλακέντα μᾶλλον μνημονεύεσθαι καὶ κρατεῖσθαι. τοῖς μὲν οὖν τότε πολλὴν ἔδει μνήμην παρεῖναι· πολλὰ γὰρ ἐφράζετο καὶ τόπων σημεῖα καὶ πράξεων καιροὶ καὶ θεῶν ἱερὰ διαποντίων καὶ ἡρώων ἀπόρρητοι θῆκαι⟨καὶ⟩ δυσεξεύρετοι μακρὰν ἀπαίρουσι τῆς Ἑλλάδος. ἴστε γὰρ †τὸ χῖον καὶ Κρητίνην καὶ Γνησίοχον καὶ Φάλανθον | ἄλλους 408 τε πολλοὺς ἡγεμόνας στόλων ὅσοις ἔδει τεκμηρίοις ἀνευρεῖν τὴν δεδομένην ἑκάστῳ καὶ προσήκουσαν ἵδρυσιν· ὧν ἔνιοι καὶ διημάρτανον ὥσπερ Βάττος. ἔδοξε γὰρ ἐκπεσεῖν οὐ καταλαβὼν ἐφ' ὃν ἐπέμφθη τόπον· εἶτα ἧκε δεύτερον ποτνιώμενος. ὑπειπὼν οὖν ὁ θεός (41 P. — W.)

'⟨αἰ τὺ ἐ⟩μεῦ Λιβύαν μαλοτρόφον οἶσθας ἄρειον,
μὴ ἐλθὼν ἐλθόντος, ἄγαν ἄγαμαι σοφίην σευ,'

οὕτω πάλιν αὐτὸν ἐξέπεμψε. Λύσανδρος δὲ καὶ παντάπασιν ἀγνοήσας τὸν Ὀρχαλίδην λόφον καὶ Ἀλώπεκον προσαγορευόμενον καὶ τὸν Ὁπλίτην ποταμόν (173 P.—W.)

'γῆς τε δράκονθ' υἱὸν δόλιον κατόπισθεν ἰόντα'

---

13 cf. Scymnum 949 (GGM I 236) Σ Ap. Rh. II 351
16 cf. Aristot. Fr. 611, 16 19 Herodot. IV 157 21 v. Lys. 29

---

6 ⟨τῷ⟩ λόγῳ Wil. 9 ἔδει Basil. ἔτι Ω 11 add. Re. 12 μακρὸν Ω corr. Bern. ἴστε Re. εἰς Ω τὸ χῖον] Τεῦκρον Si. (Hor. carm. I 7, 28) 13 Κρήτινον Ω corr. Wil. καὶ Γ. Pat. καὶ .. νήσιχον E και .. νήσιχον B Φ. Basil. φάλαινθον Ω 14 ὅσους Ω corr. Re. 15 διδ. B 16 ἔδοξε Re. ἔλεξε Ω 19 αἰ τὺ ἐμ. codd. Herodot. με Ω (praemissa lac. 9 litt. E 8 B) οἶσθα σάρειον Ω (μηλ. οἶδας ἄμεινον codd. Herodot.) 22 Ὀρχ. — Ἀλ. v. Lys. ἀρχελίδην — ἀλώπηκον Ω

B μάχῃ κρατηθεὶς ἔπεσεν ἐν τοῖς τόποις ἐκείνοις ὑπὸ Νεοχώρου Ἁλιαρτίου ἀνδρὸς ἀσπίδα φοροῦντος ἐπίσημον ὄφιν ἔχουσαν. ἄλλα δὲ τοιαῦτα πολλὰ δυσκάθεκτα καὶ δυσμνημόνευτα τῶν παλαιῶν διεξιέναι πρὸς ὑμᾶς εἰδότας οὐκ ἀναγκαῖόν ἐστι.'

28. 'Τὰ δὲ νῦν πράγματα καθεστῶτα, περὶ ὧν ἐρωτῶσι τὸν θεόν, ἀγαπῶ μὲν ἔγωγε καὶ ἀσπάζομαι· πολλὴ γὰρ εἰρήνη καὶ ἡσυχία, πέπαυται δὲ πόλεμος, καὶ πλάναι καὶ στάσεις οὐκ εἰσὶν οὐδὲ τυραννίδες, οὐδ' ἄλλα νοσήματα καὶ κακὰ τῆς Ἑλλάδος ὥσπερ πολυφαρμάκων δυ- C νάμεων χρῄζοντα καὶ περιττῶν. ὅπου δὲ ποικίλον οὐδὲν οὐδ' ἀπόρρητον οὐδὲ δεινόν, ἀλλ' ἐπὶ πράγμασι μικροῖς καὶ δημοτικοῖς ἐρωτήσεις οἷον ἐν σχολῇ προτάσεις 'εἰ γαμητέον' 'εἰ πλευστέον' 'εἰ δανειστέον,' τὰ δὲ μέγιστα πόλεων μαντεύματα φορᾶς καρπῶν πέρι καὶ βοτῶν ἐπιγονῆς καὶ σωμάτων ὑγείας, ἐνταῦθα περιβάλλειν μέτρα καὶ πλάττειν περιφράσεις καὶ γλώσσας ἐπάγειν πύσμασιν ἁπλῆς καὶ συντόμου δεομένοις ἀποκρίσεως, ἔργον ἐστὶ φιλοτίμου σοφιστοῦ καλλωπίζοντος ἐπὶ δόξῃ χρηστήριον· ἡ δὲ Πυθία καὶ καθ' αὑτὴν μέν ἐστι γενναία τὸ ἦθος, ὅταν δ' ἐκεῖ κατέλθῃ καὶ γένηται παρὰ τῷ θεῷ, πλέον . . . ἢ †ἐκείνῃ μέλει δόξης καὶ ἀνθρώπων ἐπαινούντων ἢ D ψεγόντων.'

29. '"Ἔδει δ' ἴσως καὶ ἡμᾶς ἔχειν οὕτως· νῦν δ' ὥσπερ ἀγωνιῶντες καὶ δεδιότες, μὴ τρισχιλίων ἐτῶν ἀποβάλῃ δόξαν ὁ τόπος καὶ τοῦ χρηστηρίου καθάπερ σοφιστοῦ διατριβῆς ἀποφοιτήσωσιν ἔνιοι καταφρονήσαντες, ἀπο-

---

13 cf. 386 c 413 b

1/2 ὑπὸ Ν. Ἁ.] ὑφ' ὧν ὁ χῶρος ἁλίαρτον Ω corr. Re. e v. Lys. hiatus post nomen proprium tolerari potest. 19 ⟨τὸ⟩ χρ. Wil. 21 lac. 23 litt, E 13 in B; ⟨αὐτῇ τῆς τοῦ δικαίως ὑπουργεῖν⟩ [ἢ] ἐκείνῳ μέλ. δ. ἢ ἀ. prop. Wil. 25 τριχ̈ισμὸν E τριχισμὸν B corr. Leon.

*λογούμεθα καὶ πλάσσομεν αἰτίας καὶ λόγους ὑπὲρ ὧν
οὔτ' ἴσμεν οὔτ' εἰδέναι προσῆκον ἡμῖν ἐστι, παραμυ-
θούμενοι τὸν ἐγκαλοῦντα καὶ πείθοντες, οὐ χαίρειν ἐῶν-
τες· 'αὐτῷ' γάρ 'οἵ πρῶτον ἀνιηρότερον ἔσται' (β 190)
τοιαύτην ἔχοντι περὶ τοῦ θεοῦ δόξαν, ὥστε ταυτὶ μὲν τὰ
προγεγραμμένα τῶν σοφῶν τό 'γνῶθι σαυτόν' καὶ τό* E
*'μηδὲν ἄγαν' ἀποδέχεσθαι καὶ θαυμάζειν οὐχ ἥκιστα διὰ
τὴν βραχυλογίαν ὡς πυκνὸν καὶ σφυρήλατον νοῦν ἐν
ὀλίγῳ περιέχουσαν ὄγκῳ, τοὺς δὲ χρησμοὺς ὅτι συντόμως
καὶ ἁπλῶς καὶ δι' εὐθείας τὰ πλεῖστα φράζουσιν αἰτιᾶσθαι.
καί⟨τοι⟩ τὰ τοιαῦτα μὲν ἀποφθέγματα τῶν σοφῶν ταὐτὸν
τοῖς εἰς στενὸν συνθλιβεῖσι πέπονθε ῥεύμασιν· οὐ γὰρ
ἔχει τοῦ νοῦ δίοψιν οὐδὲ ⟨διαύγειαν⟩, ἀλλ' ἐὰν σκοπῇς τί
γέγραπται καὶ λέλεκται περὶ αὐτῶν τοῖς ὅπως ἕκαστον
ἔχει βουλομένοις καταμαθεῖν, οὐ ῥᾳδίως τούτων λόγους
ἑτέρους εὑρήσεις μακροτέρους. ἡ δὲ τῆς Πυθίας διάλεκτος,* F
*ὥσπερ οἱ μαθηματικοὶ γραμμὴν εὐθεῖαν καλοῦσι τὴν
ἐλαχίστην τῶν τὰ αὐτὰ πέρατ' ἐχουσῶν, οὕτως οὐ ποιοῦσα
καμπὴν οὐδὲ κύκλον οὐδὲ διπλόην οὐδ' ἀμφιβολίαν ἀλλ'
εὐθεῖα πρὸς τὴν ἀλήθειαν οὖσα πρὸς δὲ πίστιν ἐπισφαλὴς
καὶ ὑπεύθυνος οὐδένα καθ' αὑτῆς ἔλεγχον ἄχρι νῦν παρα-
δέδωκεν, ἀναθημάτων δὲ καὶ δώρων ἐμπέπληκε βαρβα-
ρικῶν καὶ Ἑλληνικῶν τὸ χρηστήριον, | οἰκοδομημάτων* 409
*δὲ ⟨κατακεκόσμηκε⟩ κάλλεσι καὶ κατασκευαῖς Ἀμφικτυο-
νικαῖς. ὁρᾶτε δήπουθεν αὐτοὶ πολλὰ μὲν ἐπεκτισμένα τῶν
πρότερον οὐκ ὄντων, πολλὰ δ' ἀνειλημμένα τῶν συγκε-
χυμένων καὶ διεφθαρμένων. ὡς δὲ τοῖς εὐθαλέσι τῶν
δένδρων ἕτερα παραβλαστάνει, καὶ τοῖς Δελφοῖς ἡ Πυλαία
συνηβᾷ καὶ συναναβόσκεται διὰ τὰς ἐντεῦθεν εὐπορίας*

---

5 cf. 164 b 385 d 511 a

---

7 *ἀποδέχεσθ^{ε}αι* B 10 *αἰτιᾶσθ^{ε}αι* B 11 add. Pat. 13 lac. 13 litt. E 10 B suppl. Turn. 24 add. Schw.

σχῆμα λαμβάνουσα καὶ μορφὴν καὶ κόσμον ἱερῶν καὶ συνεδρίων καὶ ὑδάτων οἷον ἐν χιλίοις ἔτεσι τοῖς πρότερον οὐκ ἔλαβεν. οἱ μὲν οὖν περὶ τὸ Γαλάξιον τῆς Βοιωτίας κατοικοῦντες ᾔσθοντο τοῦ θεοῦ τὴν ἐπιφάνειαν ἀφθονίᾳ B *καὶ περιουσίᾳ γάλακτος·* (Lyr. adesp. 90; Pind. fr. 101/2 Schroeder² = 104 b Sn. — M.)

'προβάτων γὰρ ἐκ πάντων κελάρυξεν,
ὡς ἀπὸ κρηνᾶν φέρτατον ὕδωρ,
θηλᾶν γάλα· τοὶ δ' ἐπίμπλεν ἐσσύμενοι πίθους·
ἀσκὸς δ' οὐδέ τις ἀμφορεὺς ἐλίνυεν δόμοις,
πέλλαι δὲ ξύλιναι πίθοι ⟨τε⟩ πλῆσθεν ἅπαντες·'

ἡμῖν δὲ λαμπρότερα καὶ κρείττονα καὶ σαφέστερα σημεῖα τούτων ἀναδίδωσιν, ὥσπερ ἐξ αὐχμοῦ τῆς πρόσθεν ἐρημίας καὶ πενίας εὐπορίαν καὶ λαμπρότητα καὶ τιμὴν πεποιηκώς. καίτοι φιλῶ μὲν ἐμαυτὸν ἐφ' οἷς ἐγενόμην εἰς τὰ πράγματα ταῦτα πρόθυμος καὶ χρήσιμος μετὰ Πολυκράτους καὶ Πετραίου, φιλῶ δὲ τὸν καθηγεμόνα ταύτης τῆς C *πολιτείας γενόμενον ἡμῖν καὶ τὰ πλεῖστα τούτων ἐκφροντίζοντα καὶ παρασκευάζοντα . . . . ἀλλ' οὐκ ἔστιν [ἄλλως ὅτι] τηλικαύτην καὶ τοσαύτην μεταβολὴν ἐν ὀλίγῳ χρόνῳ γενέσθαι δι' ἀνθρωπίνης ἐπιμελείας, μὴ θεοῦ παρόντος ἐνταῦθα καὶ συνεπιθειάζοντος τὸ χρηστήριον.'*

30. *'Ἀλλ' ὥσπερ ἐν τοῖς τότε χρόνοις ἦσαν οἱ τὴν λοξότητα τῶν χρησμῶν καὶ ἀσάφειαν αἰτιώμενοι, καὶ νῦν εἰσὶν οἱ τὸ λίαν ἁπλοῦν συκοφαντοῦντες. ὧν παιδικόν*

---

7 ss. cf. Wil. Hermes 34, p. 225   17 *ὁ καθηγεμὼν* Plutarchus ipse videtur esse, cf. Hirzel Dialog II p. 205 n. 1; 700 e 792 f 794 b

---

7 *προβ.* Leon. *πρὸ πάντων* Ω   8 *κρηνάων* Ω corr. Bergk   9 *θῆλεον* Ω corr. Wil.   *ἐπίμπλων* Ω corr. Wil.   10 *οὐδέ* Bergk *οὐτέ* E *οὔ τέ* B *ἐλίννυε* Ω   11 *ξύλινοι* Ω corr. Wil. add. Schw.   19 lac. 25 litt. E 30 B   del. Re. (*οὐδαμῶς* Schw.)   25 *παιδ.* Wy. *καὶ ἄδικον* Ω

ἐστι κομιδῇ καὶ ἀβέλτερον τὸ πάθος· καὶ γὰρ οἱ παῖδες ἴριδας μᾶλλον καὶ ἅλως καὶ κομήτας ἢ σελήνην καὶ ἥλιον ὁρῶντες γεγήθασι καὶ ἀγαπῶσι, καὶ οὗτοι τὰ αἰνίγματα D καὶ τὰς ἀλληγορίας ⟨καὶ⟩ τὰς μεταφορὰς τῆς μαντικῆς ἀνακλάσεις οὔσας πρὸς τὸ θνητὸν καὶ φανταστικὸν ἐπιποθοῦσι· κἂν τὴν αἰτίαν μὴ ἱκανῶς πύθωνται τῆς μεταβολῆς, ἀπίασι τοῦ θεοῦ καταγνόντες, οὐχ ἡμῶν οὐδ' αὑτῶν ὡς ἀδυνάτων ὄντων ἐξικνεῖσθαι τῷ λογισμῷ πρὸς τὴν τοῦ θεοῦ διάνοιαν.'

26. E

ΠΕΡΙ ΤΩΝ ΕΚΛΕΛΟΙΠΟΤΩΝ ΧΡΗΣΤΗΡΙΩΝ

(Plan. 69)

1. Ἀετούς τινας ἢ κύκνους, ὦ Τερέντιε Πρῖσκε, μυθολογοῦσιν ἀπὸ τῶν ἄκρων τῆς γῆς ἐπὶ τὸ μέσον φερομένους εἰς ταὐτὸ συμπεσεῖν Πυθοῖ περὶ τὸν καλούμενον ὀμφαλόν· ὕστερον δὲ χρόνῳ τὸν Φαίστιον Ἐπιμενίδην ἐλέγχοντα τὸν μῦθον ἐπὶ τοῦ θεοῦ καὶ λαβόντα χρησμὸν F ἀσαφῆ καὶ ἀμφίβολον εἰπεῖν (fr. 11)

οὐκ ἄρ' ἔην γαίης μέσος ὀμφαλὸς οὐδὲ θαλάσσης·
εἰ δέ τις ἔστι, θεοῖς δῆλος θνητοῖσι δ' ἄφαντος.'

10 Dialogus a Lampria narratur Terentio Prisco. Personae dialogi: Lamprias, Demetrius (cf. Dessau, Herm. 1911, 156), Cleombrotus, Ammonius, Heracleo, Didymus Planetiades, Philippus. Cf. notam ad p. 1 Cat. Lampr. 88. Codd. GXυFDJαAEB $\Gamma = GX^1 υF^1 D$ (singuli aut bini multis locis [cf. praefat.] desunt), $\Pi = αAE$, ($\Pi^1 = αA^1$, $\Pi^2 = A^2E$), x = X^3B

4 καὶ τὰς μ. Leon. τῆς μεταφορᾶς Ω (in ras. X^3) corr. Schw. (cf. Hes. OD 11)   20 οὔτε γὰρ ἦν Ω γαίης Xyl. γῆς Ω ἦν post γῆς D οὔτε E

ἐκεῖνον μὲν οὖν εἰκότως ὁ θεὸς ἠμύνατο μύθου παλαιοῦ | **410** καθάπερ ζωγραφήματος ἁφῇ διαπειρώμενον· (2.) ὀλίγον δὲ πρὸ Πυθίων τῶν ἐπὶ Καλλιστράτου ⟨τοῦ⟩ καθ' ἡμᾶς ἀπὸ τῶν ἐναντίων τῆς οἰκουμένης περάτων ἔτυχον ἄνδρες ἱεροὶ δύο συνδραμόντες εἰς Δελφούς, Δημήτριος μὲν ὁ γραμματικὸς ἐκ Βρεττανίας εἰς Ταρσὸν ἀνακομιζόμενος οἴκαδε, Κλεόμβροτος δ' ὁ Λακεδαιμόνιος, πολλὰ μὲν ἐν Αἰγύπτῳ καὶ περὶ τὴν Τρωγλοδυτικὴν πεπλανημένος, πόρρω δὲ τῆς Ἐρυθρᾶς θαλάσσης ἀναπεπλευκὼς οὐ κατ' ἐμπορίαν, ἀλλ' ἀνὴρ φιλοθεάμων καὶ φιλομαθὴς οὐσίαν δ' ἔχων B ἱκανὴν καὶ τὸ πλείονα τῶν ἱκανῶν ἔχειν οὐκ ἄξιον πολλοῦ ποιούμενος ἐχρῆτο τῇ σχολῇ πρὸς τὰ τοιαῦτα καὶ συνῆγεν ἱστορίαν οἷον ὕλην φιλοσοφίας θεολογίαν ὥσπερ αὐτὸς ἐκάλει τέλος ἐχούσης. νεωστὶ δὲ γεγονὼς παρ' Ἄμμωνα τὰ μὲν ἄλλα τῶν ἐκεῖ δῆλος ἦν μὴ πάνυ τεθαυμακώς, περὶ δὲ τοῦ λύχνου τοῦ ἀσβέστου διηγεῖτο λόγον ἄξιον σπουδῆς λεγόμενον ὑπὸ τῶν ἱερέων. ἀεὶ γὰρ ἔλαττον ἀναλίσκειν ἔλαιον ἔτους ἑκάστου, καὶ τοῦτο ποιεῖσθαι τεκμήριον ἐκείνους τῆς τῶν ἐνιαυτῶν ἀνωμαλίας τὸν ὕστερον τοῦ προάγοντος ἀεὶ τῷ χρόνῳ βραχύτερον ποιούσης· εἰκὸς γὰρ ἐν ἐλάττονι χρόνῳ τὸ δαπανώμενον ἔλαττον εἶναι.

3. Θαυμασάντων δὲ τῶν παρόντων, τοῦ δὲ Δημητρίου C καὶ γελοῖον φήσαντος εἶναι ἀπὸ μικρῶν πραγμάτων οὕτω μεγάλα θηρᾶν, οὐ κατ' Ἀλκαῖον (fr. 113) 'ἐξ ὄνυχος τὸν λέοντα' γράφοντας, ἀλλὰ θρυαλλίδι καὶ λύχνῳ τὸν οὐρανὸν ὁμοῦ καὶ τὰ σύμπαντα μεθιστάντας καὶ τὴν μαθηματικὴν ἄρδην ἀναιροῦντας, ὁ Κλεόμβροτος 'οὐδέτερον' ἔφη

---

2 πειρ. G (δια ss. G[4]) ἀποπειρ. vFΠ ὀλίγων X[1]DE 3 a. 83/4 add. Pat. πρὸς ἡμ. D 8 Τρ. γῆν vFΠ (non E) 10 φιλομ. Anon. φιλοφανὴς Ω δ' om. J 20 ὕστ. Turn. ἕτερον Ω 21 ἐν E om. O 24 φήσ.] ἀφέντος vFα φάντος A[1]E εἶν. φήσ. Po. (hiatus) 25 μέγα φυρᾶν v 26 γρ.] γνόντας dub. Po. 27 καὶ τὰ vFΠ τι O 28 οὐδ. GXDJ οὐδὲν O

ʽτούτων διαταράξει τοὺς ἄνδρας· ἀλλὰ τοῖς μαθηματικοῖς
οὐχ ὑφήσονται τῆς ἀκριβείας, ὡς μᾶλλον ἂν ἐκείνους δια-
φυγόντα τὸν χρόνον ἐν κινήσεσι καὶ περιόδοις οὕτω
μακρὰν ἀφεστώσαις, ἢ τὸ μέτρον αὐτοὺς τοῦ ἐλαίου προσ-
έχοντας ἀεὶ διὰ τὴν ἀτοπίαν τῷ παραλόγῳ καὶ παραφυ-
λάττοντας. τὸ δὲ μικρὰ μὴ διδόναι σημεῖα γίγνεσθαι D
μεγάλων, ὦ Δημήτριε, πολλαῖς ἔσται τέχναις ἐμποδών,
ἐπεὶ [καὶ] πολλῶν μὲν ἀποδείξεις παραιρεῖσθαι συμβήσεται
πολλῶν δὲ προαγορεύσεις. καίτοι καὶ ἡμῖν οὐ μικρὸν
ἀποδείκνυτε πρᾶγμα, λεαίνεσθαι ξυρῷ τὰ σώματα τοὺς
ἥρωας, ἐντυχόντες [γὰρ] Ὁμήρῳ (Κ 173) ξυρὸν ὀνομά-
σαντι, καὶ δανείζειν ἐπὶ τόκοις, ὅτι που (γ 367) ʽχρέος
ὀφέλλεσθαι’ φησίν ʽοὔτι νέον οὐδ’ ὀλίγον,’ ὡς τοῦ ὀφέλ-
λεσθαι τὸ αὔξεσθαι δηλοῦντος. αὖθις δὲ τὴν νύκτα ʽθοήν’
εἰπόντος ἀγαπητῶς ἐμφύεσθε τῷ ῥήματι καὶ τοῦτ’ ἐκεῖνό
φατε, φράζεσθαι τὴν σκιὰν τῆς γῆς ὑπ’ αὐτοῦ κωνικήν,
οὖσαν ἀπὸ σφαιροειδοῦς. ἰατρικὴν δὲ λοιμῶδες θέρος E
ἀραχνίων πλήθει προδηλοῦν καὶ θρίοις ἐαρινοῖς ὅταν
κορώνης ποσὶν εἴκελα γένηται τίς ἐάσει τῶν ἀξιούντων
μικρὰ σημεῖα μὴ γίγνεσθαι τῶν μεγάλων; τίς δ’ ἀνέξεται
πρὸς χοῦν καὶ κοτύλην ὕδατος τὸ τοῦ ἡλίου μέγεθος
μετρούμενον, ἢ τῆς ἐνταῦθα πλινθίδος ἣν ποιεῖ γωνίαν
ὀξεῖαν κεκλιμένη πρὸς τὸ ἐπίπεδον, μέτρον εἶναι λεγο-
μένην τοῦ ἐξάρματος, ὃ ἐξῆρται τῶν πόλων ὁ ἀεὶ φανερὸς
ἀπὸ τοῦ ὁρίζοντος; ταῦτα γὰρ ἦν ἀκούειν τῶν ἐκεῖ

14 cf. 923 b

4 αὐτ. Jx ἑαυτ. *O* 7 ἔστ. X^3 ἐστι *O* 8 del. Po. παραιτ. G^1J συμβ. JA^2x om. *O* 9 προσαγ. Γ 10 ἀποδείκνυται Ω corr. Mez. 11 del. Mez. 13 ὀφ. — ὀφ.] συμβάλλεσθαι — ὠφελεῖσθαι corr. Turn. 14 τὸ αὔξ. XυEB τὸ αὐξάν. G τοῦ αὔξ. *O* 15 ἐμφ. $G^{corr.}$ X^3 -σθαι *O* 19 ποσὶν Stegm. ex Hippocr. Epid. VI (V 342 Littré) ποδὶ Ω (ι ἰ in ras. X^3) 20 μ. σ. μ. γ. F^2JΠx μικρὰς ὁμιλίας γενέσθαι *O* 22 ἣν π. Γ ἐμπ. J ἧ π. *O* 23 κεκλιμένην Ω corr. Pat. 24 ὧ ἐξ. G^2 ὃς ἐξ. J

προφητῶν. ὥστ' ἄλλο τι λεγόντων πρὸς αὐτοὺς οἱ βουλόμενοι τῷ ἡλίῳ κατὰ τὰ πάτρια τὴν νενομισμένην τάξιν
F ἀπαράβατον ποιῆσαι.'
4. Παρὼν οὖν ἀνεφώνησεν Ἀμμώνιος ὁ φιλόσοφος 'οὐ τῷ ἡλίῳ μόνον, εἰπέ, ἀλλὰ τῷ οὐρανῷ παντί. συστέλλεσθαι γὰρ ἀνάγκη τὴν ἀπὸ τροπῶν ἐπὶ τροπὰς πάροδον αὐτοῦ |
411 καὶ μὴ διαμένειν τηλικοῦτο μέρος οὖσαν τοῦ ὁρίζοντος ἡλίκον οἱ μαθηματικοὶ λέγουσιν, ἀλλ' ἐλάττονα γίγνεσθαι, ἀεὶ πρὸς τὰ βόρεια τῶν νοτίων συναγωγὴν λαμβανόντων, καὶ τὸ θέρος ἡμῖν βραχύτερον καὶ ψυχρότερον εἶναι τὴν κρᾶσιν, ἐνδοτέρω κάμπτοντος αὐτοῦ καὶ μειζόνων παραλλήλων ἐφαπτομένου τοῖς τροπικοῖς σημείοις· ἔτι δὲ τοὺς μὲν ἐν Συήνῃ γνώμονας ἀσκίους μηκέτι φαίνεσθαι περὶ τροπὰς θερινὰς πολλοὺς δὲ ὑποδεδραμηκέναι τῶν ἀπλανῶν ἀστέρων ἐνίους δὲ ψαύειν καὶ συγκεχύσθαι πρὸς ἀλλήλους τοῦ διαστήματος ἐκλελοιπότος. εἰ δ' αὖ
B φήσουσι τῶν ἄλλων ὁμοίως ἐχόντων ἀτακτεῖν ταῖς κινήσεσι τὸν ἥλιον, οὔτε τὴν μόνον τοῦτον ἐκ τοσούτων ἐπιταχύνουσαν αἰτίαν εἰπεῖν ἕξουσι καὶ τὰ πολλὰ τῶν φαινομένων συνταράξουσι, τὰ δὲ πρὸς σελήνην καὶ παντάπασιν, ὥστε μὴ δεῖσθαι μέτρων ἐλαίου τὴν διαφορὰν ἐλεγχόντων. αἱ γὰρ ἐκλείψεις ἐλέγξουσιν αὐτοῦ τε τῇ σελήνῃ πλεονάκις ἐπιβάλλοντος καὶ τῆς σελήνης τῇ ⟨τῆς γῆς⟩ σκιᾷ, τὰ δ' ἄλλα δῆλα καὶ οὐδὲν δεῖ περαιτέρω τὴν ἀλαζονείαν τοῦ λόγου διελίττειν.' 'ἀλλὰ μήν' ὁ Κλεόμβροτος ἔφη 'καὶ τὸ μέτρον αὐτὸς εἶδον· πολλὰ γὰρ ἐδείκνυσαν· τὸ δ' ἐπέτειον ἀπέδει τῶν παλαιοτάτων οὐκ ὀλίγον.'
C ὑπολαβὼν δ' αὖθις ὁ Ἀμμώνιος 'εἶτα τοὺς ἄλλους ἀνθρώ-

---

1 οἱ β. Schw. εἰ βουλόμεθα Ω 3 ποιῆσ. $G^{v.l.}$ JE ποιοῦσι O· κυροῦν Schw. 5 εἰπεῖν Ω corr. Madv. 10 ψυχρ. G ψυχροτέραν O 18 μόν. Turn. μόνην vel μονὴν Ω τούτων $G^{v.l.}$ X^{1}J 21 μέτρ. $G^{2}Π^{2}X^{2}$ μέτρον O 23/4 add. Xyl. in vers 24 τ. δ' ἄ. δ. Wy. τὰ δ' ἄλληλα (τὰ δ' ἄλλα E) Ω οὐδ.] οὐ vF^{1} 26 αὐτοῖς $GXF^{1}DJ$ αὐτῆς v

πους᾽ εἶπεν ʻἔλαθε παρ᾽ οἷς ἄσβεστα θεραπεύεται πυρὰ καὶ σῴζεται χρόνον ἐτῶν ὡς ἔπος εἰπεῖν ἄπειρον; εἰ δ᾽ οὖν ὑπόθοιτό τις ἀληθὲς εἶναι τὸ λεγόμενον, οὐ βέλτιόν ἐστι ψυχρότητας αἰτιᾶσθαί τινας καὶ ὑγρότητας ἀέρων, ὑφ᾽ ὧν τὸ πῦρ μαραινόμενον εἰκός ἐστι μὴ κρατεῖν πολλῆς μηδὲ δεῖσθαι τροφῆς, ἢ τοὐναντίον ξηρότητας καὶ θερμότητας; ἤδη γὰρ ἀκήκοα λεγόντων τινῶν περὶ τοῦ πυρός, ὡς ἐν χειμῶνι καίεται βέλτιον ὑπὸ ῥώμης εἰς αὐτὸ συστελλόμενον τῇ ψυχρότητι καὶ πυκνούμενον, ἐν δὲ τοῖς αὐχμοῖς ἐξασθενεῖ καὶ γίγνεται μανὸν καὶ ἄτονον, κἂν ἐν ἡλίῳ καίηται, χεῖρον ἐργάζεται καὶ τῆς ὕλης ἅπτεται μαλακῶς D καὶ καταναλίσκει βράδιον. μάλιστα δ᾽ ἄν τις εἰς αὐτὸ τὴν αἰτίαν ἐπανάγοι τοὔλαιον· οὐ γὰρ ἀπεικός ἐστι πάλαι μὲν ἄτροφον καὶ ὑδατῶδες εἶναι γεννώμενον ἐκ φυτάδος νέας, ὕστερον δὲ πεττόμενον ἐν τελείοις καὶ συνιστάμενον ἀπὸ πλήθους ἴσου μᾶλλον ἰσχύειν καὶ τρέφειν βέλτιον, εἰ δεῖ τοῖς Ἀμμωνίοις ἀνασῴζειν καίπερ ἄτοπον καὶ ἀλλόκοτον οὖσαν τὴν ὑπόθεσιν.᾽

5. *Παυσαμένου* δὲ τοῦ Ἀμμωνίου ʻμᾶλλον᾽ ἔφην ἐγώ ʻπερὶ τοῦ μαντείου δίελθ᾽ ἡμῖν, ὦ Κλεόμβροτε· μεγάλη γὰρ ἡ παλαιὰ δόξα τῆς ἐκεῖ θειότητος, τὰ δὲ νῦν ἔοικεν ὑπομαραίνεσθαι.᾽ τοῦ δὲ Κλεομβρότου σιωπῶντος καὶ E κάτω βλέποντος ὁ Δημήτριος ʻοὐδέν᾽ ἔφη ʻδεῖ περὶ τῶν ἐκεῖ πυνθάνεσθαι καὶ διαπορεῖν τὴν ἐνταῦθα τῶν χρηστηρίων ἀμαύρωσιν μᾶλλον δὲ πλὴν ἑνὸς ἢ δυεῖν ἁπάντων ἔκλειψιν ὁρῶντας, ἀλλ᾽ ἐκεῖνο σκοπεῖν, δι᾽ ἣν αἰτίαν οὕτως ἐξησθένηκε. τὰ γὰρ ἄλλα τί δεῖ λέγειν, ὅπου γε τὴν Βοιωτίαν ἕνεκα χρηστηρίων πολύφωνον οὖσαν ἐν τοῖς πρότερον

7 ss. cf. 123 a 635 c fr. 76 Sandb. 19 *παυσ.* — 64, 6 *κατέσχ.* cit. Euseb. Praep. Evang. V 16 19 *παυσ.* — 26 *ὁρ.* cit. Theodoret. Graec. aff. cur. X 10

1 *ἄσβ.* om. *υ*F*Π* 2 *ἐτῶν* om. JE 8 *στελλ.* X¹FDJ 9 *ψυχ.*] *στερρότητι* *υ*F¹ 10 *μαν.*] *μακρὸν* *υ*F¹ 13 *ἐπαν.* X³ *-άγοιτο* *O* 16 *εἰ δεῖ* Mez. *ἔδει* *Ω* 22 *ἀπομαρ.* *υ*Eus. Theod. 28 *δεῖν* Eus. Theod. 26 *ἀλλ᾽ ἐκ.*] *ἀλλὰ κοινῇ* Eus. 27 *γε* hab. solus Eus.

χρόνοις νῦν ἐπιλέλοιπε κομιδῇ καθάπερ νάματα, καὶ πολὺς ἐπέσχηκε μαντικῆς αὐχμὸς τὴν χώραν; οὐδαμοῦ γὰρ
F ἀλλαχόθι νῦν ἢ περὶ Λεβάδειαν ἡ Βοιωτία παρέχει τοῖς χρῄζουσιν ἀρύσασθαι μαντικῆς, τῶν δ' ἄλλων τὰ μὲν σιγὴ τὰ δὲ παντελὴς ἐρημία κατέσχηκε. καίτοι γε περὶ τὰ Μηδικὰ .... μὲν εὐδοκίμησεν, ⟨τὸ δὲ Πτῷον⟩ οὐχ ἧττον |
412 ἢ τὸ τοῦ Ἀμφιάρεω ⟨καὶ⟩ ἀπεπειράθη μὲν ὡς ἔοικεν ἀμφοτέρων ὡς ***. ὁ μὲν οὖν τοῦ μαντείου προφήτης φωνῇ Αἰολίδι χρώμενος .... τὸ πρὸ τοῦ ⟨τότε τῇ⟩ τῶν βαρβάρων χρησμὸν ἐξήνεγκεν, ὥστε μηδένα ξυνεῖναι [ἁγίων] τῶν παρόντων .... ὃν ἐκεῖνον, ὡς .... τοῦ ἐνθουσιασμοῦ .... τι τοῖς βαρβάροις οὐκ ἔστιν οὐ⟨δὲ⟩ δέδοται φωνὴν Ἑλληνίδα λαβεῖν τὸ προστιττόμενον ὑπηρετοῦσαν. ὁ δὲ πεμφθεὶς εἰς Ἀμφιάρεω Λυδὸς ἔδοξε κατὰ τοὺς ὕπνους ὑπηρέτην τοῦ θεοῦ φανέντα πρῶτον μὲν ἀπὸ φωνῆς ἐκβάλλειν αὐτόν, ὡς τοῦ θεοῦ μὴ παρόντος, ἔπειτα ταῖς χερσὶν ὠθεῖν, ἐπιμένοντος δὲ λίθον εὐμεγέθη λαβόντα τὴν κεφα-
B λὴν πατάξαι. ταῦτα δ' ἦν ὥσπερ ἀντίφωνα τῶν γενησομένων· ἡττήθη γὰρ ὁ Μαρδόνιος, οὐ βασιλέως ἀλλ' ἐπιτρόπου καὶ διακόνου βασιλέως ἡγουμένου τῶν Ἑλλήνων, καὶ λίθῳ πληγεὶς ἔπεσεν, ὥσπερ ὁ Λυδὸς ἔδοξε πληγῆναι

5 ss. cf. vol. I p. XI n. 2; Herodot. VIII 133 ss.

3 ἢ ... Β. Eus. ἢ λεβαδία (-δεία G) ἢ β. Ω παρέχεται J 6 lac. 6 litt. XB; ⟨πλεῖστα⟩ add. Schw. lac. 10 litt. XB; add. Schw. (τ. Π. Wy.) 7 ἢ τὸ τοῦ GXF[1]D ἡ τοῦ J τὸ τοῦ O Ἀμφιάρεως Ω corr. Wy. add. Wy. ἀπεπειράθημεν G[p. c.] XD; pro μὲν lac. 3 litt. E 8 lac. ind. Schw., expl. e. g. ⟨ἀξιολόγων ὄντων ὁ Μαρδόνιος. ***⟩ 8/9 de hiatu cf. ad p. 56, 1/2 9 lac. 14 litt. G 8 X 45 J 14 B; ⟨ὡς Βοιωτὸς ὢν⟩ Schw. τὸ π. τοῦ Wy. τὸ (τῷ vJ) πρὸς τοὺς Ω add. Madv. 10 χρήσιμον Ω corr. Basil. ἁγ. τῶν E τῶν G[4 mg.] B ἁγ. (ortum ex AITΩN) O del. Si. (hiatus) 11 prima lac. 16 litt. in X 12 in B; sec. 12 in X 10 in B; tert. 13 in G 11 in X 28 in J 13 in B; e. g. sic rest. Schw.: ⟨ἀστῶν ἀλλὰ μόν⟩ον ἐκεῖνον, ὡς ⟨ἀκρατὴς μὲν ὢν⟩ τοῦ ἐνθ., ⟨δηλώσων δ' ὅμως ὅ⟩τι τ. β., sine lac. O ὃν ἐκ. ὡς om. J ὃν ἐκ. om. G 12 add. Re. οὐ δέδ.] οὐδέποτε Schw. 13 ὑπηρέτησαν ΓJ 14 Λυδ. Wy. δοῦλος Ω 16 παρ.] φανέντος Π[2] παριέντος Re.

κατὰ τοὺς ὕπνους. ἤκμαζε δὲ τότε καὶ τὸ περὶ τὰς Τεγύ-
ρας χρηστήριον, ὅπου καὶ γενέσθαι τὸν θεὸν ἱστοροῦσι,
καὶ ναμάτων δυεῖν παραρρεόντων τὸ μὲν Φοίνικα θάτερον
δ' Ἐλαίαν ἄχρι νῦν Ὀρχομένιοι λέγουσιν. ἐν μὲν οὖν
τοῖς Μηδικοῖς Ἐχεκράτους προφητεύοντος ἀνεῖλε νίκην
καὶ κράτος πολέμου τοῖς Ἕλλησιν ὁ θεός· ἐν δὲ τῷ
Πελοποννησιακῷ πολέμῳ Δηλίοις ἐκπεσοῦσι τῆς νήσου C
φασὶ χρησμὸν ἐκ Δελφῶν κομισθῆναι προστάττοντα τὸν
τόπον ἀνευρεῖν, ἐν ᾧ γέγονεν ὁ Ἀπόλλων, καὶ θυσίας
τινὰς ἐκεῖ τελέσαι. θαυμαζόντων δὲ καὶ διαπορούντων, εἰ
μὴ παρ' αὐτοῖς ὁ θεὸς ἀλλ' ἑτέρωθι γεγόνοι, τὴν Πυθίαν
προσανελεῖν, ὅτι κορώνη φράσει τὸ χωρίον αὐτοῖς. ἀπιόν-
τας οὖν ἐν Χαιρωνείᾳ γενέσθαι καὶ τῆς πανδοκευτρίας
ἀκοῦσαι πρός τινας ξένους βαδίζοντας εἰς Τεγύρας περὶ
τοῦ χρηστηρίου διαλεγομένης· τῶν δὲ ξένων, ὡς ἀπῄεσαν,
ἀσπαζομένων καὶ προσαγορευόντων τὴν ἄνθρωπον, ὅπερ
ὠνομάζετο, Κορώνην, συνεῖναι τὸ λόγιον καὶ θύσαντας
ἐν ταῖς Τεγύραις τυχεῖν καθόδου μετ' ὀλίγον χρόνον. D
γεγόνασι δὲ καὶ νεώτεραι τούτων ἐπιφάνειαι περὶ τὰ μαν-
τεῖα ταῦτα, νῦν δ' ἐκλέλοιπεν· ὥστε τὴν αἰτίαν ἄξιον εἶναι
παρὰ τῷ Πυθίῳ διαπορῆσαι τῆς μεταβολῆς.'

6. Ἤδη δέ πως ἀπὸ τοῦ νεὼ προϊόντες ἐπὶ ταῖς θύραις
τῆς Κνιδίων λέσχης ἐγεγόνειμεν· παρελθόντες οὖν εἴσω
τοὺς φίλους πρὸς οὓς ἐβαδίζομεν ἑωρῶμεν καθημένους
καὶ περιμένοντας ἡμᾶς· ἦν δὲ τῶν ἄλλων ἡσυχία διὰ τὴν
ὥραν ἀλειφομένων ἢ θεωμένων τοὺς ἀθλητάς. καὶ ὁ
Δημήτριος διαμειδιάσας 'ψεύσομαι' εἶπεν 'ἢ ἔτυμον
ἐρέω' (Hom. δ 140); δοκεῖτέ μοι μηδὲν ἄξιον σκέμμα διὰ
χειρῶν ἔχειν· ὁρῶ γὰρ ὑμᾶς ἀνειμένως σφόδρα καθη- E
μένους καὶ διακεχυμένους τοῖς προσώποις.' ὑπολαβὼν

---

1 ss. v. Pel. 16, 5 s.

---

4 Ὀρχ. Pat. ὡς ἔνιοι (om. B ὡς om. J) Ω (ante ὡς ἔν. lac. 8 litt. E ras. 4 X) 11 γεγόνει να[2]AEB 27 μειδ. GJ

οὖν ὁ Μεγαρεὺς Ἡρακλέων 'οὐ γὰρ ζητοῦμεν' ἔφη 'τὸ βάλλω ῥῆμα πότερον τῶν δύο [τὸ ἓν] λάμβδα κατὰ τὸν μέλλοντα χρόνον ἀπόλλυσιν, οὐδ' ἀπὸ τίνων ἁπλῶν ὀνομάτων τὸ χεῖρον καὶ τὸ βέλτιον καὶ τὸ χείριστον καὶ τὸ βέλτιστον ἐσχημάτισται. ταῦτα γὰρ ἴσως καὶ τὰ τοιαῦτα συντείνει καὶ συνίστησι τὸ πρόσωπον· τὰ δ' ἄλλ' ἔξεστι τὰς ὀφρῦς κατὰ χώραν ἔχοντας φιλοσοφεῖν καὶ ζητεῖν ἀτρέμα μὴ δεινὸν βλέποντας μηδὲ χαλεπαίνοντας τοῖς παροῦσιν.' 'δέξασθ' οὖν' ὁ Δημήτριος 'ἡμᾶς' ἔφη 'καὶ
F μεθ' ἡμῶν λόγον, ὃς δὴ προσπέπτωκεν ἡμῖν οἰκεῖος ὢν τοῦ τόπου καὶ διὰ τὸν θεὸν ἅπασι προσήκων· καὶ ὅπως οὐ συνάξετε τὰς ὀφρῦς ἐπιχειροῦντες.'

7. Ὡς οὖν ἀνεμίχθημεν διακαθεζόμενοι καὶ προύβαλεν
413 εἰς μέσον ὁ Δημήτριος τὸν λόγον, | εὐθὺς ἀναπηδήσας ὁ κυνικὸς Δίδυμος, ἐπίκλησιν Πλανητιάδης, καὶ τῇ βακτηρίᾳ δὶς ἢ τρὶς πατάξας ἀνεβόησεν 'ἰοὺ ἰού, δύσκριτον πρᾶγμα καὶ ζητήσεως δεόμενον πολλῆς ἥκετε κομίζοντες ἡμῖν. θαυμαστὸν γάρ ἐστιν, εἰ τοσαύτης κακίας ὑποκεχυμένης μὴ μόνον, ὡς προεῖπεν Ἡσίοδος (OD 197 ss.), Αἰδὼς καὶ Νέμεσις τὸν ἀνθρώπινον βίον ἀπολελοίπασιν, ἀλλὰ καὶ πρόνοια θεῶν συσκευασαμένη τὰ χρηστήρια πανταχόθεν οἴχεται; τοὐναντίον ὑμῖν ἐγὼ προβάλλω διαπορῆσαι, πῶς οὐχὶ καὶ τόδ' ἀπείρηκεν οὐδ' Ἡρακλῆς αὖθις ἤ τις ἄλλος θεῶν ὑπέσπακε τὸν τρίποδα κατα-
B πιμπλάμενον αἰσχρῶν καὶ ἀθέων ἐρωτημάτων, ἃ τῷ θεῷ προβάλλουσιν οἱ μὲν ὡς σοφιστοῦ διάπειραν λαμβάνοντες οἱ δὲ περὶ θησαυρῶν ἢ κληρονομιῶν ἢ γάμων παρανόμων διερωτῶντες· ὥστε κατὰ κράτος ἐξελέγχεσθαι τὸν Πυθαγόραν εἰπόντα βελτίστους ἑαυτῶν γίγνεσθαι τοὺς ἀνθρώ-

---

24 cf. 387 d et ibi l. l. 25 cf. 408 c 29 cf. 169 e

---

2 del. Schw. 12 σκοπεῖτε post ἐπιχ. Jx 13 προὔβαλλεν GX¹ 18 οὐ θαυμ. E 22 δ' ὑμ. F²JΠx προσβ. υFΠ 28 τόδ' Madv. τότε (νῦν ὡς G³) Ω 29 βελτίους G¹J

πους, ὅταν πρὸς τοὺς θεοὺς βαδίζωσιν· οὕτως ἄρ' ἃ καλῶς εἶχεν ἀνθρώπου πρεσβυτέρου παρόντος ἀρνεῖσθαι καὶ ἀποκρύπτειν νοσήματα τῆς ψυχῆς καὶ πάθη, ταῦτα γυμνὰ καὶ περιφανῆ κομίζουσιν ἐπὶ τὸν θεόν.' ἔτι δ' αὐτοῦ βουλομένου λέγειν ὅ θ' Ἡρακλέων ἐπελάβετο τοῦ τρίβωνος, κἀγὼ σχεδὸν ἁπάντων αὐτῷ συνηθέστατος ὢν 'παῦ' ἔφην 'ὦ φίλε Πλανητιάδη, παροξύνων τὸν θεόν· εὐόργητος C γάρ ἐστι καὶ πρᾶος

'κατεκρίθη δὲ θνατοῖς ἀγανώτατος ἔμμεν'

ὥς φησιν ὁ Πίνδαρος (fr. 149). καὶ εἴθ' ἥλιός ἐστιν εἴτε κύριος ἡλίου καὶ πατὴρ καὶ ἐπέκεινα τοῦ ὁρατοῦ παντός, οὐκ εἰκὸς ἀπαξιοῦν φωνῆς τοὺς νῦν ἀνθρώπους, οἷς αἴτιός ἐστι γενέσεως καὶ τροφῆς καὶ τοῦ εἶναι καὶ φρονεῖν· οὐδ' ἅμα τὴν πρόνοιαν ὥσπερ εὐγνώμονα μητέρα καὶ χρηστὴν πάντα ποιοῦσαν ἡμῖν καὶ φυλάττουσαν ἐν μόνῃ μνησίκακον εἶναι τῇ μαντικῇ καὶ ταύτην ἀφαιρεῖσθαι δοῦσαν ἐξ ἀρχῆς· ὥσπερ οὐχὶ καὶ τότε πλειόνων ὄντων ἐν πλείοσιν ἀνθρώπων πονηρῶν, ὅτε πολλαχόθεν τῆς οἰκουμένης χρηστήρια καθειστήκει. δεῦρο δὴ πάλιν D καθίσας καὶ πρὸς τὴν κακίαν, ἣν εἴωθας ἀεὶ τῷ λόγῳ κολάζειν, Πυθικὰς ἐκεχειρίας σπεισάμενος ἑτέραν τινὰ μεθ' ἡμῶν αἰτίαν ζήτει τῆς λεγομένης ἐκλείψεως τῶν χρηστηρίων, τὸν δὲ θεὸν εὐμενῆ φύλαττε καὶ ἀμήνιτον.' ἐγὼ μὲν οὖν ταῦτ' εἰπὼν τοσοῦτο διεπραξάμην, ὅσον ἀπελθεῖν διὰ θυρῶν σιωπῇ τὸν Πλανητιάδην.

8. Ἡσυχίας δὲ γενομένης ἐπ' ὀλίγον ὁ Ἀμμώνιος ἐμὲ προσαγορεύσας 'ὅρα τί ποιοῦμεν' εἶπεν 'ὦ Λαμπρία, καὶ πρόσεχε τῷ λόγῳ τὴν διάνοιαν, ὅπως μὴ τὸν θεὸν ἀναί-

9 cf. 394 a 1102 e 10 cf. ad p. 4, 28

1 ὅταν — 5 λέγ. om. G add. m. 4 1 ἄρ' ἆ G^4 ἆ Π^2 ἄρα O 8 οὐ πρ. JΠx 14 εὐγ. — p. 77, 13 μύλ. desunt in D 18 ὅτι Γ πολλαχόθι Bases 21 $\overset{ἀ}{\text{ὅ}}$πασάμ. J 24 τοσοῦτον GvFB

τιον ποιῶμεν. ὁ γὰρ ἄλλῳ τινὶ καὶ μὴ θεοῦ γνώμῃ τὰ
E παυσάμενα τῶν χρηστηρίων ἐκλιπεῖν ἡγούμενος ὑπόνοιαν
δίδωσι τοῦ μὴ γίνεσθαι μηδ' εἶναι διὰ τὸν θεὸν ἀλλ'
ἑτέρῳ τινὶ τρόπῳ νομίζειν. οὐ γὰρ ἄλλη γέ τις ἔστι
μείζων οὐδὲ κρείττων δύναμις, ὥστ' ἀναιρεῖν καὶ ἀφανί-
ζειν ἔργον θεοῦ τὴν μαντικὴν οὖσαν. ὁ μὲν οὖν Πλανη-
τιάδου λόγος οὐκ ἀρεστὸς ἐμοὶ διά τε τἆλλα καὶ τὴν ἀνω-
μαλίαν, ἣν περὶ τὸν θεὸν ποιεῖ, πῇ μὲν ἀποστρεφόμενον
καὶ ἀπαξιοῦντα τὴν κακίαν πῇ δὲ πάλιν αὖ προσιέμενον·
ὥσπερ εἰ βασιλεύς τις ἢ τύραννος ἑτέραις ἀποκλείων
θύραις τοὺς πονηροὺς καθ' ἑτέρας εἰσδέχοιτο καὶ χρημα-
τίζοι. τοῦ δὲ μετρίου καὶ ἱκανοῦ καὶ μηδαμῇ περιττοῦ
F πανταχῇ δ' αὐτάρκους μάλιστα τοῖς θείοις πρέποντος
ἔργοις, εἰ ταύτην λαβὼν ἀρχὴν φαίη τις, ὅτι τῆς κοινῆς
ὀλιγανδρίας, ἣν αἱ πρότεραι στάσεις καὶ οἱ πόλεμοι περὶ
414 πᾶσαν ὁμοῦ τι τὴν οἰκουμένην ἀπειργάσαντο, | πλεῖστον
μέρος ἡ Ἑλλὰς μετέσχηκε, καὶ μόλις ἂν νῦν ὅλη παράσχοι
τρισχιλίους ὁπλίτας, ὅσους ἡ Μεγαρέων μία πόλις ἐξέπεμ-
ψεν εἰς Πλαταιάς (οὐδὲν οὖν ἕτερον ἦν τὸ πολλὰ καταλι-
πεῖν χρηστήρια τὸν θεὸν ἢ τῆς Ἑλλάδος ἐλέγχειν τὴν
ἐρημίαν), †ἀκριβῶς ἂν αὐτῷ παράσχοιμι τῆς εὑρησιλο-
γίας. τίνος γὰρ ἦν ἀγαθὸν ἐν Τεγύραις ὡς πρότερον
εἶναι μαντεῖον ἢ περὶ τὸ Πτῷον ὅπου μέρος ἡμέρας
ἐντυχεῖν ἔστιν ἀνθρώπῳ νέμοντι; καὶ γὰρ τοῦτο δὴ τοὐν-
ταῦθα πρεσβύτατον ὂν χρόνῳ [τε] δόξῃ τε κλεινότατον
ὑπὸ θηρίου χαλεποῦ δρακαίνης πολὺν χρόνον ἔρημον γε-
B νέσθαι καὶ ἀπροσπέλαστον ἱστοροῦσιν, οὐκ ὀρθῶς τὴν

---

12 μετ. Emp. μεγίστου Ω μηδ. GXJ[1]B -μοῦ O 13 θεοῖς Ω corr. Bern. 14 ἔργον F[2]Πx ἀρχ. deest in vFΠ (add. A[2]) 19 Πλ. x πλαταίας GJ πλαταιέας O 21 ἀκρ. . . . παρ.] ἀσμένως . . . παρείκοιμι Po. εὑρ. ⟨ἀφορμάς⟩ Pat. 22 ἀγ.] ἄξιον Haupt cf. 854 b 23 εἶναι Bryan ἦν Ω ἡμ. μέρ. G μεθ' ἡμέρας Turn. παρ' ἡμέραν Po. cf. 132 f 24 δήπου ἐνταῦθα Ω corr. Haupt 25 del. Wil. χρ. τ. δ. τ. Γ χ. τ. καὶ δ. O

αἰτίαν ἀλλ' ἀνάπαλιν λαμβάνοντες· ἡ γὰρ ἐρημία τὸ θηρίον ἐπηγάγετο μᾶλλον ἢ τὸ θηρίον ἐποίησε τὴν ἐρημίαν. ἐπεὶ δὲ τῷ θεῷ δόξαν οὕτως ἥ θ' Ἑλλὰς ἐρρώσθη πόλεσι καὶ τὸ χωρίον ἀνθρώποις ἐπλήθυνε, δυσὶν ἐχρῶντο προφήτισιν ἐν μέρει καθιεμέναις, καὶ τρίτη δ' ἔφεδρος ἦν ἀποδεδειγμένη. νῦν δ' ἔστι μία προφῆτις, καὶ οὐκ ἐγκαλοῦμεν· ἐξαρκεῖ γὰρ αὕτη τοῖς δεομένοις. οὐ τοίνυν αἰτιατέον οὐδὲν τὸν θεόν· ἡ γὰρ οὖσα μαντικὴ καὶ διαμένουσα πᾶσίν ἐστιν ἱκανὴ καὶ πάντας ἀποπέμπει τυγχάνοντας ὧν χρῄζουσιν. ὥσπερ οὖν ἐννέα κήρυξιν ὁ Ἀγαμέμνων C
ἐχρῆτο (Hom. *B* 96) καὶ μόλις κατεῖχε τὴν ἐκκλησίαν διὰ πλῆθος, ἐνταῦθα δ' ὄψεσθε μεθ' ἡμέρας ὀλίγας ἐν τῷ θεάτρῳ μίαν φωνὴν ἐξικνουμένην εἰς πάντας, οὕτω τότε πλείοσιν ἐχρῆτο φωναῖς πρὸς πλείονας ἡ μαντική, νῦν δὲ τοὐναντίον ἔδει θαυμάζειν τὸν θεόν, εἰ περιεώρα τὴν μαντικὴν ἀχρήστως δίκην ὕδατος ἀπορρέουσαν ἢ καθάπερ αἱ πέτραι ποιμένων ἐν ἐρημίᾳ καὶ βοσκημάτων φωναῖς ἀντηχοῦσαν.'

9. Εἰπόντος δὲ ταῦτα τοῦ Ἀμμωνίου κἀμοῦ σιωπῶντος ὁ Κλεόμβροτος ἐμὲ προσαγορεύσας 'ἤδη σὺ τοῦτο δέδωκας' ἔφη 'τὸ καὶ ποιεῖν ταυτὶ τὰ μαντεῖα καὶ ἀναιρεῖν τὸν θεόν;' 'οὐκ ἔγωγ'' εἶπον· 'ἀναιρεῖσθαι μὲν γὰρ οὐδὲν D
αἰτίᾳ θεοῦ φημι μαντεῖον οὐδὲ χρηστήριον· ἀλλ' ὥσπερ ἄλλα πολλὰ ποιοῦντος ἡμῖν ἐκείνου καὶ παρασκευάζοντος ἐπάγει φθορὰν ἐνίοις καὶ στέρησιν ἡ φύσις, μᾶλλον δ' ἡ ὕλη στέρησις οὖσα διαφθείρει πολλάκις καὶ ἀναλύει τὸ γιγνόμενον ὑπὸ τῆς κρείττονος αἰτίας, οὕτω μαντικῶν οἶμαι δυνάμεων σκοτώσεις ἑτέρας καὶ ἀναιρέσεις εἶναι, πολλὰ καλὰ τοῦ θεοῦ διδόντος ἀνθρώποις ἀθάνατον δὲ μηδέν· ὥστε θνήσκειν καὶ τὰ θεῶν θεοὺς δ' οὒ κατὰ τὸν Σοφο-

1 αἰτ. Mez. ἐρημίαν G²A²ᵐᵍ· ἀργίαν *Ω* 4 χωρ.] θηρίον *Γ* 5 καθημέναις Xyl. 8 οὐδὲ *Ω* corr. Kron. 12 δ' om. *Γ* 17 ἐν om. GA 20 τούτῳ *Γ* 22 εἶπον F²Π² εἶπεν *Ω* 26 διαφθ. Schw. ἀναφεύγει *Ω* 28 ὑπ' αἰτίας ἑτέρας Re.

κλέα (fr. 766). τὴν δ' οὐσίαν αὐτῶν καὶ δύναμιν ἐν τῇ
φύσει καὶ τῇ ὕλῃ φασὶ δεῖν οἱ θεοφιλεῖς ζητεῖν, τῷ θεῷ
E τῆς ἀρχῆς ὥσπερ ἐστὶ δίκαιον φυλαττομένης. εὔηθες γάρ
ἐστι καὶ παιδικὸν κομιδῇ τὸ οἴεσθαι τὸν θεὸν αὐτὸν
ὥσπερ τοὺς ἐγγαστριμύθους Εὐρυκλέας πάλαι νυνὶ δὲ
Πύθωνας προσαγορευομένους ἐνδυόμενον εἰς τὰ σώματα
τῶν προφητῶν ὑποφθέγγεσθαι τοῖς ἐκείνων στόμασι καὶ
φωναῖς χρώμενον ὀργάνοις. . . . . καταμιγνὺς ἀνθρωπίναις
χρείαις οὐ φείδεται τῆς σεμνότητος οὐδὲ τηρεῖ τὸ ἀξίωμα
καὶ τὸ μέγεθος αὐτῷ τῆς ἀρετῆς.'

10. Καὶ ὁ Κλεόμβροτος 'ὀρθῶς λέγεις· ἀλλ' ἐπεὶ τὸ
λαβεῖν καὶ διορίσαι, πῶς χρηστέον καὶ μέχρι τίνων τῇ
F προνοίᾳ, χαλεπόν, οἱ μὲν οὐδενὸς ἁπλῶς τὸν θεὸν οἱ δ'
ὁμοῦ τι πάντων αἴτιον ποιοῦντες ἀστοχοῦσι τοῦ μετρίου
καὶ πρέποντος. εὖ μὲν οὖν λέγουσι καὶ οἱ λέγοντες, ὅτι
Πλάτων τὸ ταῖς γεννωμέναις ποιότησιν ὑποκείμενον στοι-
χεῖον ἐξευρών, ὃ νῦν ὕλην καὶ φύσιν καλοῦσιν, πολλῶν
415 ἀπήλλαξε καὶ μεγάλων ἀποριῶν τοὺς φιλοσόφους· | ἐμοὶ
δὲ δοκοῦσι πλείονας λῦσαι καὶ μείζονας ἀπορίας οἱ τὸ τῶν
δαιμόνων γένος ἐν μέσῳ θεῶν καὶ ἀνθρώπων τρόπον τινὰ
τὴν κοινωνίαν ἡμῶν συνάγον εἰς ταὐτὸ καὶ συνάπτον
ἐξευρόντες· εἴτε μάγων τῶν περὶ Ζωροάστρην ὁ λόγος
οὗτός ἐστιν εἴτε Θρᾴκιος ἀπ' Ὀρφέως εἴτ' Αἰγύπτιος ἢ
Φρύγιος, ὡς τεκμαιρόμεθα ταῖς ἑκατέρωθι τελεταῖς ἀνα-
μεμιγμένα πολλὰ θνητὰ καὶ πένθιμα τῶν ὀργιαζομένων καὶ

3 ss. cf. 397 c 404 b 5 Σ Ar. Vesp. 1019 15 εὖ — p. 71, 8 ἀποκρ. cit. Euseb. Praep. Evang. V 4 16 Timaeum dialogum respicit, cf. 1013 c 20 cf. 361 c; Plat. Conv. 202 e

1 τὴν δύν. G ἐν Γ τοὺς ἐν O 2 δ. οἱ θ. Schw. δ. οἷς ὀφείλειν Γ δεινοὺς ὀφείλειν (-λει JB) O 8 lac. ind. G (23 litt.) X (95 litt.) JEB; ⟨ὁ γὰρ θεὸν ἐγ⟩καταμ. Turn. 14 μέτρου ΓJ 17 ὃ ν.] ἣν Eus. κ. φύσ. om. Eus. καλ. om. Γ 20 μέσῳ θέντες θ. Eus. τρ. J καὶ τρ. O 21 ἡμῶν ⟨κἀκείνων⟩ Si 22 τῶν τε π. FΠ¹ τῶν γε π. Π²B 25 πολλὰ Eus. πρὸς τὰ Ω πένθ. Γ π. τινα O

*δρωμένων ἱερῶν δρῶντες. Ἑλλήνων δ' Ὅμηρος μὲν ἔτι
φαίνεται κοινῶς ἀμφοτέροις χρώμενος τοῖς ὀνόμασι καὶ
τοὺς θεοὺς ἔστιν ὅτε δαίμονας προσαγορεύων· Ἡσίοδος* B
*δὲ καθαρῶς καὶ διωρισμένως πρῶτος ἐξέθηκε τῶν λογικῶν τέσσαρα γένη, θεοὺς εἶτα δαίμονας εἶθ' ἥρωας τὸ δ' ἐπὶ πᾶσιν ἀνθρώπους, ἐξ ὧν ἔοικε ποιεῖν τὴν μεταβολὴν τοῦ μὲν χρυσοῦ γένους εἰς δαίμονας πολλοὺς κἀγαθοὺς τῶν δ' ἡμιθέων εἰς ἥρωας ἀποκριθέντων. ἕτεροι δὲ μεταβολὴν τοῖς τε σώμασιν ὁμοίως ποιοῦσι καὶ ταῖς ψυχαῖς· ὥσπερ ⟨γὰρ⟩ ἐκ γῆς ὕδωρ ἐκ δ' ὕδατος ἀὴρ ἐκ δ' ἀέρος πῦρ γεννώμενον ὁρᾶται τῆς οὐσίας ἄνω φερομένης, οὕτως ἐκ μὲν ἀνθρώπων εἰς ἥρωας ἐκ δ' ἡρώων εἰς δαίμονας αἱ βελτίονες ψυχαὶ τὴν μεταβολὴν λαμβάνουσιν, ἐκ δὲ δαιμόνων ὀλίγαι μὲν ἐν χρόνῳ πολλῷ δι' ἀρετὴν καθαρθεῖσαι
παντάπασι θειότητος μετέσχον. ἐνίαις δὲ συμβαίνει μὴ* C
κρατεῖν ἑαυτῶν, ἀλλ' ὑφιεμέναις καὶ ἐνδυομέναις πάλιν σώμασι θνητοῖς ἀλαμπῆ καὶ ἀμυδρὰν ζωὴν ὥσπερ ἀναθυμίασιν ἴσχειν.'

11. 'Ὁ δ' Ἡσίοδος (fr. 183) *οἴεται καὶ περιόδοις τισὶ χρόνων γίγνεσθαι τοῖς δαίμοσι τὰς τελευτάς· λέγει γὰρ ἐν τῷ τῆς Ναΐδος προσώπῳ καὶ τὸν χρόνον αἰνιττόμενος*

'ἐννέα τοι ζώει γενεὰς λακέρυζα κορώνη,
ἀνδρῶν ἡβώντων· ἔλαφος δέ τε τετρακόρωνος·
τρεῖς δ' ἐλάφους ὁ κόραξ γηράσκεται· αὐτὰρ ὁ φοίνιξ
ἐννέα τοὺς κόρακας· δέκα δ' ἡμεῖς τοὺς φοίνικας
νύμφαι ἐυπλόκαμοι, κοῦραι Διὸς αἰγιόχοιο.' D

---

3 cf. Comm. ad Hes. OD 122 **22 ss.** Latine vertit Auson. Ed. 18, v. 3 ss. (p. 93 Peiper, Anth. Lat. 647 R.); cf. 989 a

---

1/2 ἔτι φ. GXυJB ἐπιφ. Eus. φαίν. FΠ (ἔτι ss. A²) **5** εἶθ' ἥρ. – **7** δαίμ. Eus. om. **Ω** **7/8** πολλ. κἀγ. τ. δ' ἡ. Γ Eus. εἶτα ἥρωας εἶτα πολλ. ἀνθρώπους κἀγ. τ. δ' ἡ. J π. κἀγ. εἶτα ἥρωας εἶτα ἀνθρώπους τῶν ἡ. **O** **9** σώμ.] δαίμοσι Schw. **10** add. Stegm. γῆς] πηγῆς G **11** ἀναφερ. ΓJ **14** ἐν Re. ἔτι **Ω** ἀρ. ΓJ -τῆς **O** **16** ἐνδ. Turn. ἀναδ. E ἀναλ. **O** **21** καὶ del. Ha. **25** ἡμ. GXυ ὑμ. **O** δέκα φοίνικας δέ τοι ἡμ. Rzach

τοῦτον τὸν χρόνον εἰς πολὺ πλῆθος ἀριθμοῦ συνάγουσιν οἱ μὴ καλῶς δεχόμενοι τὴν γενεάν. ἔστι γὰρ ἐνιαυτός· ὥστε γίγνεσθαι τὸ σύμπαν ἐννακισχίλια ἔτη καὶ ἑπτακόσια καὶ εἴκοσι τῆς τῶν δαιμόνων ζωῆς, ἔλαττον μὲν οὗ νομίζουσιν οἱ πολλοὶ τῶν μαθηματικῶν, πλέον δ' οὗ Πίνδαρος εἴρηκεν εἰπὼν (fr. 165) τὰς νύμφας ζῆν 'ἰσοδένδρου τέκμωρ αἰῶνος λαχούσας,' διὸ καὶ καλεῖν αὐτὰς ἁμαδρυάδας.' ἔτι δ' αὐτοῦ λέγοντος Δημήτριος ὑπολαβὼν 'πῶς' ἔφη 'λέγεις, ὦ Κλεόμβροτε, γενεὰν ἀνδρὸς εἰρῆσθαι τὸν ἐνιαυτόν; οὔτε γὰρ 'ἡβῶντος' οὔτε 'γηρῶντος', ὡς
E ἀναγιγνώσκουσιν ἔνιοι, χρόνος ἀνθρωπίνου βίου τοσοῦτός ἐστιν. ἀλλ' οἱ μὲν 'ἡβώντων' ἀναγιγνώσκοντες ἔτη τριάκοντα ποιοῦσι τὴν γενεὰν καθ' 'Ηράκλειτον (A 19), ἐν ᾧ χρόνῳ γεννῶντα παρέχει τὸν ἐξ αὐτοῦ γεγεννημένον ὁ γεννήσας, οἱ δέ 'γηρώντων' πάλιν, οὐχ 'ἡβώντων' γράφοντες ὀκτὼ καὶ ἑκατὸν ἔτη νέμουσι τῇ γενεᾷ· τὰ γὰρ πεντήκοντα καὶ τέσσαρα μεσούσης ὅρον ἀνθρωπίνης ζωῆς εἶναι, συγκείμενον ἔκ τε τῆς ἀρχῆς καὶ τῶν πρώτων δυεῖν ἐπιπέδων καὶ δυεῖν τετραγώνων καὶ δυεῖν κύβων, οὓς καὶ Πλάτων (Tim. 34 c ss.) ἀριθμοὺς ἔλαβεν ἐν τῇ ψυχογονίᾳ. καὶ
F ὁ λόγος ὅλος ᾐνίχθαι δοκεῖ τῷ 'Ησιόδῳ πρὸς τὴν ἐκπύρωσιν, ὁπηνίκα συνεκλείπειν τοῖς ὑγροῖς εἰκός ἐστι τὰς Νύμφας,

'αἵ τ' ἄλσεα καλὰ νέμονται
καὶ πηγὰς ποταμῶν καὶ πίσεα ποιήεντα (Υ 8).''

12. Καὶ ὁ Κλεόμβροτος 'ἀκούω ταῦτ'' ἔφη 'πολλῶν καὶ ὁρῶ τὴν Στωικὴν ἐκπύρωσιν ὥσπερ τὰ 'Ηρακλείτου καὶ τὰ 'Ορφέως ἐπινεμομένην ἔπη οὕτω καὶ τὰ 'Ησιόδου καὶ

5 οὗ — οὗ Wil. οὗν — οὗν X[1]F[1] οὗν — οὐ *O* 6 Πίνδ. GX[1]J π. δὲ *O* 7 τέκμαρ Turn. λαχοίσας Heyne 8 ὑπ.] ἐπιβαλὼν G[4 mg.] X[1]v 12 ἡβ. E ἡμῶν ἔτος X[1]? ἡβῶντος *O* 18 ἀρχ.] μονάδος F[2]Π (cf. 391 a) 21 ὅλως FΠB 27 τὰ] τοῦ J 28 τὰ] τοῦ GJ οὕτω κ. τ. ἡ. ἐπιν. ἔπη J; hiatus ne hoc quidem modo tollitur. ἔπη dub. secl. Po.

συνεξάπτουσαν· | ἀλλ' οὔτε τοῦ κόσμου τὴν φθορὰν ἀνέχομαι 416 λεγομένην, τὰ τ' ἀμήχανα †καὶ ὧν ὑπόμνησις τῶν φωνῶν μάλιστα περὶ τὴν κορώνην καὶ τὴν ἔλαφον ἐκδύεσθαι ἐπὶ τοὺς ὑπερβάλλοντας. οὐκ ἐνιαυτὸς ἀρχὴν ἐν αὑτῷ καὶ τελευτὴν ὁμοῦ τι ʻπάντων ὧν φέρουσιν ὧραι γῆ δὲ φύει' περιεσχηκὼς οὐδ' ἀνθρώπων ἀπὸ τρόπου γενεὰ κέκληται; καὶ γὰρ ὑμεῖς ὁμολογεῖτε δήπου τὸν Ἡσίοδον ἀνθρωπίνην ζωὴν τὴν γενεὰν λέγειν. ἦ γὰρ οὐχ οὕτως;' συνέφησεν ὁ Δημήτριος. ʻἀλλὰ μὴν κἀκεῖνο δῆλον' ὁ Κλεόμβροτος εἶπε ʻτὸ πολλάκις τὸ μετροῦν καὶ τὰ μετρούμενα τοῖς αὐτοῖς ὀνόμασι προσαγορεύεσθαι, κοτύλην καὶ χοίνικα καὶ ἀμφορέα καὶ μέδιμνον. ὃν τρόπον B οὖν τοῦ παντὸς ἀριθμοῦ τὴν μονάδα μέτρον οὖσαν ἐλάχιστον καὶ ἀρχὴν ἀριθμὸν καλοῦμεν, οὕτω τὸν ἐνιαυτόν, ᾧ πρώτῳ μετροῦμεν ἀνθρώπου βίον, ὁμωνύμως τῷ μετρουμένῳ γενεὰν ὠνόμασε. καὶ γὰρ οὓς μὲν ἐκεῖνοι ποιοῦσιν ἀριθμοὺς οὐδὲν ἔχουσι τῶν νενομισμένων ἐπιφανῶν καὶ λαμπρῶν ὡς ἐν ἀριθμοῖς· ὁ δὲ τῶν ἐνναKισχιλίων ἑπτακοσίων εἴκοσι τὴν γένεσιν ἔσχηκε συνθέσει μὲν ἐκ τῶν ἀπὸ μονάδος τεσσάρων ἐφεξῆς τετράκις γενομένων *** τεσσάρων· τεσσαράκοντα γὰρ ἑκατέρως γίγνεται. ταῦτα δὲ πεντάκις τριγωνισθέντα τὸν ἐκκείμενον ἀριθμὸν παρέσχεν. ἀλλὰ περὶ μὲν τούτων οὐκ ἀναγκαῖον ἡμᾶς Δημητρίῳ C διαφέρεσθαι. καὶ γὰρ κἂν πλείων ὁ χρόνος ᾖ κἂν ἐλάττων κἂν τεταγμένος κἂν ἄτακτος, ἐν ᾧ μεταλλάττει

5/6 cf. Heracl. fr. 100 23 ἀλλὰ — p. 74, 6 σέβ. cit. Euseb. Praep. Evang. V 4

1 συν.] συνεξαπατοῦσαν vF -ῶσαν O corr. Wy. 2/4 corrupta. τὰ τ' ἀμήχ. τῶν ὑπομνηματιστῶν φωρῶ μάλ. ... ἔλαφον ⟨ἀναγκαζομένων⟩ ἐκδέχεσθαι βίους ὑπερβ. tempt. Schw. 6 περιεχῶς (προσεχῶς Jx) Ω corr. Schw. 7 δήπ. Turn. μήπου Ω 14 ἀρχ. καὶ ἀρ. G 15 πρῶτον G (ss. ῳ m. 1) X¹v 20 lac. 70 fere litt. ind. et τεσσάρων² om. E; ⟨πολλαπλασιασμῷ δ' ἐκ δεκάκις γενομένων⟩ tempt. Pat. 21 ἑκάτερος X¹JB 22 $40 \cdot 3^5 = 9720$ 24 κἂν¹ Eus. ἂν Ω post χρ. ᾖ deest X¹ inc. X^suppl. 24/25 ᾖ κἂν ἐλ. ᾖ X^suppl. B

δαίμονος ψυχὴ καὶ ἥρωος ⟨τὸν⟩ βίον, οὐδὲν ἧττον ὃ βούλεται δεδείξεται μετὰ μαρτύρων σαφῶν καὶ παλαιῶν, ὅτι φύσεις τινές εἰσιν ὥσπερ ἐν μεθορίῳ θεῶν καὶ ἀνθρώπων δεχόμεναι πάθη θνητὰ καὶ μεταβολὰς ἀναγκαίας, οὓς δαίμονας ὀρθῶς ἔχει κατὰ νόμον πατέρων ἡγουμένους καὶ ὀνομάζοντας σέβεσθαι.'

13. *'Παράδειγμα δὲ τῷ λόγῳ Ξενοκράτης* (p. 79 Heinze) *μὲν ὁ Πλάτωνος ἑταῖρος ἐποιήσατο τὸ τῶν τριγώνων,* D *θείῳ μὲν ἀπεικάσας τὸ ἰσόπλευρον θνητῷ δὲ τὸ σκαληνὸν τὸ δ' ἰσοσκελὲς δαιμονίῳ· τὸ μὲν γὰρ ἴσον πάντῃ τὸ δ' ἄνισον πάντῃ, τὸ δὲ πῇ μὲν ἴσον πῇ δ' ἄνισον, ὥσπερ ἡ δαιμόνων φύσις ἔχουσα καὶ πάθος θνητοῦ καὶ θεοῦ δύναμιν. ἡ δὲ φύσις αἰσθητὰς εἰκόνας ἐξέθηκε καὶ ὁμοιότητας ὁρωμένας, θεῶν μὲν ἥλιον καὶ ἄστρα θνητῶν δὲ σέλα καὶ κομήτας καὶ διᾴττοντας, ὡς Εὐριπίδης εἴκασεν ἐν οἷς εἶπεν* (fr. 971)

'ὁ δ' ἄρτι θάλλων σάρκα διοπετὴς ὅπως
ἀστὴρ ἀπέσβη, πνεῦμ' ἀφεὶς ἐς αἰθέρα·'

E *μικτὸν δὲ σῶμα καὶ μίμημα δαιμόνιον ὄντως τὴν σελήνην, ⟨ἣν⟩ τῷ τῇ τούτου τοῦ γένους συνᾴδειν περιφορᾷ φθίσεις φαινομένας δεχομένην καὶ αὐξήσεις καὶ μεταβολὰς ὁρῶντες οἱ μὲν ἄστρον γεῶδες οἱ δ' ὀλυμπίαν γῆν οἱ δὲ χθονίας ὁμοῦ καὶ οὐρανίας κλῆρον Ἑκάτης προσεῖπον. ὥσπερ οὖν εἰ τὸν ἀέρα τις ἀνέλοι καὶ ὑποσπάσειε τὸν μεταξὺ γῆς καὶ σελήνης, τὴν ἑνότητα διαλύσει καὶ τὴν κοινωνίαν τοῦ παντὸς ἐν μέσῳ κενῆς καὶ ἀσυνδέτου χώρας γενομένης,*

---

17 cf. 1090 c 20 cf. 361 c, Emped. fr. 115 22 cf. 935 c

---

1 *ψυχὴ* G[2mg.] Eus. *-ὴν* **O** add. Wil. *βίος* G[2mg.] Eus. ὃ Vigerus *ἐφ'* ὃ codd. AOJ Eus. *ἐφ'* ᾧ (*οἷς* J) **Ω** 2 *σοφῶν* JΠ[2]B 3 *τινές εἰσιν* GυJ *εἰσὶ τινές εἰσιν* F *εἰσί τινες* **O** 14 *ὁρ., θ. μ.* Turn. *ὁρωμένων θ. ὡς* **Ω** *φορῶν μὲν θείων* [*ὡς*] Pat. 18 *εἰς* **Ω** corr. Nauck 19 *μικτ.* Turn. *μικρὸν* **Ω** 20 add. Po. *τῷ τῇ τ.*] *τουτὶ* Gυ *ἐνάδην* Gυ 24 *τὸ μετ.* Γ

οὕτως οἱ δαιμόνων γένος μὴ ἀπολείποντες ἀνεπίμικτα τὰ τῶν θεῶν καὶ ἀνθρώπων ποιοῦσι καὶ ἀσυνάλλακτα, τὴν ἑρμηνευτικήν, ὡς Πλάτων (Pol. 260 d) ἔλεγεν, καὶ διακο- F νικὴν ἀναιροῦντες φύσιν, ἢ πάντα φύρειν ἅμα καὶ ταράττειν ἀναγκάζουσιν ἡμᾶς τοῖς ἀνθρωπίνοις πάθεσι καὶ πράγμασι τὸν θεὸν ἐμβιβάζοντας καὶ κατασπῶντας ἐπὶ τὰς χρείας, ὥσπερ αἱ Θετταλαὶ λέγονται τὴν σελήνην. | ἀλλ' ἐκείνων μὲν ἐν γυναιξὶ τὸ πανοῦργον ἔσχε πίστιν, 417 Ἀγλαονίκης τῆς Ἡγήτορος, ὥς φασιν, ἀστρολογικῆς γυναικός, ἐν ἐκλείψει σελήνης ἀεὶ προσποιουμένης γοητεύειν καὶ καθαιρεῖν αὐτήν· ἡμεῖς δὲ μήτε μαντείας τινὰς ἀθειάστους εἶναι λέγοντας ἢ τελετὰς καὶ ὀργιασμοὺς ἀμελουμένους ὑπὸ θεῶν ἀκούωμεν μήτ' αὖ πάλιν τὸν θεὸν ἐν τούτοις ἀναστρέφεσθαι καὶ παρεῖναι καὶ συμπραγματεύεσθαι δοξάζωμεν, ἀλλ' οἷς δίκαιόν ἐστι ταῦτα λειτουργοῖς θεῶν ἀνατιθέντες ὥσπερ ὑπηρέταις καὶ γραμματεῦσι δαίμονας νομίζωμεν ἐπισκόπους [θεῶν] ἱερῶν καὶ μυστηρίων ὀργιαστάς, ἄλλους δὲ τῶν ὑπερηφάνων καὶ μεγάλων τιμωροὺς ἀδικιῶν περιπολεῖν. τοὺς δὲ πάνυ σεμνῶς ὁ Ἡσίοδος B (OD 123. 126) ‘ἁγνούς’ προσεῖπε ‘πλουτοδότας, καὶ τοῦτο γέρας βασιλήιον ἔχοντας’, ὡς βασιλικοῦ τοῦ εὖ ποιεῖν ὄντος. εἰσὶ γάρ, ὡς ἐν ἀνθρώποις, καὶ δαίμοσιν ἀρετῆς διαφοραὶ καὶ τοῦ παθητικοῦ καὶ ἀλόγου τοῖς μὲν ἀσθενὲς καὶ ἀμαυρὸν ἔτι λείψανον ὥσπερ περίττωμα τοῖς δὲ πολὺ καὶ δυσκατάσβεστον ἔνεστιν, ὧν ἴχνη καὶ σύμβολα πολλαχοῦ θυσίαι καὶ τελεταὶ καὶ μυθολογίαι σῴζουσι καὶ διαφυλάττουσιν ἐνδιεσπαρμένα.’

7 cf. 145 c Σ Eur. Phoen. 1408 Ar. Nub. 749 Σ Plat. Gorg. 513 a Ap. Rhod. IV 59 19 cf. 361 b 22 εἰσὶ — p. 77, 1 ἐρῶσιν cit. Euseb. Praep. Evang. V 4 22 ss. cf. 361 a

9 ὡν φησι Γ 11 τινῶν J 12 λεγόντων JF²Π¹ λέγοντες Γ -ος Schw. 17 del. Pat. 19 τοὺς] τούτους Wil. 22 ἐν om. AX^suppl. B 26 τελ. κ.] δαιμονικαὶ J

14. ʽΠερὶ μὲν οὖν τῶν μυστικῶν, ἐν οἷς τὰς μεγίστας C ἐμφάσεις καὶ διαφάσεις λαβεῖν ἔστι τῆς περὶ δαιμόνων ἀληθείας, ʽεὔστομά μοι κείσθω᾽ καθ᾽ Ἡρόδοτον (II 171)· ἑορτὰς δὲ καὶ θυσίας, ὥσπερ ἡμέρας ἀποφράδας καὶ σκυθρωπάς, ἐν αἷς ὠμοφαγίαι καὶ διασπασμοὶ νηστεῖαί τε καὶ κοπετοὶ πολλαχοῦ δὲ πάλιν αἰσχρολογίαι πρὸς ἱεροῖς (Pind. dith. 2,10 sq.)

ʽμανίαι τ᾽ ἀλαλαί τ᾽ ὀρινομένων ῥιψαύχενι σὺν κλόνῳ᾽,

θεῶν μὲν οὐδενὶ δαιμόνων δὲ φαύλων ἀποτροπῆς ἕνεκα φήσαιμ᾽ ἂν τελεῖσθαι μειλίχια καὶ παραμύθια. καὶ τὰς πάλαι ποιουμένας ἀνθρωποθυσίας οὔτε θεοὺς ἀπαιτεῖν ἢ προσδέχεσθαι πιθανόν ἐστιν, οὔτε μάτην ἂν ἠνέσχοντο D βασιλεῖς καὶ στρατηγοὶ παῖδας αὑτῶν ἐπιδιδόντες καὶ καταρχόμενοι καὶ σφάττοντες, ἀλλὰ χαλεπῶν καὶ δυστρόπων ὀργὰς καὶ βαρυθυμίας ἀφοσιούμενοι καὶ ἀποπιμπλάντες ἀλαστόρων, ἐνίων δὲ μανικοὺς καὶ τυραννικοὺς ἔρωτας οὐ δυναμένων οὐδὲ βουλομένων σώμασι καὶ διὰ σωμάτων ὁμιλεῖν. ἀλλ᾽ ὥσπερ Ἡρακλῆς Οἰχαλίαν ἐπολιόρκει διὰ παρθένον, οὕτω πολλάκις ἰσχυροὶ καὶ βίαιοι δαίμονες ἐξαιτούμενοι ψυχὴν ἀνθρωπίνην περιεχομένην σώματι λοιμούς τε πόλεσι καὶ γῆς ἀφορίας ἐπάγουσι καὶ πολέμους καὶ στάσεις ταράττουσιν, ἄχρι οὗ λάβωσι καὶ

---

1 *περὶ* — **11** *ἀνθ*. ex Eus. descr. Theodoretus Graec. aff. cur. X 8, cf. VII 43 **3** cf. 607 c 636 d **8** cf. 623 b 706 e

---

1 *καὶ περὶ μὲν τῶν* Eus. *κ. π. τ.* Theod. **8** *ἀλ. τ᾽* p. 706 e *ἄλλα τε* ΓJ *ἄλλαι* **O** Eus. Theod. *ὀριν.* p. 623 b Theod. *ὀρινομένον* υ *ὀρινόμεναι* (-α J) **O** **9** *θεῷ* ΓJ **10** *τελ.* Eus. *ἐπιτελ.* Theod. *τελεῖν* (*λυσιτελεῖν* G) **Ω** *καὶ*² om. Eus. **11** *τελουμένας* X^suppl. *ποιούμενος* Eus. *ἀνθ*., *ἃς* codd. OJ Eus. **12** *μάτ.* GJ *μάχην* **O** *ἂν ἠν.* Si. *ἂν ἐδέχοντο* Eus. *ἀνέχονται* **Ω** **14** *κατ. κ. σφ.* Eus. *ἀρχ. κ. φυλάττοντες* **Ω** **15** *ἀφοσ.* Eus. *ἀποσειόμενοι* **Ω** **16** *ἐνίους δὲ* Γ *ἐνίοις δὲ* Bern. *ἐνίων δ᾽ ἐν τοῖσδε* codd. OJ Eus. **17** *καὶ* del. Stegm. **19** *οὕτ. π.* GυJ Eus. *οὕτως* **O**
21 *σώμ.* G Eus. *σώμ.* (*σώμασι* X^suppl.) *καὶ διὰ σωμάτων ὁμιλεῖν* (add. *οὐ δυνάμενοι ταύτῃ* JF²ΠΒ) **O** cf. **17/18**

τύχωσιν ὧν ἐρῶσιν. ἔνιοι δὲ τοὐναντίον, ὥσπερ ἐν Κρήτῃ E χρόνον συχνὸν διάγων ἔγνων ἄτοπόν τινα τελουμένην ἑορτήν, ἐν ᾗ καὶ εἴδωλον ἀνδρὸς ἀκέφαλον ἀναδεικνύουσι καὶ λέγουσιν ὡς οὗτος ἦν Μόλος ὁ Μηριόνου πατήρ, νύμφῃ δὲ πρὸς βίαν συγγενόμενος ἀκέφαλος εὑρεθείη.'

15. 'Καὶ μὴν ὅσας ἔν τε μύθοις καὶ ὕμνοις λέγουσι καὶ ᾄδουσι τοῦτο μὲν ἁρπαγὰς τοῦτο δὲ πλάνας θεῶν κρύψεις τε καὶ φυγὰς καὶ λατρείας, οὐ θεῶν εἰσιν ἀλλὰ δαιμόνων παθήματα καὶ τύχαι μνημονευόμεναι δι' ἀρετὴν καὶ δύναμιν αὐτῶν, καὶ οὔτ' Αἰσχύλος εἶπεν ⟨ὀρθῶς⟩ (Suppl. 214)

'ἁγνόν τ' Ἀπόλλω φυγάδ' ἀπ' οὐρανοῦ θεόν',

οὔθ' ὁ Σοφοκλέους Ἄδμητος (fr. 767) F

'οὑμὸς δ' ἀλέκτωρ αὐτὸν ἦγε πρὸς μύλην·'

πλεῖστον δὲ τῆς ἀληθείας διαμαρτάνουσιν οἱ Δελφῶν θεολόγοι νομίζοντες ἐνταῦθά ποτε πρὸς ὄφιν τῷ θεῷ περὶ τοῦ χρηστηρίου μάχην γενέσθαι καὶ ταῦτα ποιητὰς καὶ λογογράφους ἐν θεάτροις ἀγωνιζομένους λέγειν ἐῶντες, | ὥσπερ ἐπίτηδες ἀντιμαρτυροῦντας ὧν δρῶσιν ἱεροῖς 418 τοῖς ἁγιωτάτοις'. θαυμάσαντος δὲ τοῦ Φιλίππου (παρῆν ⟨γὰρ⟩ ὁ συγγραφεύς) καὶ πυθομένου, τίσιν ἀντιμαρτυρεῖν †θεοῖς οἴεται τοὺς ἀ[ντα]γωνιζομένους· 'τούτοις' ἔφη 'τοῖς περὶ τὸ χρηστήριον, οἷς ἄρτι τοὺς ἔξω Πυλῶν πάντας Ἕλληνας ἡ πόλις κατοργιάζουσα μέχρι Τεμπῶν ἐλήλακεν. ἥ τε γὰρ ἱσταμένη καλιὰς ἐνταῦθα περὶ τὴν ἅλω δι' ἐννέα ἐτῶν οὐ φωλεοῦ δὴ τοῦ δράκοντος [χειά], ἀλλὰ μίμημα τυραννικῆς ἢ βασιλικῆς ἐστιν οἰκήσεως· ἥ τε μετὰ σιγῆς ἐπ' αὐτὴν διὰ τῆς ὀνομαζομένης Δολωνίας

---

1 ὧν Si. οὗ *Ω* τοὺν. ⟨ἔπαθον⟩ Stegm. **5** εὑρέθη Schw. **10** add. Xyl. **14** πλ. denuo incipit D **15** ἔνθα ποτὲ *Γ*J τῷ om. GυDJ **18** ἱερῶν Stegm. **20** add. Turn. plura excidisse putat Schw. **21** θεοῖς] θείοις Turn. ἱεροῖς Si. cf. p. 84, **25** del. Herw. **25** φωλ. δ. Schw. φωλεῶ δ' ἡ G² φωλεώδης *O* τοῦ] τις J χειά om. *Γ*, del. Pat. **26** ἥ τε] εἴ τι *Γ*

ἔφοδος, ἡ Λαβυάδαι τὸν ἀμφιθαλῆ κόρον ἡμμέναις δᾳσὶν B ἄγουσι καὶ προσβαλόντες τὸ πῦρ τῇ καλιάδι καὶ τὴν τράπεζαν ἀνατρέψαντες ἀνεπιστρεπτὶ φεύγουσι διὲκ θυρῶν τοῦ ἱεροῦ· καὶ τελευταῖον αἵ τε πλάναι καὶ ἡ λατρεία τοῦ παιδὸς οἵ τε γιγνόμενοι περὶ τὰ Τέμπη καθαρμοὶ μεγάλου τινὸς ἄγους καὶ τολμήματος ὑποψίαν ἔχουσι. παγγέλοιον γάρ ἐστιν, ὦ ἑταῖρε, τὸν Ἀπόλλω κτείναντα θηρίον φεύγειν ἐπὶ πέρατα τῆς Ἑλλάδος ἁγνισμοῦ δεόμενον, εἶτ' ἐκεῖ χοάς τινας χεῖσθαι καὶ δρᾶν ἃ δρῶσιν ἄνθρωποι μηνίματα δαιμόνων ἀφοσιούμενοι καὶ πραΰνοντες, οὓς ἀλάστορας καὶ παλαμναίους ὀνομάζουσιν, ὡς C ἀλήστων τινῶν καὶ παλαιῶν μιασμάτων μνήμαις ἐπεξιόντας. ὃν δ' ἤκουσα λόγον ἤδη περὶ τῆς φυγῆς ταύτης καὶ τῆς μεταστάσεως, ἄτοπος μέν ἐστι δεινῶς καὶ παράδοξος· εἰ δ' ἀληθείας τι μετέχει, μὴ μικρὸν οἰώμεθα μηδὲ κοινὸν εἶναι τὸ πραχθὲν ἐν τοῖς τότε χρόνοις περὶ τὸ χρηστήριον. ἀλλ' ἵνα μὴ τὸ Ἐμπεδόκλειον (fr. 24) ποιεῖν δόξω

'κορυφὰς ἑτέρας ἑτέρῃσι προσάπτων
μύθων μὴ τελέειν ἀτραπὸν μίαν',

ἐάσατέ με τοῖς πρώτοις τὸ προσῆκον ἐπιθεῖναι τέλος· ἤδη γὰρ ἐπ' αὐτῷ γεγόναμεν· καὶ τετολμήσθω μετὰ πολλοὺς εἰρῆσθαι καὶ ἡμῖν, ὅτι τοῖς περὶ τὰ μαντεῖα καὶ χρηστήρια τεταγμένοις δαιμονίοις ἐκλείπουσί τε κομιδῇ συνεκλείπει D τὰ τοιαῦτα καὶ φυγόντων ἢ μεταστάντων ἀποβάλλει τὴν δύναμιν, εἶτα παρόντων αὖθις διὰ χρόνου πολλοῦ καθάπερ

22 ss. cf. 431 b

1 ἡ Λ. Pomtow Mus Rh. 49, p. 577 n. μὴ αἰόλα δὲ (δὲ om. G[1]) Ω 2 προσβ. GvJ προσβάλλοντες O 3 διὰ τῶν θ. JF[2]ΠX[suppl.] B 7 Ἀπ. ΓJ -ωνα O 9 καὶ δρᾶν denuo incipit X[1] 11/2 ὡ. ἀ.] ὅσα ληστῶν Γ 12 ἐπεξ. E -τες O 15 μὴ om. ΓJ 18 ποιεῖν Emp. εἰπεῖν Ω 19 ἑτέρῃσι Scaliger -αισι v -αις O 20 μὴ τ. Knatz μήτε λέγειν Ω 25 τὰ τοι.] καὶ ταῦτα Xyl. in vers. 26 αὖθις Wil. αὐτῶν Ω

ὄργανα φθέγγεται τῶν χρωμένων ἐπιστάντων καὶ παρόντων.’

16. Ταῦτα τοῦ Κλεομβρότου διελθόντος ὁ Ἡρακλέων ‘οὐδεὶς μέν’ ἔφη ‘τῶν βεβήλων καὶ ἀμυήτων καὶ περὶ θεῶν δόξας ἀσυγκράτους ἡμῖν ἐχόντων πάρεστιν· αὐτοὶ δὲ παραφυλάττωμεν αὐτούς, ὦ Φίλιππε, μὴ λάθωμεν ἀτόπους ὑποθέσεις καὶ μεγάλας τῷ λόγῳ διδόντες’. ‘εὖ λέγεις’ ὁ Φίλιππος εἶπεν· ‘ἀλλὰ τί μάλιστά σε δυσωπεῖ τῶν ὑπὸ Κλεομβρότου τιθεμένων;’ καὶ ὁ Ἡρακλέων ‘τὸ E μὲν ἐφεστάναι τοῖς χρηστηρίοις’ εἶπε ‘μὴ θεοὺς οἷς ἀπηλλάχθαι τῶν περὶ γῆν προσῆκόν ἐστιν, ἀλλὰ δαίμονας ὑπηρέτας θεῶν, οὐ δοκεῖ μοι κακῶς ἀξιοῦσθαι· τὸ δὲ τοῖς δαίμοσι τούτοις μονονουχὶ δράγδην λαμβάνοντας ἐκ τῶν ἐπῶν τῶν Ἐμπεδοκλέους ἁμαρτίας καὶ ἄτας καὶ πλάνας θεηλάτους ἐπιφέρειν, τελευτῶντας δὲ καὶ θανάτους ὥσπερ ἀνθρώπων ὑποτίθεσθαι, θρασύτερον ἡγοῦμαι καὶ βαρβαρικώτερον.’ ἠρώτησεν οὖν ὁ Κλεόμβροτος τὸν Φίλιππον, ὅστις εἴη καὶ ὁπόθεν ὁ νεανίας· πυθόμενος δὲ τοὔνομα καὶ τὴν πόλιν ‘οὐδ’ ἡμᾶς αὐτούς’ ἔφη ‘λανθάνομεν, ὦ Ἡρακλέων, ἐν λόγοις ἀτόποις γεγονότες· ἀλλ’ οὐκ ἔστι περὶ F πραγμάτων μεγάλων μὴ μεγάλαις προσχρησάμενον ἀρχαῖς ἐπὶ τὸ εἰκὸς τῇ δόξῃ προελθεῖν. σὺ δὲ σεαυτὸν λέληθας ὃ δίδως ἀφαιρούμενος· ὁμολογεῖς γὰρ εἶναι δαίμονας, τῷ δὲ μὴ φαύλους ἀξιοῦν εἶναι μηδὲ θνητοὺς οὐκέτι δαίμονας φυλάττεις· | τίνι γὰρ τῶν θεῶν διαφέρουσιν, εἰ καὶ κατ’ 419 οὐσίαν τὸ ἄφθαρτον καὶ κατ’ ἀρετὴν τὸ ἀπαθὲς καὶ ἀναμάρτητον ἔχουσι;’

---

9 τὸ μὲν — 16 βαρβ. cit. Euseb. Praep. Evang. V 4, Theodoret. Graec. aff. cur. X 6 τὸ μὲν — 82, 4 θερ. Euseb. V 17
14 cf. Emp. fr. 115

---

1 ἐ. κ. π.] cf. p. 106, 9 10 μὲν οὖν Eus. Theod. 13 δρ. Wy. ῥάγδην Ω δραχμὴν Eus. Theod. 19 ἡμ. αὐ. G cum cod. J Eus. αὐ. ἡμ. O

17. Πρὸς ταῦτα τοῦ Ἡρακλέωνος σιωπῇ διανοουμένου τι πρὸς αὑτὸν ὁ Φίλιππος ‛ἀλλὰ φαύλους μέν’ ἔφη ‛δαίμονας οὐκ Ἐμπεδοκλῆς μόνον, ὦ Ἡρακλέων, ἀπέλιπεν, ἀλλὰ καὶ Πλάτων καὶ Ξενοκράτης καὶ Χρύσιππος (fr. 1104)· ἔτι δὲ Δημόκριτος (fr. 166) εὐχόμενος ‛εὐλόγχων εἰδώλων’ τυγχάνειν, ᾗ δῆλος ἦν ἕτερα δυστράπελα καὶ μοχθηρὰς γιγνώσκων ἔχοντα προαιρέσεις τινὰς καὶ ὁρμάς. περὶ δὲ θανάτου τῶν τοιούτων ἀκήκοα λόγον ἀνδρὸς οὐκ B ἄφρονος οὐδ’ ἀλαζόνος. Αἰμιλιανοῦ γὰρ τοῦ ῥήτορος, οὗ καὶ ὑμῶν ἔνιοι διακηκόασιν, Ἐπιθέρσης ἦν πατήρ, ἐμὸς πολίτης καὶ διδάσκαλος γραμματικῶν. οὗτος ἔφη ποτὲ πλέων εἰς Ἰταλίαν ἐπιβῆναι νεὼς ἐμπορικὰ χρήματα καὶ συχνοὺς ἐπιβάτας ἀγούσης· ἑσπέρας δ’ ἤδη περὶ τὰς Ἐχινάδας νήσους ἀποσβῆναι τὸ πνεῦμα, καὶ τὴν ναῦν διαφερομένην πλησίον γενέσθαι Παξῶν· ἐγρηγορέναι δὲ τοὺς πλείστους, πολλοὺς δὲ καὶ πίνειν ἔτι δεδειπνηκότας· ἐξαίφνης δὲ φωνὴν ἀπὸ τῆς νήσου τῶν Παξῶν ἀκουσθῆναι, Θαμοῦν τινος βοῇ καλοῦντος, ὥστε θαυμάζειν. ὁ δὲ Θαμοῦς Αἰγύπτιος ἦν κυβερνήτης οὐδὲ τῶν ἐμπλεόντων C γνώριμος πολλοῖς ἀπ’ ὀνόματος. δὶς μὲν οὖν κληθέντα σιωπῆσαι, τὸ δὲ τρίτον ὑπακοῦσαι τῷ καλοῦντι· κἀκεῖνον ἐπιτείνοντα τὴν φωνὴν εἰπεῖν ‛ὁπόταν γένῃ κατὰ τὸ Παλῶδες, ἀπάγγειλον ὅτι Πὰν ὁ μέγας τέθνηκε.’ τοῦτ’ ἀκούσαντας ὁ Ἐπιθέρσης ἔφη πάντας ἐκπλαγῆναι καὶ διδόντων ἑαυτοῖς λόγον εἴτε ποιῆσαι βέλτιον εἴη τὸ προστεταγμένον εἴτε μὴ πολυπραγμονεῖν ἀλλ’ ἐᾶν, οὕτως γνῶναι τὸν Θαμοῦν, εἰ μὲν εἴη πνεῦμα, παραπλεῖν ἡσυχίαν ἔχοντα, νηνεμίας δὲ καὶ γαλήνης περὶ τὸν τόπον γενομένης ἀνει-

5 v. Aem. 1,4

2 ὁ φίλ. Eus. om. **Ω**   6 ᾗ G ἧ **O** om. Eus.   μοχθ. F²α¹x μοχθηρὰ (πονηρὰ D) **O** Eus.   8 τοῦ θ. Eus.   18 βοῆς ΓJ
22 ἐπιτ. G cum cod. A Eus. -αντα **O**   ὁπ. Eus. ὅτι ὅταν **Ω**
23 ταῦτ’ Gυ   24 διδ. GXυDJ cum cod. J Eus. -τας **O**
27 εἰ μ. εἴη Eus. ἐὰν μὲν ἦν Γ ἐὰν μὲν ᾖ **O**

πεῖν ὃ ἤκουσεν. ὡς οὖν ἐγένετο κατὰ τὸ Παλῶδες, οὔτε πνεύματος ὄντος οὔτε κλύδωνος, ἐκ πρύμνης βλέποντα [D] τὸν Θαμοῦν πρὸς τὴν γῆν εἰπεῖν, ὥσπερ ἤκουσεν, ὅτι ‘ὁ μέγας Πὰν τέθνηκεν’. οὐ φθῆναι δὲ παυσάμενον αὐτὸν καὶ γενέσθαι μέγαν οὐχ ἑνὸς ἀλλὰ πολλῶν στεναγμὸν ἅμα θαυμασμῷ μεμιγμένον. οἷα δὲ πολλῶν ἀνθρώπων παρόντων ταχὺ τὸν λόγον ἐν Ῥώμῃ σκεδασθῆναι, καὶ τὸν Θαμοῦν γενέσθαι μετάπεμπτον ὑπὸ Τιβερίου Καίσαρος. οὕτω δὲ πιστεῦσαι τῷ λόγῳ τὸν Τιβέριον, ὥστε διαπυνθάνεσθαι καὶ ζητεῖν περὶ τοῦ Πανός· εἰκάζειν δὲ τοὺς περὶ αὐτὸν φιλολόγους συχνοὺς ὄντας τὸν ἐξ Ἑρμοῦ καὶ Πηνελόπης γεγενημένον.’ ὁ μὲν οὖν Φίλιππος εἶχε καὶ [E] τῶν παρόντων ἐνίους μάρτυρας Αἰμιλιανοῦ τοῦ γέροντος ἀκηκοότας.

18. Ὁ δὲ Δημήτριος ἔφη τῶν περὶ τὴν Βρεττανίαν νήσων εἶναι πολλὰς ἐρήμους σποράδας, ὧν ἐνίας δαιμόνων καὶ ἡρώων ὀνομάζεσθαι· πλεῦσαι δὲ αὐτὸς ἱστορίας καὶ θέας ἕνεκα πομπῇ τοῦ βασιλέως εἰς τὴν ἔγγιστα κειμένην τῶν ἐρήμων ἔχουσαν οὐ πολλοὺς ⟨τοὺς⟩ ἐποικοῦντας ἱεροὺς δὲ καὶ ἀσύλους πάντας ὑπὸ τῶν Βρεττανῶν ὄντας. ἀφικομένου δ’ αὐτοῦ νεωστὶ σύγχυσιν μεγάλην περὶ τὸν ἀέρα καὶ διοσημίας πολλὰς γενέσθαι καὶ πνεύματα καταρραγῆναι καὶ πεσεῖν πρηστῆρας· ἐπεὶ δ’ ἐλώφησε, λέγειν τοὺς νησιώτας ὅτι τῶν κρεισσόνων τινὸς ἔκλειψις γέγονεν. ‘ὡς γὰρ λύχνος [F] ἀναπτόμενος’ φάναι ‘δεινὸν οὐδὲν ἔχει σβεννύμενος δὲ πολλοῖς λυπηρός ἐστιν, οὕτως αἱ μεγάλαι ψυχαὶ τὰς μὲν ἀναλάμψεις εὐμενεῖς καὶ ἀλύπους ἔχουσιν, αἱ δὲ σβέσεις αὐτῶν καὶ φθοραὶ πολλάκις μέν, ὡς νυνί, πνεύματα καὶ ζάλας τρέφουσι, πολλάκις δὲ λοιμικοῖς πάθεσι τὸν ἀέρα

---

1 ἃ Eus. **3/4** *Π.* ὁ μ. cod. O Eus. **7** τῇ *P.* Eus. **12** καὶ om. Eus. **18** πομπῆς ***Ω*** corr. Leon. **19** add. Wil. **20** ἀφιγμένου Eus. **27** ἀναλ. Π²B Eus. ἀναλήψεις ***O*** **29** ζάλ.] χαλάζας Eus. τρ. Eus. τρέπουσι ***Ω*** τὸν Eus. om. ***Ω***

420 φαρμάττουσιν.' | ἐκεῖ μέντοι μίαν εἶναι νῆσον, ἐν ᾗ τὸν Κρόνον καθεῖρχθαι φρουρούμενον ὑπὸ τοῦ Βριάρεω καθεύδοντα· δεσμὸν γὰρ αὐτῷ τὸν ὕπνον μεμηχανῆσθαι, πολλοὺς δὲ περὶ αὐτὸν εἶναι δαίμονας ὀπαδοὺς καὶ θεράποντας.

19. Ὑπολαβὼν δ' ὁ Κλεόμβροτος 'ἔχω μέν' ἔφη 'καὶ ἐγὼ τοιαῦτα διελθεῖν, ἀρκεῖ δὲ πρὸς τὴν ὑπόθεσιν τὸ μηδὲν ἐναντιοῦσθαι μηδὲ κωλύειν ἔχειν οὕτω ταῦτα. καίτοι τοὺς Στωικούς (St. V. Fr. II 1049)' ἔφη 'γιγνώσκομεν οὐ μόνον κατὰ δαιμόνων ἣν λέγω δόξαν ἔχοντας, ἀλλὰ καὶ θεῶν ὄντων τοσούτων τὸ πλῆθος ἑνὶ χρωμένους ἀιδίῳ καὶ ἀφθάρτῳ· τοὺς δ' ἄλλους καὶ γεγονέναι καὶ
B φθαρήσεσθαι νομίζοντας. Ἐπικουρείων (fr. 394) δὲ χλευασμοὺς καὶ γέλωτας οὔτι φοβητέον οἷς τολμῶσι χρῆσθαι καὶ κατὰ τῆς προνοίας μῦθον αὐτὴν ἀποκαλοῦντες. ἡμεῖς δὲ τὴν ἀπειρίαν μῦθον εἶναί φαμεν ἐν κόσμοις τοσούτοις μηδένα λόγῳ θείῳ κυβερνώμενον ἔχουσαν, ἀλλὰ πάντας ἐκ ταὐτομάτου καὶ γεγονότας καὶ συνισταμένους. εἰ δὲ χρὴ γελᾶν ἐν φιλοσοφίᾳ, τὰ εἴδωλα γελαστέον τὰ κωφὰ καὶ τυφλὰ καὶ ἄψυχα, ⟨ἃ⟩ ποιμαίνουσιν ἀπλέτους ἐτῶν περιόδους ἐπιφαινόμενα καὶ περινοστοῦντα πάντῃ, τὰ μὲν ἔτι ζώντων τὰ δὲ πάλαι κατακαέντων ἢ κατασαπέντων
C ἀπορρυέντα, φλεδόνας καὶ σκιὰς ἕλκοντες εἰς φυσιολογίαν, ἂν δὲ φῇ τις εἶναι δαίμονας οὐ φύσει μόνον ἀλλὰ καὶ λόγοις καὶ †ἀεὶ τὸ σῴζεσθαι καὶ διαμένειν πολὺν χρόνον ἔχοντας, δυσκολαίνοντες.'

20. Ῥηθέντων δὲ τούτων ὁ Ἀμμώνιος 'ὀρθῶς' ἔφη 'μοι δοκεῖ Θεόφραστος ἀποφήνασθαι· τί γὰρ κωλύει φωνὴν

---

1 ss. post 941 a scriptum, cf. Adler Diss. Vindob. X 115, 170

---

4 δὲ] γὰρ Γ cum cod. A Eus. 5 — p. 84, 15 προσ. .. desunt in D 7 κώλυσιν Ω corr. Xyl. 10 τοσ. G²X²JEB τοσοῦτον O 14 οὐκ ἀποκ. F¹ 17 ἐκ . . . γεγ. om. Γ 19 ἃ ποιμ. Wy. ποι (vel ποῖ) μένουσιν Ω 21 πάλιν ἀποκ. F¹ 22 ἕλκοντας B 24 καὶ ἀεὶ G om. J καὶ O καὶ ἀ⟨ποδείξ⟩ει dub. Po. 25 δυσκ. Emp. -ας Ω

δέξασθαι σεμνὴν καὶ φιλοσοφωτάτην; καὶ γὰρ ἀθετουμένη πολλὰ τῶν ἐνδεχομένων ἀποδειχθῆναι δὲ μὴ δυναμένων ἀναιρεῖ, καὶ τιθεμένη πολλὰ συνεφέλκεται τῶν ἀδυνάτων καὶ ἀνυπάρκτων ***.᾽ ὃ μέντοι μόνον ἀκήκοα τῶν Ἐπικουρείων λεγόντων πρὸς τοὺς εἰσαγομένους ὑπ᾽ D Ἐμπεδοκλέους (fr. 115. 122) δαίμονας, ὡς οὐ δυνατὸν εἶναι φαύλους καὶ ἁμαρτητικοὺς ὄντας μακαρίους καὶ μακραίωνας, πολλὴν τυφλότητα τῆς κακίας ἐχούσης καὶ τὸ περιπτωτικὸν τοῖς ἀναιρετικοῖς, εὔηθές ἐστιν. οὕτω γὰρ Ἐπίκουρός τε χείρων Γοργίου φανεῖται τοῦ σοφιστοῦ καὶ Μητρόδωρος Ἀλέξιδος τοῦ κωμῳδοποιοῦ· διπλάσιον γὰρ οὗτος ἔζησε Μητροδώρου, Ἐπικούρου δ᾽ ἐκεῖνος πλέον ἢ ἐπίτριτον. ἄλλως γὰρ ἰσχυρὸν ἀρετὴν καὶ κακίαν ἀσθενὲς λέγομεν, οὐ πρὸς διαμονὴν καὶ διάλυσιν σώματος· ἐπεὶ καὶ τῶν θηρίων πολλὰ ⟨μὲν⟩ δυσκίνητα καὶ νωθρὰ ταῖς ψυχαῖς ὄντα πολλὰ δ᾽ ἀκόλαστα καὶ ἄτακτα τῶν E συνετῶν καὶ πανούργων χρόνους ζῇ μακροτέρους. ὅθεν οὐκ εὖ τῷ θεῷ τὴν ἀιδιότητα ποιοῦσιν ἐκ φυλακῆς καὶ διακρούσεως τῶν ἀναιρετικῶν. ἔδει γὰρ ἐν τῇ φύσει τοῦ μακαρίου τὸ ἀπαθὲς καὶ ἄφθαρτον εἶναι μηδεμιᾶς πραγματείας δεόμενον. ἀλλ᾽ ἴσως τὸ λέγειν πρὸς μὴ παρόντας οὐκ εὔγνωμον φαίνεται. πάλιν οὖν ὁ Κλεόμβροτος ἡμῖν ὃν ἄρτι περὶ τῆς μεταστάσεως καὶ φυγῆς τῶν δαιμονίων ἀφῆκε λόγον ἀναλαβεῖν δίκαιός ἐστι.᾽

21. Καὶ ὁ Κλεόμβροτος ῾ἀλλὰ θαυμάσαιμ᾽ ἄν᾽ εἶπεν ῾εἰ μὴ πολὺ φαίνεται τῶν εἰρημένων ὑμῖν ἀτοπώτερος. καίτοι δοκεῖ φυσιολογίας ἔχεσθαι, καὶ Πλάτων αὐτῷ F

---

1 δ. σ. om. Γ 3 πολ.] οὐδὲν Turn. 4 δυνατῶν Γ lac. ind. Po., suppl. e. g. ⟨εἶναι δοκούντων, λόγῳ δὲ πιστουμένων⟩. verba Theophrasti esse vidit Wy. 6 οὐ om. G 7 εἶν.] ἐστι $A^{1p. ras.}$ x 8 μακρ. E μακρ. εἶναι O 9 αἱρετικοῖς ΓJ 12 Μητρ. GXυJ τοῦ Μητρ. O 14 ἀ. λ. οὐ X^2 εἶναι (hoc om. ΓJ) ἀσθενοῦς λεγομένου O 15 θηρίων Wy. θείων Ω add. Re. 19 διακρίσεως J 26 ὑμῖν JX^3 ἡμῖν O

παρέσχε τὸ ἐνδόσιμον οὐχ ἁπλῶς ἀποφηνάμενος ἐκ δόξης ⟨δ'⟩ ἀμαυρᾶς [καὶ] ὑπόνοιαν ἐμβαλὼν αἰνιγματώδη μετ' εὐλαβείας· ἀλλ' ὅμως πολλὴ γέγονε κἀκείνου καταβόησις
421 ὑπὸ τῶν ἄλλων φιλοσόφων. | ἐπεὶ δὲ μύθων καὶ λόγων ἀναμεμιγμένων κρατὴρ ἐν μέσῳ πρόκειται (καὶ ποῦ τις ἂν εὐμενεστέροις ἀκροαταῖς ἐπιτυχὼν ὥσπερ νομίσματα ξενικὰ τούτους δοκιμάσειε τοὺς λόγους;), οὐκ ὀκνῶ χαρίζεσθαι βαρβάρου διήγησιν ἀνδρός, ὃν πλάναις πολλαῖς καὶ μήνυτρα τελέσας μεγάλα περὶ τὴν Ἐρυθρὰν θάλασσαν ἀνθρώποις ἀνὰ πᾶν ἔτος ἅπαξ ἐντυγχάνοντα τἆλλα δὲ συνόντα νύμφαις νομάσι καὶ δαίμοσιν, ὡς ἔφασκε, μόλις ἐξανευρὼν ἔτυχον λόγου καὶ φιλοφροσύνης. κάλλιστος μὲν ἦν ὧν εἶδον ἀνθρώπων ὀφθῆναι νόσου τε πάσης ἀπαθὴς
B διετέλει, καρπόν τινα πόας φαρμακώδη καὶ πικρὸν ἑκάστου μηνὸς ἅπαξ προσφερόμενος· γλώσσαις δὲ πολλαῖς ἤσκητο χρῆσθαι, πρὸς δ' ἐμὲ τὸ πλεῖστον ἐδώριζεν οὐ πόρρω μελῶν. φθεγγομένου δὲ τὸν τόπον εὐωδία κατεῖχε τοῦ στόματος ἥδιστον ἀποπνέοντος. ἡ μὲν οὖν ἄλλη μάθησις καὶ ἱστορία συνῆν αὐτῷ τὸν πάντα χρόνον· εἰς δὲ μαντικὴν ἐνεπνεῖτο μίαν ἡμέραν ἔτους ἑκάστου καὶ προεθέσπιζε κατιὼν ἐπὶ θάλατταν, ἐπεφοίτων δὲ καὶ δυνάσται καὶ γραμματεῖς βασιλέων εἶτ' ἀπῄεσαν. ἐκεῖνος οὖν τὴν μαντικὴν ἀνῆγεν εἰς δαίμονας· πλεῖστον δὲ Δελφῶν λόγον εἶχε καὶ τῶν λεγομένων περὶ τὸν Διόνυσον ἐνταῦθα καὶ
C δρωμένων ἱερῶν οὐδενὸς ἀνήκοος ἦν, ἀλλὰ κἀκεῖνα δαιμό-

---

1 cf. 421 f 22 ἐκεῖνος — 86, 6 παρων. cit. Euseb. Praep. Evang. V 5

---

1 οὐ χαλεπῶς G (οὐχ ἁ. in mg. m. 4) ἐκ om. Γ 2 add. Leon. del. Pat. 6 ἂν Wy. ἐν Ω 7 δοκιμάσει GJ -σεις υ οὐκ ὀκνῶ A^mg. οὐχ ὁρῶ O οὐ φθονῶ Schw. 9 post θάλασσαν add. εὗρον Jx 11 συνόντα Re. σὺν ταῖς Ω καὶ — p. 116, 23 ἀποδ. desunt in X 14 διατελεῖ ΓJ 15 ... φερόμενος denuo inc. D 20 ἀνεπν. Γ 23 πλ. Eus. ἥδιστον (ἥκιστα cum lac. 12 litt. E) Ω 24 καὶ τῶν BEus. καὶ περὶ τῶν O

νων ἔφασκεν εἶναι πάθη μεγάλα καὶ ταῦτα δὴ τὰ περὶ ⟨τὸν⟩ Πύθωνα. τῷ δ' ἀποκτείναντι μήτ' ἐννέα ἐτῶν μήτ' εἰς τὰ Τέμπη γενέσθαι μετὰ τοῦτο τὴν φυγήν, ἀλλ' ἐκπεσόντ' ἐλθεῖν εἰς ἕτερον κόσμον, ὕστερον δ' ἐκεῖθεν ἐνιαυτῶν μεγάλων ἐννέα περιόδοις ἁγνὸν γενόμενον καὶ Φοῖβον ἀληθῶς κατελθόντα τὸ χρηστήριον παραλαβεῖν τέως ὑπὸ Θέμιδος φυλαττόμενον. οὕτως δ' ἔχειν καὶ τὰ Τυφωνικὰ καὶ τὰ Τιτανικά· δαιμόνων μάχας γεγονέναι πρὸς δαίμονας εἶτα φυγὰς τῶν κρατηθέντων ἢ δίκας ὑπὸ θεοῦ τῶν ἐξαμαρτόντων, οἷα Τυφὼν λέγεται περὶ Ὄσιριν ἐξαμαρτεῖν καὶ Κρόνος περὶ Οὐρανόν, ὧν ἀμαυρότεραι γεγόνασιν D
αἱ τιμαὶ παρ' ἡμῖν ἢ καὶ παντάπασιν ἐκλελοίπασι μεταστάντων εἰς ἕτερον κόσμον. ἐπεὶ καὶ Σολύμους πυνθάνομαι τοὺς Λυκίων προσοίκους ἐν τοῖς μάλιστα τιμᾶν τὸν Κρόνον· ἐπεὶ δ' ἀποκτείνας τοὺς ἄρχοντας αὐτῶν, Ἄρσαλον καὶ Δρύον καὶ Τρωσοβιόν, ἔφυγε καὶ μετεχώρησεν ὁποιδήποτε (τοῦτο γὰρ οὐκ ἔχουσιν εἰπεῖν), ἐκεῖνον μὲν ἀμεληθῆναι, τοὺς δὲ περὶ τὸν Ἄρσαλον σκιρροὺς θεοὺς προσαγορεύεσθαι, καὶ τὰς κατάρας ἐπὶ τούτων ποιεῖσθαι δημοσίᾳ καὶ ἰδίᾳ Λυκίους. τούτοις μὲν οὖν ὅμοια πολλὰ λαβεῖν ἔστιν ἐκ τῶν μυθολογουμένων. ‘εἰ δὲ τοῖς νενομισμένοις E
τῶν θεῶν ὀνόμασι δαίμονάς τινας καλοῦμεν, οὐ θαυμαστέον' εἶπεν ὁ ξένος· ‘ᾧ γὰρ ἕκαστος θεῷ συντέτακται

---

7 ss. cf. 360 f 13 *ἐπεὶ* — 20 *Λυκ.* cit. Theodoret. Graec. aff. cur. III 57

---

1 *τὰ περὶ* E Eus. *περὶ* **O** add. Schw. 2 *Πυθ.*] *τὴν Πυθίαν* Eus. 3 *μ. τοῦτο* Pat., *μ. τὸ* E *μ. τοῦ* **O** om. Eus. 3/4 *τὴν . . . κόσμον* Eus. *φυγεῖν αὐτὸν ἐκπ. κόσμ.* **Ω** 6 *ὡς ἀλ.* Eus. *καὶ ἐλθόντα* **Ω** corr. ex Eus. 7 *ἔχ.* Eus. *-ει* **Ω** *ἢ δίκας* DEus. *δικώιοις* GvF[1]J *δικαιώσεις* **O** 12 *παρ' ἡμ.* Eus. om. **Ω** *ἐκλ.* Eus. om. **Ω** 15 *ἀρχ.*] *ἀρχηγέτας* Eus. 16 *Δρ.*] *ἄρυον* Theod. *ἄροιον* cod. A Eus. *ἄρυτον* cett. Eus. *τρώσοβιν* G[4] *τροσοβιόν* D *τόσιβιν* Eus. Suid. s. v. *τόσοβιν* Theod. 17 *ἐκ.* Eus. Theod. *ἐκείνους* **Ω** 18 *σκ.* Theod. *σκιροὺς* Eus. *σκληροὺς* **Ω** *προσαγορεύοντας* B *-τες* FΠ *προσαγορεῦσαι* Theod. 19 *τούτων* Eus. Theod. *τούτῳ* **Ω** 21 *μυθ.* GvDJEus. *θεολ.* **O**

καὶ οὗ τῆς δυνάμεως καὶ τιμῆς μετείληχεν, ἀπὸ τούτου φιλεῖ καλεῖσθαι. καὶ γὰρ ἡμῶν ὁ μέν τίς ἐστι Δῖος ὁ δ' Ἀθήναιος ὁ δ' Ἀπολλώνιος ἢ Διονύσιος ἢ Ἑρμαῖος· ἀλλ' ἔνιοι μὲν ὀρθῶς κατὰ τύχην ἐκλήθησαν, οἱ δὲ πολλοὶ μηδὲν προσηκούσας ἀλλ' ἐνηλλαγμένας ἐκτήσαντο θεῶν παρωνυμίας.''

22. Σιωπήσαντος δὲ τοῦ Κλεομβρότου πᾶσι μὲν ὁ λόγος ἐφάνη θαυμαστός, τοῦ δ' Ἡρακλέωνος πυθομένου πῇ
F ταῦτα προσήκει Πλάτωνι καὶ πῶς ἐκεῖνος τὸ ἐνδόσιμον τῷ λόγῳ τούτῳ παρέσχεν, ὁ Κλεόμβροτος 'εὖ μνημονεύεις' εἶπεν 'ὅτι τὴν μὲν ἀπειρίαν αὐτόθεν ἀπέγνω τῶν κόσμων, |
422 περὶ δὲ πλήθους ὡρισμένου διηπόρησε, καὶ μέχρι τῶν πέντε τοῖς ὑποτιθεμένοις κατὰ στοιχεῖον ἕνα κόσμον ἐπιχωρήσας τὸ εἰκὸς αὐτὸς ἑαυτὸν ἐφ' ἑνὸς ἐτήρησεν. καὶ δοκεῖ τοῦτο Πλάτωνος ἴδιον εἶναι, τῶν ἄλλων σφόδρα φοβηθέντων τὸ πλῆθος, ὡς τοὺς ἑνὶ τὴν ὕλην μὴ ὁρίσαντας ἀλλ' ἐκβάντας εὐθὺς ἀορίστου καὶ χαλεπῆς ἀπειρίας ὑπολαμβανούσης'. 'ὁ δὲ ξένος' ἔφην ἐγώ 'περὶ πλήθους κόσμων ὥριζεν ᾗ Πλάτων ἤ, ὅτε συνεγένου τῷ ἀνδρὶ τούτῳ, οὐδὲ διεπειράθης;' 'ἀλλ' οὐκ ἔμελλον' εἶπεν ὁ Κλεόμβροτος 'εἰ μηδὲν ἄλλο, τῶν περὶ ταῦτα λιπαρὴς εἶναι καὶ
B πρόθυμος ἀκροατὴς ἐνδιδόντος ἑαυτὸν ἵλεων καὶ παρέχοντος; ἔλεγε δὲ μήτ' ἀπείρους μήθ' ἕνα μήτε πέντε κόσμους, ἀλλὰ τρεῖς καὶ ὀγδοήκοντα καὶ ἑκατὸν εἶναι συντεταγμένους κατὰ σχῆμα τριγωνοειδές, οὗ πλευρὰν ἑκάστην ἑξήκοντα κόσμους ἔχειν· τριῶν δὲ τῶν λοιπῶν

9 ss. cf. Plato Tim. 55 c d; cf. 389 f 430 b 23 ss. cf. Procl. in Tim. p. 138 b

1 καὶ ... μετ. Eus. καὶ παρ' οὗ δυνάμεως καὶ τιμῆς εἴληχεν Ω 2 Δῖος Eus. Δίιος Ω 4 μὲν οὖν FΠB 8 πῇ Turn. μὴ Ω 9 προσήκ. Vat. Reg. Gr. 80 -ειν O 11 τὸν κόσμον G[1]vD 16 φοβηθέντος Pat. ἑνὶ Wy. ἐπὶ Ω 19 ᾗ Xyl. ἢ Ω ἤ ὅτε συν. Xyl. in vers. Lat. ὅθεν εὖ (eorum loco lac. 5 litt. E) ἐγένου Ω , τούτων Michael 21 τῶν Mez. τῷ Ω 25 κατὰ om. FΠB οὗ — 26 λοιπ. om. G in mg. add. G[4]

ἕκαστον ἱδρῦσθαι κατὰ γωνίαν, ἅπτεσθαι δὲ τοὺς ἐφεξῆς
ἀλλήλων ἀτρέμα περιιόντας ὥσπερ ἐν χορείᾳ· τὸ δ' ἐντὸς
ἐπίπεδον τοῦ τριγώνου κοινὴν ἑστίαν εἶναι πάντων, καλεῖ-
σθαι δὲ πεδίον ἀληθείας, ἐν ᾧ τοὺς λόγους καὶ τὰ εἴδη καὶ
τὰ παραδείγματα τῶν γεγονότων καὶ τῶν γενησομένων
ἀκίνητα κεῖσθαι, καὶ περὶ αὐτὰ τοῦ αἰῶνος ὄντος οἷον
ἀπορροὴν ἐπὶ τοὺς κόσμους φέρεσθαι τὸν χρόνον. ὄψιν δὲ C
τούτων καὶ θέαν ψυχαῖς ἀνθρωπίναις ἅπαξ ἐν ἔτεσι μυ-
ρίοις ὑπάρχειν, ἄν γ' εὖ βιώσωσι· καὶ τῶν ἐνταῦθα τελετῶν
τὰς ἀρίστας ἐκείνης ὄνειρον εἶναι τῆς ἐποπτείας καὶ
τελετῆς· καὶ τοὺς λόγους ἀναμνήσεως ἕνεκα τῶν ἐκεῖ
φιλοσοφεῖσθαι καλῶν ἢ μάτην περαίνεσθαι. ταῦτ'' ἔφη
'περὶ τούτων μυθολογοῦντος ἤκουον ἀτεχνῶς καθάπερ
ἐν τελετῇ καὶ μυήσει, μηδεμίαν ἀπόδειξιν τοῦ λόγου μηδὲ
πίστιν ἐπιφέροντος.'

23. Κἀγὼ τὸν Δημήτριον προσαγορεύσας 'πῶς ἔχει'
ἔφην 'τὰ τῶν μνηστήρων ἔπη τὸν Ὀδυσσέα θαυμασάντων
τὸ τόξον μεταχειριζόμενον;' ὑπομνησθέντος δὲ τοῦ Δημη- D
τρίου 'ταῦτ'' ἔφην 'ἐπέρχεται κἀμοὶ περὶ τοῦ ξένου
εἰπεῖν (φ 397)

'ἦ τις θηητὴρ καὶ ἐπίκλοπος ἔπλετο'

δογμάτων δὲ καὶ λόγων παντοδαπῶν, καὶ πολυπλανὴς ἐν
γράμμασι καὶ οὐ βάρβαρος ἀλλ' Ἕλλην γένος ἦν, πολλῆς
Ἑλληνίδος μούσης ἀνάπλεως. ἐλέγχει δ' αὐτὸν ὁ τῶν
κόσμων ἀριθμὸς οὐκ ὢν Αἰγύπτιος οὐδ' Ἰνδὸς ἀλλὰ
Δωριεὺς ἀπὸ Σικελίας, ἀνδρὸς Ἱμεραίου τοὔνομα Πέτρω-
νος. αὐτοῦ μὲν ἐκείνου βιβλίδιον οὐκ ἀνέγνων οὐδ' οἶδα
διασῳζόμενον, Ἵππυς δ' ὁ Ῥηγῖνος (fr. 6 M.), οὗ μέμνηται
Φανίας ὁ Ἐρέσιος (fr. 12 W.), ἱστορεῖ δόξαν εἶναι ταύτην
Πέτρωνος καὶ λόγον, ὡς ἑκατὸν καὶ ὀγδοήκοντα καὶ τρεῖς E

---

5 τῶν² om. GvFJB 7 κόσμ. E χρόνους *O* 11 ἀναμν. Wy. ἀνέμνησας J -σεν *O* 12 ἔφη Mez. ἔφην *Ω* 21 θηρητὴρ *Ω* 22 δὲ] τε ss. G⁴J δὴ Pat. 27 μὲν ⟨οὖν⟩ Po. 29 αἱρέσιος *Ω* corr. Xyl.

*κόσμους ὄντας ἁπτομένους δ' ἀλλήλων κατὰ στοιχεῖον·
ὅ τι δὲ τοῦτ' ἐστί, τὸ κατὰ στοιχεῖον ἅπτεσθαι, μὴ προσ-
διασαφῶν μηδ' ἄλλην τινὰ πιθανότητα προσάπτων.' ὑπο-
λαβὼν δ' ὁ Δημήτριος 'τίς δ' ἂν' εἶπεν 'ἐν τοιούτοις
πράγμασιν εἴη πιθανότης, ὅπου καὶ Πλάτων οὐδὲν εἰπὼν
εὔλογον οὐδ' εἰκὸς οὕτω κατέβαλε τὸν λόγον;' καὶ ὁ
Ἡρακλέων 'ἀλλὰ μὴν ὑμῶν' ἔφη 'τῶν γραμματικῶν ἀκούο-
μεν εἰς Ὅμηρον* (O 187) *⟨ἀν⟩αγόντων τὴν δόξαν, ὡς
ἐκείνου τὸ πᾶν εἰς πέντε κόσμους διανέμοντος, οὐρανὸν*
F *ὕδωρ ἀέρα γῆν ὄλυμπον. ὧν τὰ μὲν δύο κοινὰ καταλείπει,
γῆν μὲν τοῦ κάτω παντὸς οὖσαν ὄλυμπον δὲ τοῦ ἄνω
παντός· οἱ δ' ἐν μέσῳ τρεῖς τοῖς τρισὶ θεοῖς ἀπεδόθησαν.
οὕτω δὲ καὶ Πλάτων* (Tim. 31a) *ἔοικε τὰ κάλλιστα καὶ
πρῶτα σωμάτων εἴδη καὶ σχήματα συννέμων ταῖς τοῦ*
423 *ὅλου διαφοραῖς | πέντε κόσμους καλεῖν, τὸν γῆς τὸν ὕδατος
τὸν ἀέρος τὸν πυρός, ἔσχατον δὲ τὸν περιέχοντα τούτους,
ᾧ τὸ τοῦ δωδεκαέδρου πολύχυτον καὶ πολύτρεπτον ὡς
μάλιστα δὴ ταῖς ψυχικαῖς περιόδοις καὶ κινήσεσι πρέπον
σχῆμα καὶ συναρμόττον ἀπέδωκε.' καὶ ὁ Δημήτριος 'Ὅμη-
ρον' ἔφη 'τί κινοῦμεν ἐν τῷ παρόντι; μύθων γὰρ ἅλις.
Πλάτων δὲ πολλοῦ δεῖ τὰς πέντε τοῦ κόσμου διαφορὰς
πέντε κόσμους προσαγορεύειν, ἐν οἷς τε μάχεται τοῖς
ἀπείρους κόσμους ὑποτιθεμένοις, αὐτὸς ἤδη φησὶ δοκεῖν
ἕνα τοῦτον εἶναι μονογενῆ τῷ θεῷ καὶ ἀγαπητόν, ἐκ τοῦ*
B *σωματοειδοῦς παντὸς ὅλον καὶ τέλειον καὶ αὐτάρκη γεγε-
νημένον. ὅθεν ἄν τις καὶ θαυμάσειεν, ὅτι τἀληθὲς εἰπὼν
αὐτὸς ἑτέροις ἀπιθάνου καὶ λόγον οὐκ ἐχούσης ἀρχὴν*

---

9 cf. 390 c   13 ss. cf. 390 a 887 b

---

1 *δ'* om. G^1 2 *δὲ* G^1D *δὴ* ***O***   *τὸ* G^4E om. ***O***   4 *δ' ὁ* Bern. *δὲ* ***Ω***   5 ad *πράγμ.* cf. p. 103, 2 105, 25 *προστάγμασιν* G   6 *κατέβ.* ss. G^3; E Leon. *κατέλαβε* ***O***   8 add. Stegm.   12 *ἀπέδοσαν* GvD(in ras.)J   17 *ᾧ τὸ* Pat. *ᾧ τὸν* F^2 *ᾧ* GvF'J *ὃ* D *τὸν* ***O***   *ὡς*] *ὧ* AB *ὃ* E   18 *ψυχαῖς* ΓJα   23 *αὐτὸς ἤδη* Schw. *αὕτη δὴ* ***Ω***

παρέσχε διανομῆς. τὸ μὲν γὰρ ἕνα μὴ φυλάξαι κόσμον εἶχεν ἁμωσγέπως ὑπόθεσιν τὴν τοῦ παντὸς ἀπειρίαν, τὸ δ᾽ ἀφωρισμένως ποιῆσαι τοσούτους καὶ μήτε πλείους τῶν πέντε μήτ᾽ ἐλάττους κομιδῇ παράλογον καὶ πάσης πιθανότητος ἀπηρτημένον, εἰ μή τι σὺ λέγεις᾽ ἔφη πρὸς ἐμὲ βλέψας. κἀγώ ʻδοκεῖ γὰρ οὕτως᾽ ἔφην ʻἀφέντας ἤδη τὸν περὶ χρηστηρίων λόγον ὡς τέλος ἔχοντα μεταλαμβάνειν ἕτερον τοσοῦτον;᾽ ʻοὐκ ἀφέντας᾽ εἶπεν ὁ Δημήτριος ʻἐκεῖ- C νον, ἀλλὰ μὴ παρελθόντας τοῦτον ἀντιλαμβανόμενον ἡμῶν. οὐ γὰρ ἐνδιατρίψομεν, ἀλλ᾽ ὅσον ἱστορῆσαι τὴν πιθανότητα θιγόντες αὐτοῦ μέτιμεν ἐπὶ τὴν ἐξ ἀρχῆς ὑπόθεσιν.᾽

24. ʻΠρῶτον τοίνυν᾽ ἔφην ἐγώ ʻτὰ κωλύοντα ποιεῖν κόσμους ἀπείρους οὐκ ἀπείργει πλείονας ἑνὸς ποιεῖν. καὶ γὰρ θεὸν ἔστιν εἶναι καὶ μαντικὴν καὶ πρόνοιαν ἐν πλείοσι κόσμοις καὶ τὸ μικροτάτην ⟨μὲν⟩ τύχην παρεμπίπτειν, τὰ δὲ πλεῖστα καὶ μέγιστα τάξει λαμβάνειν γένεσιν καὶ μεταβολήν, ὧν οὐδὲν ἡ ἀπειρία δέχεσθαι πέφυκεν. ἔπειτα τῷ λόγῳ μᾶλλον ἕπεται τὸ τῷ θεῷ μὴ μονογενῆ μηδ᾽ ἔρημον εἶναι τὸν κόσμον. ἀγαθὸς γὰρ ὢν τελέως D οὐδεμιᾶς ἀρετῆς ἐνδεής ἐστιν, ἥκιστα δὲ τῶν περὶ δικαιοσύνην καὶ φιλίαν· κάλλισται γὰρ αὗται καὶ θεοῖς πρέπουσαι. μάτην δ᾽ οὐδὲν ἔχειν οὐδ᾽ ἄχρηστον θεὸς πέφυκεν. εἰσὶν οὖν ἐκτὸς ἕτεροι θεοὶ καὶ κόσμοι, πρὸς οὓς χρῆται ταῖς κοινωνικαῖς ἀρεταῖς· οὐ γὰρ πρὸς αὑτὸν οὐδὲ μέρος αὑτοῦ χρῆσίς ἐστι δικαιοσύνης ἢ χάριτος ἢ χρηστότητος ἀλλὰ πρὸς ἄλλους. ὥστ᾽ οὐκ εἰκὸς ἄφιλον οὐδ᾽ ἀγείτονα τόνδ᾽ οὐδ᾽ ἄμικτον ἐν ἀπείρῳ κενῷ τὸν κόσμον σαλεύειν.

1 διαν. Po. lac. 7 litt. E δι᾽ αὐτῆς *O* 2 ἐπήρειαν *Γ* (ἀπειρ. ss. G²) J 6/7 τῶν π. τῶν χ. J τὸν π. τ. χ. G 7 μεταλαβεῖν G 9/10 ἀλλὰ . . . ἡμῶν lac. 50 litt. E 14 κόσμ. — ποιεῖν om. G in mg. add. G⁴ 15 θεὸν Schw. ὅσον *Ω* 16 add. Si. 17 τάξ. *Γ*J -ιν *O* λαμβ. Basil. -νει *Ω* 21 τῶν G τῷ vel τὸ *O* 22 αὑτ. Turn. αὐτῷ *Ω* 24 οὓς Turn. οἷς *Ω* 25 οὐ] οὐδὲ *Π*B 27 τόνδ᾽] τὸν GvD τὸν θεὸν Si.

ἐπεὶ καὶ τὴν φύσιν ὁρῶμεν ⟨τὰ⟩ καθ' ἕκαστα γένεσιν καὶ
εἴδεσιν οἷον ἀγγείοις ἢ περικαρπίοις σπέρματα περιέχου-
E *σαν· οὐδὲν γὰρ ἐν ἀριθμῷ τῶν ὄντων ἔστιν, οὗ γε μὴ*
λόγος ὑπάρχει κοινός, οὐδὲ τυγχάνει τῆς τοιᾶσδε προση-
γορίας ὃ μὴ κοινῶς ποιὸν ⟨ἢ⟩ ἰδίως ἐστίν. ὁ δὲ κόσμος
οὐ λέγεται κοινῶς εἶναι ποιός· ἰδίως τοίνυν ποιός ἐστιν
ἐκ διαφορᾶς τῆς πρὸς ἄλλα συγγενῆ καὶ ὁμοειδῆ γεγονὼς
τοιοῦτος. εἰ γὰρ οὔτ' ἄνθρωπος εἷς οὔθ' ἵππος ἐν τῇ
φύσει γέγονεν οὔτ' ἄστρον οὔτε θεὸς οὔτε δαίμων, τί
κωλύει μηδὲ κόσμον ἕνα τὴν φύσιν ἔχειν ἀλλ' ἢ πλείονας;
ὁ γὰρ λέγων, ὅτι καὶ γῆν μίαν ἔχει καὶ θάλατταν, ἐμφανές
τι παρορᾷ τὸ τῶν ὁμοιομερῶν· τήν τε γὰρ γῆν εἰς ὁμώ-
F *νυμα μέρη καὶ τὴν θάλατταν ὡσαύτως διαιροῦμεν, τοῦ*
δὲ κόσμου μέρος οὐκέτι κόσμος ἀλλ' ἐκ διαφόρων φύσεων
424 *συνέστηκε.* | (25.) *καὶ μὴν ὅ γε μάλιστα φοβηθέντες*
ἔνιοι καταναλίσκουσιν τὴν ὕλην εἰς τὸν κόσμον ἅπασαν,
ὡς μηδὲν ὑπολειπόμενον ἐκτὸς ἐνστάσεσιν ἢ πληγαῖς δια-
ταράττοι τὴν τοῦδε σύστασιν, οὐκ ὀρθῶς ἔδεισαν. πλειό-
νων γὰρ ὄντων κόσμων ἰδίᾳ δ' ἑκάστου συνειληχότος
οὐσίᾳ καὶ ὕλῃ μέτρον ὡρισμένον ἐχούσῃ καὶ πέρας, οὐδὲν
ἄτακτον οὐδ' ἀκατακόσμητον οἷον περίττωμα λειφθήσεται
προσπῖπτον ἔξωθεν. ὁ γὰρ περὶ ἕκαστον λόγος ἐγκρατὴς
ὢν τῆς συννενεμημένης ὕλης οὐδὲν ἔκφορον ἐάσει καὶ
πλανώμενον ἐμπεσεῖν εἰς ἄλλον οὐδ' εἰς ἑαυτὸν ἐξ ἄλλου
διὰ τὸ μήτε πλῆθος ἀόριστον καὶ ἄπειρον τὴν φύσιν ἔχειν
B *μήτε κίνησιν ἄλογον καὶ ἄτακτον. εἰ δὲ καί τις ἀπορροὴ*
φέρεται πρὸς ἑτέρους ἀφ' ἑτέρων, ὁμόφυλον ⟨εἰκὸς⟩

---

1 add. Anon. **2** *περικαρποῖς* vel *περὶ κ. Γ* *σπέρματος* **Ω** corr. Re. **3** *οὗ γε μὴ* Wy. *οὐδὲ μὴ* ΓJ *οὐδὲ μὴν* **O** **5** add. Madv. **6** *κοιν.... ἰδ.*] *κοινὸς εἶ. ποῖοι* (-ος D) *δ' ὡς* **Ω** corr. Wy. Emp. Madv. *ποιὸς . . . τοίνυν*] lac. 17 litt. E **7** *ἄλλας συγγενοῦς κ. ὁμοειδῆς* D *ἄλλας* (vel *ἄλληλα*) *συγγενὴς κ. μονοειδὴς* **O** corr. Wy. **8** *ἵππος εἷς* J **16** *εἰς ἕνα τὸν* Herw. **17** *ὑπολ.* Turn. *-ομένην* **Ω** **22** *λόγον* **Ω** (om. *ν*) corr. Turn. **26** *ἀπορρυῇ Γ* (*ἀ. καὶ* G[3]) *ἀλόγως ἀπορρυεῖσα* J **27** add. Bern.

εἶναι καὶ προσηνῆ καὶ πᾶσιν ἠπίως ἐπιμιγνυμένην ὥσπερ αἱ τῶν ἀστέρων αὐγαὶ καὶ συγκράσεις, αὐτούς τε τέρπεσθαι καθορῶντας ἀλλήλους εὐμενῶς, θεοῖς τε πολλοῖς καὶ ἀγαθοῖς καθ' ἕκαστον οὖσι παρέχειν ἐπιμιξίας καὶ φιλοφροσύνας. ἀδύνατον γὰρ οὐδέν ἐστι τούτων οὔτε μυθῶδες οὔτε παράλογον, εἰ μὴ νὴ Δία τὰ τοῦ Ἀριστοτέλους (de caelo 276 a 18 ss.) ὑπόψονταί τινες ὡς φυσικὰς αἰτίας ἔχοντα. τῶν γὰρ σωμάτων ἑκάστου τόπον οἰκεῖον ἔχοντος, ὥς φησιν, ἀνάγκη τὴν γῆν πανταχόθεν ἐπὶ τὸ μέσον φέρεσθαι καὶ τὸ ὕδωρ ἐπ' αὐτῆς διὰ βάρος ὑφιστά- C
μενον τοῖς κουφοτέροις. ἂν οὖν πλείονες ὦσι κόσμοι, συμβήσεται τὴν γῆν πολλαχοῦ μὲν ἐπάνω τοῦ πυρὸς καὶ τοῦ ἀέρος κεῖσθαι πολλαχοῦ δ' ὑποκάτω· καὶ τὸν ἀέρα καὶ τὸ ὕδωρ ὁμοίως πῇ μὲν ἐν ταῖς κατὰ φύσιν χώραις ὑπάρχειν, πῇ δ' ἐν ταῖς παρὰ φύσιν· ὧν ἀδυνάτων ὄντων, ὡς οἴεται, μήτε δύο μήτε πλείονας εἶναι κόσμους, ἀλλ' ἕνα τοῦτον ἐκ τῆς οὐσίας ἁπάσης συγκείμενον, ἱδρυμένον κατὰ φύσιν, ὡς προσήκει ταῖς τῶν σωμάτων διαφοραῖς.

(**26.**) ἀλλὰ καὶ ταῦτα πιθανῶς μᾶλλον ἢ ἀληθῶς εἴρηται· σκόπει δ' οὕτως' ἔφην 'ὦ φίλε Δημήτριε. τῶν γὰρ σωμάτων τὰ μὲν ἐπὶ τὸ μέσον καὶ κάτω κινεῖσθαι λέγων τὰ D
δ' ἀπὸ τοῦ μέσου καὶ ἄνω τὰ δὲ περὶ τὸ μέσον καὶ κύκλῳ, πρὸς τί λαμβάνει τὸ μέσον; οὐ δήπου πρὸς τὸ κενόν· οὐ γάρ ἐστι κατ' αὐτόν. καθ' οὓς δ' ἔστιν, οὐκ ἔχει μέσον, ὥσπερ οὐδὲ πρῶτον οὐδ' ἔσχατον· πέρατα γὰρ ταῦτα, τὸ δ' ἄπειρον καὶ ἀπεράτωτον. εἰ δὲ καὶ βιάσαιτό τις

---

7 cf. 389 f 19 ss. cf. 925 f 1054 b; Adler l. c. p. 131 ss.

---

1 ἠπ. D οἰκείως *O* 2 αὐγ.] αὗται GυD καὶ eras. G[1] 6 οὐδὲ παρ. υFDΠ τ. τ. ἀρ. JAld. τοῦ (τοῖς Π[2]B) ἀρ. *O* 7/8 φ. αἰ.] φυσικὰς ΓG[3] -κῶς G[2]J (λείπει τὸν λόγον G[3 mg.]) 10 αὐτῇ Schw. 15 πῇ δ' . . . φύσιν B om. *O* ὧ. ἀ. ὄ.] πῇ δ' οὕτων (!) ὄντων J 20 ἔφην BE ἔφη *O* 24 οὓς Xyl. in vers., οὗ *Ω* 26 καὶ[1] om. GυDJ

αὐτὸν λόγου βίᾳ κενοῦ μέσον ἀπείρου τι ὁμολογῆσαι, τίς ἡ πρὸς τοῦτο γιγνομένη τῶν κινήσεων διαφορὰ τοῖς σώμασι; οὔτε γὰρ ἐν τῷ κενῷ δύναμίς ἐστι ⟨κρατοῦσα⟩ τῶν σωμάτων οὔτε τὰ σώματα προαίρεσιν ἔχει καὶ ὁρμήν, ᾗ τοῦ μέσου γλίχεται καὶ πρὸς τοῦτο συντείνει
E πανταχόθεν. ἀλλ' ὁμοίως ἄπορόν ἐστιν ἀψύχων σωμάτων πρὸς ἀσώματον χώραν καὶ ἀδιάφορον ἢ φορὰν ἐξ αὐτῶν ἢ ὁλκὴν ὑπ' ἐκείνης γιγνομένην νοῆσαι. λείπεται τοίνυν τὸ μέσον οὐ τοπικῶς ἀλλὰ σωματικῶς λέγεσθαι. τοῦδε γὰρ τοῦ κόσμου μίαν ἐκ πλειόνων σωμάτων καὶ ἀνομοίων ἑνότητα καὶ σύνταξιν ἔχοντος αἱ διαφοραὶ τὰς κινήσεις ἄλλοις πρὸς ἄλλα ποιοῦσιν ἐξ ἀνάγκης. δῆλον δὲ τῷ μετακοσμούμενα ταῖς οὐσίαις ἕκαστα καὶ τὰς χώρας ἅμα συμμεταβάλλειν· αἱ μὲν γὰρ διακρίσεις ἀπὸ τοῦ μέσου τὴν ὕλην αἰρομένην ἄνω κύκλῳ διανέμουσιν· αἱ δὲ συγκρίσεις
F καὶ πυκνώσεις πιέζουσι κάτω πρὸς τὸ μέσον καὶ συνελαύνουσι. (27.) περὶ ὧν οὐκ ἀναγκαῖον ἐνταῦθα πλείοσι λόγοις χρῆσθαι. ἣν γὰρ ἄν τις ὑπόθηται τῶν παθῶν τούτων καὶ μεταβολῶν αἰτίαν εἶναι δημιουργόν, αὕτη συνέξει τῶν κόσμων ἕκαστον ἐν ἑαυτῷ. καὶ γὰρ γῆν καὶ
425 θάλατταν ἕκαστος ἔχει κόσμος· | ἔχει γὰρ καὶ μέσον ἕκαστος ἴδιον καὶ πάθη σωμάτων καὶ μεταβολὰς καὶ φύσιν καὶ δύναμιν, ⟨ἣ⟩ σῴζει καὶ φυλάττει κατὰ χώραν ἕκαστον. τοῦ μὲν γὰρ ἐκτός, εἴτ' οὐδέν ἐστιν εἴτε κενὸν

---

12 ss. cf. 123 a

---

1 λόγῳ Ω corr. Emp. κεν. μ. Wy. κινούμενον Ω ἀπ. Emp. ἄπειρον Ω ἀπ. . . . τίς lac. 21 litt. E τι ὁμ. Xyl. τολμῆσαι Ω τίς] τι DJ τίς ⟨ἂν φαίνοιτο⟩ Schw. (lac. 5 litt. B) 2 τοῦτον GrJ 3 add. Wil. 4 τῶν om. J 5 ᾗ J ᾖ GDE ἢ O 6 ὁμ. Madv. ὅμως Ω 7 χώρ. Mez. χωρεῖν Ω διάφ. J 12 ἄλλοις πρ. ἄλ. Pat. ἄλλους (ἄλλας DEB) πρ. ἄλλας (ἄλλους G) Ω τὸ G¹vFJΠ 16 μέτρον GvDJ 18 ᾗ vel ᾖ GvD 19 μετ. G τῶν μετ. O 20 τὸν κόσμον Ω corr. Re. 23 add. Mez.

ἄπειρον, οὐχ ὑπάρχει μέσον, ὡς εἴρηται· πλειόνων δὲ κόσμων ὄντων καθ' ἕκαστόν ἐστιν ἴδιον μέσον· ὥστε κίνησις ἰδία τοῖς μὲν ἐπὶ τοῦτο τοῖς δ' ἀπὸ τούτου τοῖς δὲ περὶ τοῦτο, καθάπερ αὐτοὶ διαιροῦσιν. ὁ δ' ἀξιῶν πολλῶν μέσων ὄντων ἐφ' ἓν μόνον ὠθεῖσθαι τὰ βάρη πανταχόθεν οὐδὲν διαφέρει τοῦ πολλῶν ὄντων ἀνθρώπων ἀξιοῦντος εἰς μίαν φλέβα τὸ πανταχόθεν αἷμα συρρεῖν καὶ μιᾷ μήνιγγι τοὺς πάντων ἐγκεφάλους περιέχεσθαι, δεινὸν ἡγούμενος, εἰ τῶν φυσικῶν σωμάτων οὐ μίαν ἅπαντα τὰ B
στερρὰ καὶ μίαν τὰ μανὰ χώραν ἐφέξει. καὶ γὰρ οὗτος ἄτοπος ἔσται κἀκεῖνος ἀγανακτῶν, εἰ τὰ ὅλα τοῖς αὑτῶν μέρεσι χρῆται τὴν κατὰ φύσιν θέσιν ἔχουσιν ἐν ἑκάστῳ καὶ τάξιν. ἐκεῖνο γὰρ ἦν ἄτοπον, εἴ τις ἔλεγε κόσμον εἶναι τὸν ἐν αὑτῷ ⟨μέσην τὴν⟩ σελήνην ἔχοντα καθάπερ ἄνθρωπον ἐν ταῖς πτέρναις τὸν ἐγκέφαλον φοροῦντα καὶ τὴν καρδίαν ἐν τοῖς κροτάφοις. τὸ δὲ πλείονας ποιοῦντας χωρὶς ἀλλήλων κόσμους ἅμα τοῖς ὅλοις τὰ μέρη συναφορίζειν καὶ συνδιαιρεῖν οὐκ ἄτοπον· ἡ γὰρ ἐν ἑκάστῳ γῆ καὶ θάλασσα καὶ οὐρανὸς κείσεται κατὰ φύσιν ὡς προσήκει, C
τό τ' ἄνω καὶ κάτω καὶ κύκλῳ καὶ μέσον οὐ πρὸς ἄλλον οὐδ' ἐκτὸς ἀλλ' ἐν ἑαυτῷ καὶ πρὸς ἑαυτὸν ἔχει τῶν κόσμων ἕκαστος. (28.) ὃν μὲν γὰρ ἔξω τοῦ κόσμου λίθον ὑποτίθενταί τινες οὔτε μονῆς εὐπόρως παρέχει νόησιν οὔτε κινήσεως. πῶς γὰρ ἢ μενεῖ βάρος ἔχων ἢ κινήσεται πρὸς τὸν κόσμον, ὥσπερ τὰ λοιπὰ βάρη, μήτε μέρος ὢν αὐτοῦ μήτε συντεταγμένος εἰς τὴν οὐσίαν; γῆν δ' ἐν ἑτέρῳ κόσμῳ περιεχομένην καὶ συνδεδεμένην οὐκ ἔδει διαπορεῖν ὅπως οὐκ ἐνταῦθα μεταχωρεῖ διὰ βάρος ἀπορραγεῖσα τοῦ ὅλου, τὴν φύσιν ὁρῶντας καὶ τὸν τόνον ὑφ' οὗ συνέχεται D

4 ss. cf. 928 a   15 cf. (Demosth.) VII 45

1 οὐχ ὑπ. Pat. οὐ παρέχει (συμπ. J) Ω   3 ⟨καὶ⟩ κίν. Pat.   6 τοῦ τὸ π. Dυ τοῦδε π. J   14 add. Wil.   23 παρέχειν ὄνησιν ΓJ¹α   23/4 οὐδὲ κιν. ΓJ   26 γῆν Turn. τὴν Ω   28/9 τοῦ ὅ.] δι' ὅ. Γ

τῶν μερῶν ἕκαστον. ἐπεὶ μὴ πρὸς τὸν κόσμον ἀλλ' ἐκτὸς αὐτοῦ τὸ κάτω καὶ ἄνω λαμβάνοντες ἐν ταῖς αὐταῖς ἀπορίαις Ἐπικούρῳ (fr. 299) *γενησόμεθα κινοῦντι τὰς ἀτόμους ἁπάσας εἰς τοὺς ὑπὸ πόδας τόπους, ὥσπερ ἢ τοῦ κενοῦ πόδας ἔχοντος ἢ τῆς ἀπειρίας ἐν αὐτῇ κάτω τε καὶ ἄνω διανοῆσαι διδούσης. διὸ καὶ Χρύσιππον* (fr. 551) *ἔστι θαυμάζειν, μᾶλλον δ' ὅλως διαπορεῖν, ὅ τι δὴ παθὼν τὸν κόσμον ἐν μέσῳ φησὶν ἱδρῦσθαι καὶ τὴν οὐσίαν αὐτοῦ τὸν μέσον τόπον ἀιδίως κατειληφυῖαν οὐχ ἥκιστα τούτῳ*
E *συνεργεῖν πρὸς τὴν διαμονὴν καὶ οἱονεὶ ἀφθαρσίαν. ταυτὶ γὰρ ἐν τῷ τετάρτῳ περὶ Δυνατῶν λέγει, μέσον τε τοῦ ἀπείρου τόπον οὐκ ὀρθῶς ὀνειρώττων ἀτοπώτερόν τε τῆς διαμονῆς τοῦ κόσμου τῷ ἀνυπάρκτῳ μέσῳ τὴν αἰτίαν ὑποτιθείς· καὶ ταῦτα πολλάκις εἰρηκὼς ἐν ἑτέροις, ὅτι ταῖς εἰς τὸ αὐτῆς μέσον ἡ οὐσία καὶ ταῖς ἀπὸ τοῦ αὐτῆς μέσου διοικεῖται καὶ συνέχεται κινήσεσι.'*

29. *'Καὶ μὴν τά γ' ἄλλα τῶν Στωικῶν* (St. V. Fr. II 632) *τίς ἂν φοβηθείη πυνθανομένων πῶς εἱμαρμένη μία μενεῖ καὶ πρόνοια καὶ οὐ πολλοὶ Δίες καὶ Ζῆνες ἔσονται πλειόνων ὄντων κόσμων; πρῶτον μὲν γὰρ εἰ τὸ πολλοὺς εἶναι Δίας καὶ Ζῆνας ἄτοπόν ἐστι, πολλῷ δήπουθεν ἔσται τὰ ἐκείνων ἀτοπώτερα· καὶ γὰρ ἡλίους καὶ σελήνας καὶ*
F *Ἀπόλλωνας καὶ Ἀρτέμιδας καὶ Ποσειδῶνας ἐν ἀπείροις κόσμων περιόδοις ἀπείρους ποιοῦσιν. ἔπειτα τίς ἀνάγκη πολλοὺς εἶναι Δίας, ἂν πλείονες ὦσι κόσμοι, καὶ μὴ καθ' ἕκαστον ἄρχοντα πρῶτον καὶ ἡγεμόνα τοῦ ὅλου θεὸν*
426 *ἔχοντα καὶ νοῦν καὶ λόγον, | οἷος ὁ παρ' ἡμῖν κύριος ἁπάντων καὶ πατὴρ ἐπονομαζόμενος; ἢ τί κωλύσει τῆς τοῦ Διὸς*

---

1 ss. cf. 1054 b 1111 b   6 ss. cf. 1054 c

---

6 *καὶ ἄνω* — p. 96, 13 *πρὸς* desunt in D   9 *τούτῳ* Turn. -*ων* vF[1] *τοῦτον* *O*   10 *συνεργ.* Pat. *συνείργεσθαι* *Ω*   14 *ὑποθείς* ΓJE   15 *ἀπὸ τῆς αὐτῆς* ΓJ   22 *καὶ*[1] — 23 *Ποσ.* om. G in mg. add. G[4]   27 *οἷον* ΓJαA

εἱμαρμένης καὶ προνοίας ὑπηκόους πάντας εἶναι, καὶ τοῦτον ἐφορᾶν ἐν μέρει καὶ κατευθύνειν ἐνδιδόντα πᾶσιν ἀρχὰς καὶ σπέρματα καὶ λόγους τῶν περαινομένων; οὐ γὰρ ἐνταῦθα μὲν ἓν συνίσταται σῶμα πολλάκις ἐκ διεστώτων σωμάτων, οἷον ἐκκλησία καὶ στράτευμα καὶ χορός, ὧν ἑκάστῳ καὶ ζῆν καὶ φρονεῖν καὶ μανθάνειν συμβέβηκεν, ὡς οἴεται Χρύσιππος (fr. 367), ἐν δὲ τῷ παντὶ δέκα κόσμους ἢ πεντήκοντα ἢ ἑκατὸν ὄντας ἑνὶ χρῆσθαι λόγῳ καὶ πρὸς ἀρχὴν συντετάχθαι μίαν ἀδύνατόν ἐστιν. ἀλλὰ καὶ πάνυ πρέπει θεοῖς ἡ τοιαύτη διάταξις· οὐ γὰρ ὡς σμήνους ἡγε- B μόνας δεῖ ποιεῖν ἀνεξόδους οὐδὲ φρουρεῖν συγκλείσαντας τῇ ὕλῃ μᾶλλον δὲ συμφράξαντας, ὥσπερ οὗτοι (St. V. Fr. II 1055) τοὺς θεοὺς ἀέρων ἕξεις ποιοῦντες καὶ ὑδάτων καὶ πυρὸς δυνάμεις ἐγκεκραμένας ἡγούμενοι συγγεννῶσι τῷ κόσμῳ καὶ πάλιν συγκατακάουσιν, οὐκ ἀπολύτους οὐδ' ἐλευθέρους οἷον ἡνιόχους ἢ κυβερνήτας ὄντας, ἀλλ' ὥσπερ ἀγάλματα προσηλοῦται καὶ συντήκεται βάσεσιν, οὕτως ἐγκεκλεισμένους εἰς τὸ σωματικὸν καὶ συγκαταγεγομφωμένους, κοινωνοῦντας αὐτῷ μέχρι φθορᾶς καὶ διαλύσεως ἁπάσης καὶ μεταβολῆς.'

30. '᾿Εκεῖνος δ' οἶμαι σεμνότερος ὁ λόγος καὶ μεγα- C λοπρεπέστερος, ἀδεσπότους καὶ αὐτοκρατεῖς τοὺς θεοὺς ὄντας, ὥσπερ οἱ Τυνδαρίδαι τοῖς χειμαζομένοις βοηθοῦσιν (Lyr. adesp. 133)

> 'ἐπερχόμενόν τε μαλάσσοντες βιατάν
> πόντον ὠκείας τ' ἀνέμων ῥιπάς'

οὐκ ἐμπλέοντες αὐτοὶ καὶ συγκινδυνεύοντες ἀλλ' ἄνωθεν ἐπιφαινόμενοι καὶ σῴζοντες, οὕτως ἐπιέναι τῶν κόσμων

3 ss. cf. 142 e; Sext. Emp. adv. Math. VII 102 25 cf. 1103 c

4 ἓν] ἕνι $Π^2$B συνίστασθαι Ω corr. Ald. 8 ἢ ἑκ. Wy. καὶ ἑκ. Ω ἢ καὶ ἑκ. Pat. 13 ποι. A -ας O ποιὰς Re. 17 προσηλοῦνται ΓJ 25 ἐπερχ. codd. 1103 c -οί Ω βιατ. Bergk βία τὸν Ω 28 ἐπιέναι Turn. ἐπεῖναι $G^{corr.}$ ὑπεῖναι O τὸν κόσμον Ω corr. Re.

ἄλλοτ' ἄλλον ἡδονῇ τε τῆς θέας ἀγομένους καὶ τῇ φύσει συναπευθύνοντας ἕκαστον. ὁ μὲν γὰρ Ὁμηρικὸς Ζεὺς (N 3) οὐ πάνυ πρόσω μετέθηκε τὴν ὄψιν ἀπὸ Τροίας ἐπὶ τὰ Θρᾴκια καὶ τοὺς περὶ τὸν Ἴστρον νομάδας, ὁ δ' D ἀληθινὸς ἔχει καλὰς καὶ πρεπούσας ἐν πλείοσι κόσμοις μεταβολάς, οὐκ ἐπὶ κενὸν ἄπειρον ἔξω βλέπων οὐδ' ἑαυτὸν ἄλλο δ' οὐδὲν (ὡς ᾠήθησαν ἔνιοι) νοῶν, ἀλλ' ἔργα τε θεῶν καὶ ἀνθρώπων πολλὰ κινήσεις τε καὶ φορὰς ἄστρων ἐν περιόδοις καταθεώμενος. οὐ γὰρ ἀπεχθάνεται μεταβολαῖς ἀλλὰ καὶ πάνυ χαίρει τὸ θεῖον, εἰ δεῖ τῶν φαινομένων τεκμαίρεσθαι ταῖς κατ' οὐρανὸν ἐξαμείψεσι καὶ περιόδοις. ἡ μὲν οὖν ἀπειρία παντάπασιν ἀγνώμων καὶ ἄλογος καὶ μηδαμῇ προσιεμένη θεόν, ἀλλὰ χρωμένη πρὸς πάντα τῷ κατὰ τύχην καὶ αὐτομάτως· ἡ δ' ἐν ὡρισμένῳ E πλήθει καὶ ἀριθμῷ κόσμων ἐπιμέλεια καὶ πρόνοια τῆς εἰς ἓν δεδυκυίας σῶμα καὶ προσηρτημένης ἑνὶ καὶ τοῦτο μετασχηματιζούσης καὶ ἀναπλαττούσης ἀπειράκις ἔμοιγε δοκεῖ μηδὲν ἔχειν ἀσεμνότερον μηδ' ἐπιπονώτερον.'

31. Ἐγὼ μὲν οὖν τοσαῦτ' εἰπὼν ἐπέσχον. ὁ δὲ Φίλιππος οὐ πολὺν χρόνον διαλιπὼν 'τὸ μὲν ἀληθές' ἔφη 'περὶ τούτων οὕτως ἔχειν ἢ ἑτέρως οὐκ ἂν ἔγωγε διισχυρισαίμην· εἰ δὲ τὸν θεὸν ἐκβιβάζομεν ἑνὸς κόσμου, διὰ τί πέντε μόνων ποιοῦμεν οὐ πλειόνων δημιουργόν, καὶ τίς ἔστι τοῦ ἀριθμοῦ τούτου πρὸς τὸ πλῆθος λόγος, ἥδιον ἄν μοι δοκῶ μαθεῖν ἢ τῆς ἐνταῦθα τοῦ E καθιερώσεως τὴν διά- F νοιαν. οὔτε γὰρ τρίγωνος ἢ τετράγωνος οὔτε τέλειος ἢ κυβικὸς οὔτ' ἄλλην τινὰ φαίνεται κομψότητα παρέχων τοῖς ἀγαπῶσι τὰ τοιαῦτα καὶ θαυμάζουσιν. ἡ δ' ἀπὸ τῶν στοιχείων ἔφοδος, ἣν αὐτὸς ὑπῃνίξατο, πάντῃ δύσληπτός

---

7 cf. Aristot. Eth. Eud. 1245 b 17   25 cf. 384 d ss.

---

6 οὐκ ἐπὶ Wil. οὐχὶ Ω   8 ἀστέρων G   14 πάντα denuo inc. D   αὐτομάτῳ Ω corr. Bern.   20 ἔφη GυDJ ἔχει F om. O   23 οὐ πλ. π. D   25 ε̄ Ω   29 αὐτ. ⟨ὁ Πλάτων⟩ Si.

ἐστι καὶ μηδὲν ὑποφαίνουσα τῆς ἐκεῖνον ἐπεσπασμένης
πιθανότητος εἰπεῖν, | ὡς εἰκός ἐστι πέντε σωμάτων ἰσο- 427
γωνίων καὶ ἰσοπλεύρων καὶ περιεχομένων ἴσοις ἐπιπέδοις
ἐγγενομένων τῇ ὕλῃ τοσούτους εὐθὺς ἐξ αὐτῶν ἀποτελε-
σθῆναι κόσμους.'

32. 'Καὶ μήν' ἔφην ἐγώ 'δοκεῖ Θεόδωρος ὁ Σολεὺς οὐ
φαύλως μετιέναι τὸν λόγον, ἐξηγούμενος τὰ μαθηματικὰ
τοῦ Πλάτωνος. μέτεισι δ' οὕτως. πυραμὶς καὶ ὀκτάεδρον
καὶ εἰκοσάεδρον καὶ δωδεκάεδρον, ἃ πρῶτα τίθεται
Πλάτων, καλὰ μέν ἐστι πάντα συμμετρίαις λόγων καὶ
ἰσότησι, καὶ κρεῖσσον οὐδὲν αὐτῶν οὐδ' ὅμοιον ἄλλο
συνθεῖναι τῇ φύσει καὶ συναρμόσαι λέλειπται. μιᾶς γε
μὴν πάντα συστάσεως οὐκ εἴληχεν οὐδ' ὁμοίαν ἔχει τὴν B
γένεσιν, ἀλλὰ λεπτότατον μέν ἐστι καὶ μικρότατον ἡ
πυραμίς, μέγιστον δὲ καὶ πολυμερέστατον τὸ δωδεκάε-
δρον· τῶν δὲ λειπομένων δυεῖν τοῦ ὀκταέδρου μεῖζον ἢ
διπλάσιον πλήθει τριγώνων τὸ εἰκοσάεδρον. διὸ τὴν γένε-
σιν ἅμα πάντα λαμβάνειν ἐκ μιᾶς ὕλης ἀδύνατόν ἐστι. τὰ
γὰρ λεπτὰ καὶ μικρὰ καὶ ταῖς κατασκευαῖς ἁπλούστερα
πρῶτα τῷ κινοῦντι καὶ διαπλάττοντι τὴν ὕλην ὑπακούειν
ἀνάγκη καὶ συντελεῖσθαι καὶ προϋφίστασθαι τῶν ἁδρο-
μερῶν καὶ πολυσωμάτων καὶ τὴν σύστασιν ἐργωδεστέραν
ἐχόντων, ἐξ ὧν τὸ δωδεκάεδρον. ἕπεται δὲ τούτῳ τὸ
μόνον εἶναι σῶμα πρῶτον τὴν πυραμίδα, τῶν δ' ἄλλων C
μηδέν, ἀπολειπομένων τῇ φύσει τῆς γενέσεως. ἔστιν οὖν
ἴαμα καὶ ταύτης τῆς ἀτοπίας ἡ τῆς ὕλης εἰς πέντε κόσμους
διαίρεσις καὶ διάστασις. ὅπου μὲν γὰρ πυραμὶς ὑποστήσε-

---

6 cf. 1027 d

---

1 ἐκ. Turn. ἐκείνων *Ω*   16 τῶν — p. 105, 12 ὑπ. desunt in D   17 τρ. α²AEB -γώνω *O*   23 ἐξ ὧν ante καὶ τὴν *Ω* trp. Wy. ἐξ ὧν τ. δ. del. Pat.   δὲ om. J   25 ἔστιν Leon. ἐπεὶ *Ω*   26 ἴαμα *Π* εἰ (ἡ G) ἅμα *O*   27 γὰρ om. J   27 — p. 98, 1 ὑπέστησε γὰρ πρῶτον *Ω* (lac. 16 litt. E) corr. Madv.

ται πρῶτον, ὅπου δ' ὀκτάεδρον, ὅπου δ' εἰκοσάεδρον. ἐκ δὲ τοῦ προϋποστάντος ἐν ἑκάστῳ τὰ λοιπὰ τὴν γένεσιν ἕξει, κατὰ σύγκρισιν ⟨καὶ διάκρισιν⟩ μερῶν εἰς πάντα γιγνομένης πᾶσι μεταβολῆς, ὡς αὐτὸς ὁ Πλάτων ὑποδείκνυσι διὰ πάντων σχεδὸν ἐπεξιών· ἡμῖν δὲ βραχέως ἀρκέσει μαθεῖν. ἐπεὶ γὰρ ἀὴρ μὲν σβεννυμένου πυρὸς ὑφίσταται καὶ λεπτυνόμενος αὖθις ἐξ αὐτοῦ πῦρ ἀνα-
D *δίδωσιν, ἐν τοῖς ἑκατέροις σπέρμασι τὰ πάθη δεῖ θεᾶσθαι καὶ τὰς μεταβολάς. σπέρματα δὲ πυρὸς μὲν ἡ πυραμὶς ἐξ εἴκοσι καὶ τεσσάρων πρώτων τριγώνων, τὸ δ' ὀκτάεδρον ἀέρος ἐκ τεσσαράκοντα καὶ ὀκτὼ τῶν αὐτῶν [γίγνεται]. γίγνεται τοίνυν ἀέρος μὲν ἓν στοιχεῖον ἐκ δυεῖν πυρὸς ⟨σωμάτων⟩ συγκραθέντων καὶ συστάντων, τὸ δ' ἀέρος αὖ κερματιζόμενον εἰς δύο πυρὸς διακρίνεται σώματα, συνθλιβόμενον δ' αὖθις αὐτῷ καὶ συμπῖπτον εἰς ὕδατος ἰδέαν ἄπεισιν. ὥστε πανταχοῦ τὸ προϋφιστάμενον ἀεὶ πᾶσι τοῖς ἄλλοις εὐπόρως παρέχειν τὴν γένεσιν ἐκ*
E *τῆς μεταβολῆς· καὶ μὴ μόνον ἓν εἶναι πρῶτον, ἑτέρου δ' ἐν ἑτέρῳ συστήματι κίνησιν ἀρχηγὸν καὶ προληπτικὴν ἐς γένεσιν ἔχοντος πᾶσι τηρεῖσθαι τὴν ὁμωνυμίαν.'*

33. *Καὶ ὁ Ἀμμώνιος 'ἀνδρικῶς μέν' ἔφη 'ταῦτα τῷ Θεοδώρῳ καὶ φιλοτίμως διαπεπόνηται· θαυμάσαιμι δ' ἄν, εἰ μὴ δόξειε χρῆσθαι λήμμασιν ἀναιρετικοῖς ἀλλήλων. ἀξιοῖ γὰρ ἅμα πᾶσι τοῖς πέντε μὴ γίγνεσθαι τὴν σύστασιν, ἀλλὰ τὸ λεπτότατον ἀεὶ καὶ δι' ἐλάττονος πραγματείας συνιστάμενον προεκπίπτειν εἰς γένεσιν· εἶτα ὥσπερ ἀκό-*

---

4 ss. cf. Plat. Tim. 56 ss.

---

1 post *εἰκοσ.* add. *ὅπου δὲ δωδεκάεδρον* Pat. 2 *ἑκάστη* *Ω* corr. Anon. 3 add. Turn. 6 *γὰρ ἀὴρ* Bern. *γὰρ ἦν* *ΓJ* *ἀὴρ μὲν* *O* *πυρὸς* om. *ΓJ* 7 *πῦρ*] *εἶτ'* *ΓJ* 8 *ἑκατέρου* Bern. 12 del. Pat. 13 *δυσὶ* *ΓJ* add. Wil. ex Plat. Tim. 56 e (lac. 10 litt. E) 17 *εὔπορον* (sc. *ἐστίν*) Ha. 18/9 *ἕτερα δ' ἐν ἑτέρου* (*δ' ἑτέρου* J) *συστήματα* (-*ος* G[1]) *ΓJ* *ἑτέραν δ' ἑτέρου συστήματος* Pat. 19 *ἐς* om. J 22 *θαυμάσαι* *Γ* 24 *γενέσθαι* *ΠB*

λουθον οὐ μαχόμενον τούτῳ τίθησι τὸ μὴ πᾶσαν ὕλην πρῶτον εἰσφέρειν τὸ λεπτότατον καὶ ἁπλούστατον, ἀλλ᾽ ἐνιαχῇ τὰ ἐμβριθῆ καὶ πολυμερῆ φθάνειν προανίσχοντα ταῖς γενέσεσιν ἐκ τῆς ὕλης. ἄνευ δὲ τούτου πέντε σωμά- F των πρώτων ὑποκειμένων καὶ διὰ τοῦτο κόσμων λεγομένων εἶναι τοσούτων πρὸς μόνα τὰ τέσσαρα τῇ πιθανότητι χρῆται, τὸν δὲ κύβον ὥσπερ ἐν παιδιᾷ ψήφων ὑφῄρηται μήτ᾽ αὐτὸν εἰς ἐκεῖνα μεταβάλλειν πεφυκότα μήτ᾽ ἐκείνοις παρέχειν μεταβολὴν εἰς ἑαυτόν, | ἅτε δὴ τῶν 428 τριγώνων οὐχ ὁμογενῶν ὄντων. ἐκείνοις μὲν γὰρ ὑπόκειται κοινὸν ἐν πᾶσι τὸ ἡμιτρίγωνον, ἐν τούτῳ δ᾽ ἴδιον μόνῳ τὸ ἰσοσκελὲς οὐ ποιοῦν πρὸς ἐκεῖνο σύννευσιν οὐδὲ σύγκρασιν ἑνωτικήν. εἴπερ οὖν πέντε σωμάτων ὄντων καὶ πέντε κόσμων ⟨ἓν⟩ ἐν ἑκάστῳ τὴν ἡγεμονίαν ἔχει τῆς γενέσεως, ὅπου γέγονεν ὁ κύβος πρῶτος, οὐδὲν ἔσται τῶν ἄλλων· εἰς οὐδὲν γὰρ ἐκείνων μεταβάλλειν πέφυκεν. ἐῶ γάρ, ὅτι καὶ τοῦ καλουμένου δωδεκαέδρου στοιχεῖον ἄλλο ποιοῦσιν, οὐκ ἐκεῖνο τὸ σκαληνόν, ἐξ οὗ τὴν πυραμίδα καὶ τὸ ὀκτάεδρον καὶ τὸ εἰκοσάεδρον ὁ Πλάτων συνίστησιν. ὥσθ᾽᾽ ἅμα γελῶν ὁ Ἀμμώνιος εἶπεν ʽἢ ταῦτά σοι δια- B λυτέον ἢ ἴδιόν τι λεκτέον περὶ τῆς κοινῆς ἀπορίας.᾽

34. Κἀγώ ʽπιθανώτερον οὐδὲν ἔχω λέγειν ἔν γε τῷ παρόντι· βέλτιον δ᾽ ἴσως ἐστὶν ἰδίας εὐθύνας ὑπέχειν δόξης ἢ ἀλλοτρίας. λέγω τοίνυν αὖθις ἐξ ἀρχῆς, ὅτι δυεῖν ὑποκειμένων φύσεων, τῆς μὲν αἰσθητῆς ἐν γενέσει καὶ φθορᾷ μεταβόλου καὶ φορητῆς ἄλλοτ᾽ ἄλλως, ἑτέρας δ᾽ ἐν οὐσίᾳ νοητῆς ἀεὶ κατὰ ταὐτὰ ὡσαύτως ἐχούσης, δεινόν ἐστιν, ὦ ἑταῖρε, τὴν μὲν νοητὴν διωρίσθαι καὶ διαφορὰν ἔχειν ἐν ἑαυτῇ, τὴν δὲ σωματικὴν καὶ παθητικὴν εἰ μὴ

---

1 οὐ. μαχ.] συμμαχ. ΓJ τοῦτο J 2 λεπτότ. Π²B ἁπλότ. **O** 8 προσαν. GF¹ 11 μόνον J 12 οὐδὲ Bern. οὔτε **Ω** σύγκρισιν J 14 add. Stegm. (ἓν pro ἐν Wy.) 17 τοῦ ΓJ τὸ τοῦ **O** 18 οὐκ om. ΓJ 23 δ᾽ om. Γ 28 ⟨διδόναι⟩ διωρ. Pat.

μίαν τις ἀπολείπει συμπεφυκυῖαν αὐτῇ καὶ συμπνέουσαν
C ἀλλὰ χωρίζει καὶ διίστησιν, ἀγανακτεῖν καὶ δυσχεραίνειν. τὰ γὰρ μόνιμα καὶ θεῖα δήπου μᾶλλον αὐτῶν ἔχεσθαι προσήκει καὶ φεύγειν ὡς ἀνυστόν ἐστι τομὴν ἅπασαν καὶ διάστασιν· ἀλλὰ καὶ τούτων ἡ τοῦ ἑτέρου δύναμις ἁπτομένη μείζονας ἐνείργασται τῶν κατὰ τόπον διαστάσεων τοῖς νοητοῖς τὰς κατὰ λόγον καὶ ἰδέαν ἀνομοιότητας. ὅθεν ἐνιστάμενος τοῖς ἓν τὸ πᾶν ἀποφαίνουσιν ὁ Πλάτων (Soph. 256 c) τό τ' ὂν εἶναί φησι καὶ τὸ ταὐτὸν καὶ τὸ ἕτερον, ἐπὶ πᾶσι δὲ κίνησιν καὶ στάσιν. ὄντων οὖν πέντε τούτων οὐ θαυμαστὸν ἦν, εἰ τῶν πέντε σωματικῶν στοιχείων ἐκείνων ἕκαστον ἑκάστου μίμημα τῇ φύσει καὶ
D εἴδωλόν ἐστι γεγενημένον οὐκ ἄμικτον οὐδ' εἰλικρινές, ἀλλὰ τῷ μάλιστα μετέχειν ἕκαστον ἑκάστης δυνάμεως. ὁ μέν γε κύβος ἐμφανῶς στάσεως οἰκεῖόν ἐστι σῶμα διὰ τὴν τῶν ἐπιπέδων ἀσφάλειαν καὶ βεβαιότητα· τῆς δὲ πυραμίδος πᾶς ἄν τις τὸ πυροειδὲς καὶ κινητικὸν ἐν τῇ λεπτότητι τῶν πλευρῶν καὶ τῇ τῶν γωνιῶν ὀξύτητι κατανοήσειεν· ἡ δὲ τοῦ δωδεκαέδρου φύσις περιληπτικὴ τῶν ἄλλων σχημάτων οὖσα τοῦ ὄντος εἰκὼν πρὸς πᾶν ⟨ἂν⟩ τὸ σωματικὸν γεγονέναι δόξειε· τῶν δὲ λοιπῶν δυεῖν τὸ μὲν εἰκοσάεδρον τῆς τοῦ ἑτέρου τὸ δ' ὀκτάεδρον μάλιστα τῆς ταὐτοῦ μετείληχεν ἰδέας. διὸ τοῦτο μὲν ἀέρα σχετικὸν
E οὐσίας πάσης ἐν μιᾷ μορφῇ, θάτερον δ' ὕδωρ ἐπὶ πλεῖστα τῷ κεράννυσθαι γένη ποιοτήτων τρεπόμενον παρεῖχεν. εἴπερ οὖν ἡ φύσις ἀπαιτεῖ τὴν ἰσονομίαν ἐν πᾶσι, καὶ κόσμους εἰκός ἐστι μήτε πλείους γεγονέναι μήτ' ἐλάττους τῶν παραδειγμάτων, ὅπως ἕκαστον ἐν ἑκάστῳ τάξιν ἡγεμονικὴν ἔχῃ καὶ δύναμιν, ὥσπερ ἐν ταῖς συστάσεσι τῶν σωμάτων ἔσχηκεν.'

---

8 cf. 391 b

---

1 *ἀπολ.* E *-οι* ***O*** *συμπν.* GvJ *συννεύουσαν* ***O*** **4** *ὡς* om. ΓJ **7** *τ. νοητ.* del. Pat. **14** *τὸ μάλ.* J **15** *γε*] *γὰρ* dub. Pat. **20** add. Bern. (post **21** *δόξ.* B) **25** *τρεπ.* Turn. *-να* ***Ω*** **28** *ἐν* vJ om. ***O***

35. Οὐ μὴν ἀλλὰ τοῦτο μὲν ἔστω παραμυθία τοῦ θαυμάζοντος, εἰ τὴν ἐν γενέσει καὶ μεταβολῇ φύσιν εἰς γένη τοσαῦτα διαιροῦμεν. ἐκεῖνο δ' ἤδη σκοπεῖτε κοινῇ προσέχοντες, ὅτι τῶν ἀνωτάτων ἀρχῶν, λέγω δὲ τοῦ ἑνὸς καὶ τῆς ἀορίστου δυάδος, ἡ μὲν ἀμορφίας πάσης στοιχεῖον F οὖσα καὶ ἀταξίας ἀπειρία κέκληται· ἡ δὲ τοῦ ἑνὸς φύσις ὁρίζουσα καὶ καταλαμβάνουσα τῆς ἀπειρίας τὸ κενὸν καὶ ἄλογον καὶ ἀόριστον ἔμμορφον παρέχεται καὶ τὴν ἑπομένην ⟨τῇ⟩ περὶ τὰ αἰσθητὰ δόξῃ καταγόρευσιν ἁμωσγέπως ὑπομένον καὶ δεχόμενον. | αὗται δὲ πρῶτον αἱ ἀρχαὶ περὶ 429 τὸν ἀριθμὸν ἐπιφαίνονται, μᾶλλον δ' ὅλως ἀριθμὸς οὐκ ἔστι τὸ πλῆθος, ἂν μὴ καθάπερ εἶδος ὕλης τὸ ἓν γενόμενον ἐκ τῆς ἀπειρίας τοῦ ἀορίστου πῇ μὲν πλεῖον πῇ δ' ἔλαττον ἀποτέμνηται. τότε γὰρ ἀριθμὸς γίγνεται τῶν πληθῶν ἕκαστον ὑπὸ τοῦ ἑνὸς ὁριζόμενον· ἐὰν δ' ἀναιρεθῇ τὸ ἕν, πάλιν ἡ ἀόριστος δυὰς συγχέασα πᾶν ἄρρυθμον καὶ ἄπειρον καὶ ἄμετρον ἐποίησεν. ἐπεὶ δὲ τὸ εἶδος οὐκ ἀναίρεσίς ἐστι τῆς ὕλης ἀλλὰ μορφὴ καὶ τάξις ὑποκειμένης, ἀνάγκη καὶ τῷ ἀριθμῷ τὰς ἀρχὰς ἐνυπάρχειν ἀμφοτέρας, ὅθεν ἡ πρώτη καὶ μεγίστη διαφορὰ καὶ ἀνομοιότης γέγονεν. ἔστι γὰρ ἡ μὲν ἀόριστος ἀρχὴ τοῦ B ἀρτίου δημιουργὸς ἡ δὲ βελτίων τοῦ περιττοῦ· πρῶτος δὲ τῶν ἀρτίων τὰ δύο καὶ τὰ τρία τῶν περιττῶν, ἐξ ὧν τὰ πέντε τῇ μὲν συνθέσει κοινὸς ὢν ἀμφοῖν ἀριθμὸς τῇ δὲ δυνάμει γεγονὼς περιττός. ἔδει γάρ, εἰς πλείονα μέρη τοῦ αἰσθητοῦ καὶ σωματικοῦ μεριζομένου διὰ τὴν σύμφυτον ἀνάγκην τῆς ἑτερότητος, μήτε τὸν πρῶτον ἄρτιον

4 ss. cf. 387 f ss.

4 ἀν. J -ω *O* λ. δὴ JB 7 κεν. Turn. στεν. *Ω* 9 add. Wil. δόξῃ Wil. δείξει *Ω* 12 ἓν γεν. Emp. ἐγγεν. *Ω* 14 ἀποτ. α²AEB ἀποτέτμηται *O* 16 ἀρρ.] ἀριθμὸν ΓJ ἀνάριθμον Pat. 22 τοῦ περ. Turn. ὡς ἡ τ. π. E ὥσπερ ἡ τούτου *O* 26 γνωριζομένου τε καὶ μερ. J 26/7 σύμφυσιν ἀνάγκη *Ω* corr. Wy. 27 μήτε JEB μηδὲ *O* ἀρτ. ⟨μόνον⟩ dub. Po.

γενέσθαι μήτε τὸν πρῶτον περιττόν, ἀλλὰ τὸν τρίτον ἐκ τούτων ἀποτελούμενον, ὅπως ἀπ' ἀμφοτέρων τῶν ἀρχῶν γένηται, καὶ τῆς τὸ ἄρτιον δημιουργούσης καὶ τῆς τὸ περιττόν· οὐ γὰρ ἦν οἷόν τε τῆς ἑτέρας ἀπαλλαγῆναι τὴν C ἑτέραν· ἑκατέρα γὰρ ἀρχῆς φύσιν ἔχει καὶ δύναμιν. ἀμφοτέρων οὖν συνδυαζομένων ἡ βελτίων κρατήσασα τῆς ἀοριστίας διαιρούσης τὸ σωματικὸν ἐνέστη, καὶ τῆς ὕλης ἐπ' ἀμφότερα διισταμένης μέσην τὴν μονάδα θεμένη δίχα νεμηθῆναι τὸ πᾶν οὐκ εἴασεν, ἀλλὰ πλῆθος μὲν γέγονε κόσμων ὑπὸ τῆς ἑτερότητος τοῦ ἀορίστου καὶ διαφορᾶς, περιττὸν δὲ πλῆθος ἡ ταὐτοῦ καὶ ὡρισμένου δύναμις ἀπείργασται, περιττὸν δὲ τοιοῦτον, ὅτι πορρωτέρω τὴν φύσιν ἣ βέλτιον ἔχει προελθεῖν οὐκ εἴασεν. εἰ μὲν γὰρ ἀμιγὲς καὶ καθαρὸν ἦν τὸ ἕν, οὐδ' ἂν ὅλως εἶχεν ἡ ὕλη διάστασιν· D ἐπεὶ δὲ τῷ διαιρετικῷ τῆς δυάδος μέμικται, τομὴν μὲν ἐδέξατο καὶ διαίρεσιν, ἐνταῦθα δ' ἔστη τῷ περιττῷ τοῦ ἀρτίου κρατηθέντος. (36.) διὸ καὶ πεμπάσασθαι τὸ ἀριθμῆσαι τοῖς παλαιοῖς ἔθος ἦν καλεῖν. οἶμαι δὲ καὶ τὰ πάντα τῶν πέντε παρώνυμα γεγονέναι κατὰ λόγον, ἅτε δὴ τῆς πεντάδος ἐκ τῶν πρώτων ἀριθμῶν συνεστώσης. καὶ γὰρ οἱ μὲν ἄλλοι πολλαπλασιαζόμενοι πρὸς ἄλλους εἰς ἕτερον αὐτῶν ἀριθμὸν ἐκβαίνουσιν· ἡ δὲ πεντάς, ἂν μὲν ἀρτιάκις λαμβάνηται, τὸν δέκα ποιεῖ τέλειον· ἐὰν δὲ περισσάκις, ἑαυτὴν πάλιν ἀποδίδωσιν. ἐῶ δ' ὅτι πρώτη μὲν ἐκ E πρώτων δυεῖν τετραγώνων συνέστηκε τῆς τε μονάδος καὶ τῆς τετράδος ἡ πεντάς, πρώτη δ' ἴσον δυναμένη τοῖς πρὸ αὐτῆς δυσὶ τὸ κάλλιστον τῶν ὀρθογωνίων τριγώνων συνί-

---

17 cf. 374 a 387 e 21 ss. cf. 388 d 24 cf. 391 a

---

5 φύσ. ἀρχ. G 8 ἐπ' ἀμφ. Pat. ἐν ἀμφ. Γ συναμφ. J ἐν ἀμφοτέροις O 11 ὡρισμένη ΓJ 13 ἣν (η G²) βελτίων ἔ. Γ ἡ βελτίων ἀρχὴ Pat. 14 οὐδ' ἂν Bern. οὐδὲν (οὐδὲ J) Ω 15 αἱρετικῷ Γ 21 ἀλλήλους GE 24 ἑαυτὸν Ω corr. Stegm. πρ Turn. πρῶτον εἰ ΓJ πρῶτον O

στησι, πρώτη δὲ ποιεῖ τὸν ἡμιόλιον λόγον. οὐ γὰρ ἴσως οἰκεῖα ταῦτα τοῖς ὑποκειμένοις πράγμασιν, ἀλλ' ἐκεῖνο μᾶλλον τὸ φύσει διαιρετικὸν τοῦ ἀριθμοῦ καὶ τὸ πλεῖστα τούτῳ τὴν φύσιν διανέμειν. ἔνειμε γὰρ ἡμῖν αὐτοῖς αἰσθήσεις πέντε καὶ μέρη ψυχῆς, φυτικὸν αἰσθητικὸν ἐπιθυμητικὸν θυμοειδὲς λογιστικόν, καὶ δακτύλους ἑκατέρας χειρὸς τοσούτους, καὶ τὸ γονιμώτατον σπέρμα πενταχῇ σχιζόμενον. οὐ γὰρ ἱστόρηται γυνὴ πλείονα τεκοῦσα⟨ἢ⟩ F
πέντε [συχνὰ] ταῖς αὐταῖς ὠδῖσι. καὶ τὴν Ῥέαν Αἰγύπτιοι μυθολογοῦσι πέντε θεοὺς τεκεῖν, αἰνιττόμενοι τὴν ἐκ μιᾶς ὕλης τῶν πέντε κόσμων γένεσιν. ἐν δὲ τῷ παντὶ πέντε μὲν ζώναις ὁ περὶ γῆν τόπος, πέντε δὲ κύκλοις ὁ οὐρανὸς διώρισται, δυσὶν ἀρκτικοῖς καὶ δυσὶ τροπικοῖς καὶ μέσῳ τῷ ἰσημερινῷ· | πέντε δ' αἱ τῶν πλανωμένων ἄστρων 430
περίοδοι γεγόνασιν, Ἡλίου καὶ Φωσφόρου καὶ Στίλβωνος ὁμοδρομούντων. ἐναρμόνιος δὲ καὶ ἡ τοῦ κόσμου σύνταξις, ὥσπερ ἀμέλει καὶ τὸ παρ' ἡμῖν ἡρμοσμένον ἐν πέντε τετραχόρδων θέσεσιν ὁρᾶται, τῶν ὑπάτων καὶ μέσων καὶ συνημμένων καὶ διεζευγμένων καὶ ὑπερβολαίων· καὶ τὰ μελῳδούμενα διαστήματα πέντε, δίεσις καὶ ἡμιτόνιον καὶ τόνος καὶ τριημιτόνιον καὶ δίτονον. οὕτως ἡ φύσις ἔοικε τῷ πέντε ποιεῖν ἅπαντα χαίρειν μᾶλλον ἢ τῷ σφαιροειδῆ, καθάπερ Ἀριστοτέλης (286 b 10) *ἔλεγε.* (37.) *τί δῆτα, φήσαι τις ἄν, ὁ Πλάτων* (Tim. 55 c) *ἐπὶ τὰ πέντε σχήματα* B
τὸν τῶν πέντε κόσμων ἀριθμὸν ἀνήνεγκεν, εἰπὼν ὅτι τῇ πέμπτῃ συστάσει 'ὁ θεὸς ἐπὶ τὸ πᾶν κατεχρήσατο ἐκεῖνο

---

1 cf. 389 d 4 cf. 390 f 8 cf. Aristot. 584 b 33 16 ss cf. 389 e 1028 f 1138 f

---

3 **τοῦ πρώτου ἀρ.** J 4 **τούτων Ω** corr. Wy. **ἕν.** Bern. **ἐν μὲν Ω** 5 **φυσικὸν Ω** corr. Wy. 7 **τὸ** om. J *γον. σπ.* **τὸ** trp. Pat. **πεντ.** vFΠB **παντ. O** 8 add. Emp. 9 del. Pat. (**τέκνα** Wy.) *αὐτῆς* G[2]v[2]F[2]B (ss. *αι* B[1]) 15 **στίλβοντος** E 16 **δὲ καὶ**] *γὰρ ΓJ* 21 **τριημιτόνια** (**-τόνία** G) ΓJ **διάτονον** ΓJ (α eras. G) 22 **σφαιροειδεῖ Ω** corr. Turn.

διαζωγραφῶν,᾽ εἶτα τὴν περὶ τοῦ πλήθους τῶν κόσμων ὑποθεὶς ἀπορίαν, πότερον ἕν᾽ ἢ πέντ᾽ αὐτοὺς ἀληθείᾳ πεφυκότας λέγειν προσήκει, δῆλός ἐστιν ἐντεῦθεν οἰόμενος ὡρμῆσθαι τὴν ὑπόνοιαν; εἴπερ οὖν δεῖ πρὸς τὴν ἐκείνου διάνοιαν ἐπάγειν τὸ εἰκός, σκοπῶμεν ὅτι ταῖς τῶν σωμάτων καὶ σχημάτων ἐκείνων διαφοραῖς ἀνάγκη καὶ κινήσεων εὐθὺς ἕπεσθαι διαφοράς, ὥσπερ αὐτὸς διδάσκει, τὸ διακρινόμενον ἢ συγκρινόμενον ἅμα τῆς οὐσίας τῇ ἑτεροιώσει καὶ τὸν τόπον μεταλλάττειν ἀποφαινόμενος. C *ἂν γὰρ ἐξ ἀέρος πῦρ γένηται, λυθέντος τοῦ ὀκταέδρου καὶ κερματισθέντος εἰς πυραμίδας, ἢ πάλιν ἀὴρ ἐκ πυρός, συνωσθέντος καὶ συνθλιβέντος εἰς ὀκτάεδρον, οὐ δυνατὸν μένειν ὅπου πρότερον ἦν, ἀλλὰ φεύγει καὶ φέρεται πρὸς ἑτέραν χώραν ἐκβιαζόμενον καὶ μαχόμενον τοῖς ἐνισταμένοις καὶ κατεπείγουσιν. ἔτι δὲ μᾶλλον εἰκόνι τὸ συμβαῖνον ἐνδείκνυται* (Tim. 52e), *῾τοῖς ὑπὸ τῶν πλοκάνων καὶ ὀργάνων ⟨τῶν⟩ περὶ τὴν τοῦ σίτου κάθαρσιν σειομένοις ⟨καὶ⟩ ἀναλικμωμένοις᾽ ὁμοίως λέγων τὰ στοιχεῖα σείοντα τὴν ὕλην ὑπ᾽ ἐκείνης τε σειόμενα προσχωρεῖν ἀεὶ τὰ ὅμοια* D *τοῖς ὁμοίοις, ἄλλην τε χώραν ἄλλα ἴσχειν πρὶν ἐξ αὐτῶν γενέσθαι τὸ πᾶν διακοσμηθέν· οὕτως οὖν τότε τῆς ὕλης ἐχούσης ὡς ἔχειν τὸ πᾶν εἰκός, οὗ θεὸς ἄπεστιν, εὐθὺς αἱ πρῶται πέντε ποιότητες ἰδίας ἔχουσαι ῥοπὰς ἐφέροντο χωρίς, οὐ παντάπασιν οὐδ᾽ εἰλικρινῶς ἀποκρινόμεναι, διὰ τὸ πάντων ἀναμεμιγμένων ἀεὶ τὰ κρατούμενα τοῖς ἐπικρατοῦσι παρὰ φύσιν ἕπεσθαι. διὸ δὴ τοῖς τῶν σωμάτων γένεσιν ἄλλων ἀλλαχῇ φερομένων ἰσαρίθμους*

1 Plat. Tim. 31 a; cf. 389 f 421 f

1 *διαζωγ.* Patzig ex Platone et 1003 c *διαγράφων* **Ω** 5 *ἀπάγ.* **Ω** corr. Wy. *ἀνάγ.* Pat. *σκοπῶν* **Ω** corr. Wy. 8 *ἅμα* Turn. *ὄνομα* **Ω** 16 *ἐκδείκν.* FJ; A[1]? *ὑπὸ* G[2] *ἐπὶ* **O** *πλοκ.* Turn. ex Plat. *ἐπειγόντων* **Ω** 17 add. Turn. ex Plat. 17/8 *σειομ. κ.* Turn. ex Plat. *συγκειμ.* GvJ *ἐγκειμ.* F *ἐγκειμένων* **O** 20 *ἄλ. ἰσχ.* Turn. ex Plat. *ἄλλαις οἱ* **O** *ἐξ* Bern. *ἐπ᾽* **Ω** 21 *οὖν τότε*] *τοίνυν* E 22 *τὸ* om. GJ *οὗ θεὸς* Wy. *εὔθεος* vJ *-έως* **O**

μερίδας καὶ διαστάσεις ἐποίησαν, τὴν μὲν οὐ καθαροῦ πυρὸς ἀλλὰ πυροειδῆ, τὴν δ' οὐκ ἀμιγοῦς αἰθέρος ἀλλ' αἰθεροειδῆ, τὴν δ' οὐ γῆς αὐτῆς καθ' ἑαυτὴν ἀλλὰ γεοειδῆ, μάλιστα δὲ †καὶ τὴν ἀέρος κοίνωσιν τὴν ὕδατος διὰ τὸ E πολλῶν, ὥσπερ εἴρηται (428 d), τῶν ἀλλοφύλων ἀναπεπλησμένων ἀπελθεῖν. οὐ γὰρ ὁ θεὸς διέστησεν οὐδὲ διῴκισε τὴν οὐσίαν, ἀλλ' ὑπ' αὐτῆς διεστῶσαν αὐτὴν καὶ φερομένην χωρὶς ἐν ἀκοσμίαις τοσαύταις παραλαβὼν ἔταξε καὶ συνήρμοσε δι' ἀναλογίας καὶ μεσότητος· εἶθ' ἑκάστῃ λόγον ἐγκαταστήσας ὥσπερ ἁρμοστὴν καὶ φύλακα κόσμους ἐποίησε τοσούτους, ὅσα γένη τῶν πρώτων σωμάτων ὑπῆρχε. ταῦτα μὲν οὖν τῇ Πλάτωνος ἀνακείσθω χάριτι δι' Ἀμμώνιον· ἐγὼ δὲ περὶ μὲν ἀριθμοῦ κόσμων οὐκ ἄν ποτε διισχυρισαίμην ὅτι τοσοῦτοι, τὴν δὲ πλείονας F μὲν ἑνὸς οὐ μὴν ἀπείρους ἀλλ' ὡρισμένους πλήθει τιθεμένην δόξαν οὐδετέρας ἐκείνων ἀλογωτέραν ἡγοῦμαι, τὸ φύσει τῆς ὕλης σκεδαστὸν καὶ μεριστὸν ὁρῶν οὔτ' ἐφ' ἑνὸς μένον οὔτ' εἰς ἄπειρον ὑπὸ τοῦ λόγου βαδίζειν ἐώμενον. | εἰ δ' ἀλλαχόθι που κἀνταῦθα τῆς Ἀκαδημείας 431 ὑπομιμνήσκοντες ἑαυτοὺς τὸ ἄγαν τῆς πίστεως ἀφαιρῶμεν καὶ τὴν ἀσφάλειαν ὥσπερ ἐν χωρίῳ σφαλερῷ τῷ περὶ τῆς ἀπειρίας λόγῳ μόνον διασῴζωμεν.'

38. Ἐμοῦ δὲ ταῦτ' εἰπόντος ὁ Δημήτριος 'ὀρθῶς' ἔφη 'Λαμπρίας παραινεῖ. 'πολλαῖς γὰρ οἱ θεοὶ μορφαῖς' οὐ 'σοφισμάτων' ὡς Εὐριπίδης (fr. 972) φησίν, ἀλλὰ πραγμάτων 'σφάλλουσιν ἡμᾶς', ὅταν ὡς ἐπιστάμενοι τολμῶμεν ἀποφαίνεσθαι περὶ τηλικούτων. 'ἀλλ' ἀνοιστέος ὁ

19 cf. 387 f 25 cf. 20 f 27 cf. 390 c

2 τὴν — 3 αἰθ. om. G in mg. add. G⁴ 4 δὲ om. ΓJ corrupta. μάλ. δ. τ. ἀ. κοινωνικὴν καὶ τὴν . . . ἀναπεπλησμένον Po. 5 ἀλλ. J ἄλλων φύλων υ^corr. ἄλλων φύλλων O 12 ταῦτα denuo inc. D 16 ἀναλογ. αA²B 19 κάντ. G⁴A² κἂν O 21 περὶ om. J 22 μόνοι Schw. 23 ὀρθ. — 116, 7 ἀνατ. desunt in D 24 πολλ. γ.] καὶ πολλάκις J

λόγος', ὡς αὐτὸς ἀνήρ (fr. 970) φησιν, ἐπὶ τὴν ἐξ ἀρχῆς ὑπόθεσιν. τὸ γὰρ ἀφισταμένων καὶ ἀπολειπόντων τὰ
B χρηστήρια τῶν δαιμόνων ὥσπερ ὄργανα τεχνιτῶν ἀργὰ καὶ ἄναυδα κεῖσθαι λεχθὲν ἕτερον λόγον ἐγείρει μείζονα τὸν περὶ τῆς αἰτίας καὶ δυνάμεως, αἷς χρώμενοι ποιοῦσι κατόχους τοῖς ἐνθουσιασμοῖς καὶ φαντασιαστικοὺς τοὺς προφήτας καὶ τὰς προφήτιδας. οὐ γὰρ οἷόν τε τὴν ἔκλειψιν αἰτιᾶσθαι τοῦ ἀπαυδᾶν τὰ μαντεῖα μὴ πεισθέντας ὃν τρόπον ἐφεστῶτες αὐτοῖς καὶ παρόντες ἐνεργὰ καὶ λόγια ποιοῦσιν οἱ δαίμονες.' ὑπολαβὼν δ' Ἀμμώνιος 'οἴει γὰρ ἕτερόν τι τοὺς δαίμονας' εἶπεν 'ἢ ψυχὰς ὄντας περιπολεῖν καθ' Ἡσίοδον (OD 125) 'ἠέρα ἑσσαμένους;' ἐμοὶ μὲν γάρ,
C ἣν ἄνθρωπος ἔχει διαφορὰν πρὸς ἄνθρωπον ὑποκρινόμενον τραγῳδίαν ἢ κωμῳδίαν, ταύτην ἔχειν δοκεῖ ⟨ψυχὴ πρὸς⟩ ψυχὴν ἐνεσκευασμένην σῶμα ⟨τῷ⟩ παρόντι βίῳ πρόσφορον. οὐδὲν οὖν ἄλογον οὐδὲ θαυμαστόν, εἰ ψυχαὶ ψυχαῖς ἐντυγχάνουσαι φαντασίας ἐμποιοῦσι τοῦ μέλλοντος, ὥσπερ ἡμεῖς ἀλλήλοις οὐ πάντα διὰ φωνῆς ἀλλὰ καὶ γράμμασι καὶ θιγόντες μόνον καὶ προσβλέψαντες πολλὰ καὶ μηνύομεν τῶν γεγονότων καὶ τῶν ἐσομένων προσημαίνομεν. εἰ μή τι σὺ λέγεις ἕτερον, ὦ Λαμπρία· καὶ γὰρ ἔναγχος ἧκέ τις φωνὴ πρὸς ἡμᾶς, ὡς σοῦ πολλὰ περὶ τούτων ἐν Λεβαδείᾳ ξένοις διαλεχθέντος, ὧν οὐδὲν ὁ
D διηγούμενος ἀκριβῶς διεμνημόνευε.' 'μὴ θαυμάσῃς' ἔφην ἐγώ, 'πολλαὶ γὰρ ἅμα πράξεις διὰ μέσου καὶ ἀσχολίαι συντυγχάνουσαι διὰ τὸ μαντεῖον εἶναι καὶ θυσίαν τοὺς λόγους διεσπαρμένους ἡμῖν καὶ σποράδας ἐποίησαν.' 'ἀλλὰ νῦν' ὁ Ἀμμώνιος ἔφη 'καὶ σχολὴν ἄγοντας ἀκροατὰς ἔχεις καὶ προθύμους τὰ μὲν ζητεῖν τὰ δὲ μανθάνειν ἔριδος

4 μείζ. post αἰτ. Ω trp. Wil. 5 αἷς G² ὡς Γ ᾧ O 11 εἶπ. E εἰπεῖν O 14 add. Xyl. 15 add. Emp. πρόσφ. Re. προσφέρειν Ω 23 Λεβ. G -δίᾳ O 24 διεμν. vFJEB -σε O 28 ἔχ. EB -ει O 29 πρόθυμοι Ω corr. Re.

ἐκποδὼν οὔσης καὶ φιλονεικίας ἁπάσης συγγνώμης δὲ
παντὶ λόγῳ καὶ παρρησίας ὡς ὁρᾷς δεδομένης.'

39. Ταῦτα δὴ καὶ τῶν ἄλλων συμπαρακαλούντων μι-
κρὸν ἐγὼ σιωπήσας 'καὶ μὴν ἀπὸ τύχης τινός, ὦ Ἀμμώ-
νιε, τοῖς τότε λόγοις αὐτὸς ἀρχήν τινα καὶ πάροδον
ἐνδέδωκας. εἰ γὰρ αἱ διακριθεῖσαι σώματος ἢ μὴ μετα- E
σχοῦσαι τὸ παράπαν ψυχαὶ δαίμονές εἰσι κατὰ σὲ καὶ τὸν
θεῖον Ἡσίοδον (OD 123)

'ἁγνοὶ ἐπιχθόνιοι φύλακες θνητῶν ἀνθρώπων',

διὰ τί τὰς ἐν τοῖς σώμασι ψυχὰς ἐκείνης τῆς δυνάμεως
ἀποστεροῦμεν, ᾗ τὰ μέλλοντα καὶ προγιγνώσκειν πεφύ-
κασι καὶ προδηλοῦν οἱ δαίμονες; οὔτε γὰρ δύναμιν οὔτε
μέρος οὐδὲν ἐπιγίγνεσθαι ταῖς ψυχαῖς, ὅταν ἀπολίπωσι τὸ
σῶμα, μὴ κεκτημέναις πρότερον εἰκός ἐστιν· ἀλλ' ἀεὶ
μὲν ἔχειν ἔχειν δὲ φαυλότερα τῷ σώματι μεμιγμένας, καὶ
τὰ μὲν ὅλως ἄδηλα καὶ κεκρυμμένα τὰ δ' ἀσθενῆ καὶ
ἀμαυρὰ καὶ τοῖς δι' ὁμίχλης ὁρῶσιν ἢ κινουμένοις ἐν F
ὑγρῷ παραπλησίως δύσεργα καὶ βραδέα καὶ πολλὴν πο-
θοῦντα θεραπείαν τοῦ οἰκείου καὶ ἀνάληψιν ἀφαίρεσιν δὲ
καὶ κάθαρσιν τοῦ καλύπτοντος. ὥσπερ γὰρ ὁ ἥλιος οὐχ
ὅταν διαφύγῃ τὰ νέφη γίγνεται λαμπρός, ἀλλ' ἔστι μὲν
ἀεὶ φαίνεται δ' ἡμῖν ἐν ὁμίχλῃ δυσφαὴς καὶ ἀμαυρός, |
οὕτως ἡ ψυχὴ τὴν μαντικὴν οὐκ ἐπικτᾶται δύναμιν ἐκβᾶσα 432
τοῦ σώματος ὥσπερ νέφους, ἀλλ' ἔχουσα καὶ νῦν τυφλοῦ-
ται διὰ τὴν πρὸς τὸ θνητὸν ἀνάμιξιν αὐτῆς καὶ σύγχυσιν.
οὐ δεῖ δὲ θαυμάζειν οὐδ' ἀπιστεῖν ὁρῶντας, εἰ μηδὲν
ἄλλο, τῆς ψυχῆς τὴν ἀντίστροφον τῇ μαντικῇ δύναμιν, ἣν
μνήμην καλοῦμεν, ἡλίκον ἔργον ἀποδείκνυται τὸ σῴζειν
τὰ παρῳχημένα καὶ φυλάττειν, μᾶλλον δὲ ⟨τὰ μηκέτ'⟩

---

20 καλύπτ Emp. κωλύοντος ὅτι ἡ ψυχὴ καὶ συνδεδεμένη τῷ σώματι τὴν προγνωστικὴν ἔχει δύναμιν ἐκτυφλοῦται δὲ διὰ τὴν πρὸς τὸ γεῶδες ἀνάκρασιν τοῦ σώματος J κλέπτοντος O
22 δυσφανὴς GJ 29 add. Schw. cf. p. 108, 11

ὄντα· τῶν γὰρ γεγονότων οὐδὲν ἔστιν οὐδ' ὑφέστηκεν, ἀλλ' ἅμα γίγνεται πάντα καὶ φθείρεται, καὶ πράξεις καὶ λόγοι καὶ παθήματα, τοῦ χρόνου καθάπερ ῥεύματος ἕκαστα B παραφέροντος· αὕτη δὲ τῆς ψυχῆς ἡ δύναμις οὐκ οἶδ' ὅντινα τρόπον ἀντιλαμβανομένη τοῖς μὴ παροῦσι φαντασίαν καὶ οὐσίαν περιτίθησιν. ὁ μὲν γὰρ Θεσσαλοῖς περὶ Ἄρνης δοθεὶς χρησμὸς ἐκέλευε φράζειν

'κωφοῦ τ' ἀκοὴν τυφλοῖό τε δέρξιν,'

ἡ δὲ μνήμη καὶ κωφῶν πραγμάτων ἀκοὴ καὶ τυφλῶν ὄψις ἡμῖν ἐστιν. ὅθεν, ὡς ἔφην, οὐκ ἔστι θαυμαστόν, εἰ κρατοῦσα τῶν μηκέτ' ὄντων προλαμβάνει πολλὰ τῶν μηδέπω γεγονότων· ταῦτα γὰρ αὐτῇ μᾶλλον προσήκει καὶ τούτοις συμπαθής ἐστι· καὶ γὰρ ἐπιβάλλεται καὶ προτίθεται πρὸς τὰ μέλλοντα καὶ ⟨τῶν⟩ παρῳχημένων καὶ τέλος ἐχόντων ἀπήλλακται πλὴν τοῦ μνημονεύειν.

(40.) ταύτην οὖν ἔχουσαι τὴν δύναμιν αἱ ψυχαὶ σύμφυτον C μὲν ἀμυδρὰν δὲ καὶ δυσφάνταστον ὅμως ἐξανθοῦσι πολλάκις καὶ ἀναλάμπουσιν ἔν τε τοῖς ἐνυπνίοις καὶ περὶ τὰς τελευτὰς ἔνιαι καθαροῦ γιγνομένου τοῦ σώματος ἤ τινα κρᾶσιν οἰκείαν πρὸς τοῦτο λαμβάνοντος, ὥστε τὸ λογιστικὸν καὶ φροντιστικὸν ἀνίεσθαι καὶ ἀπολύεσθαι τῶν παρόντων, ⟨τῷ⟩ ἀλόγῳ καὶ φανταστικῷ τοῦ μέλλοντος ἐπιστρεφόμεναι. οὐ γάρ, ὡς ὁ Εὐριπίδης φησί (fr. 973), 'μάντις ἄριστος ὅστις εἰκάζει καλῶς,' ἀλλ' οὗτος ἔμφρων μὲν ἀνὴρ καὶ τῷ νοῦν ἔχοντι τῆς ψυχῆς καὶ μετ' εἰκότος ἡγουμένῳ καθ' ὁδὸν ἑπόμενος, τὸ δὲ μαντικὸν ὥσπερ γραμματεῖον ἄγραφον καὶ ἄλογον

---

24 cf. 399 a

---

4 περιφερ. J 7 ἄννης Ω corr. Turn. 11 ὄντ. ⟨ἡ ψυχὴ⟩ Wil. 14 πρὸς del. Stegm. add. Stegm. 16 αἱ B om. O 17 ἀμ. δὲ καὶ GJ καὶ ἀμ. καὶ EB καὶ ἀμυδρὸν καὶ (δὲ καὶ pro καὶ[2] υ) O 18 ἀναλ. E ἀναλαμβάνουσιν O 19 τελ. GυJ τελετὰς O 20 ὥστε Po. ἢ Ω 22 add. Wy. 23 ἐπιστρ. Wy. -ομένας (ομέν insequ. lac. E) Ω 25 ἔμφρ. Mez. ὁμόφρων Ω

καὶ ἀόριστον ἐξ αὑτοῦ, δεκτικὸν δὲ φαντασιῶν πάθεσι D
καὶ προαισθήσεων, ἀσυλλογίστως ἅπτεται τοῦ μέλλοντος,
ὅταν ἐκστῇ μάλιστα τοῦ παρόντος. ἐξίσταται δὲ κράσει
καὶ διαθέσει τοῦ σώματος ἐν μεταβολῇ γιγνόμενον, ὃν
ἐνθουσιασμὸν καλοῦμεν. αὐτὸ μὲν οὖν ἐξ αὑτοῦ τὸ σῶμα
τοιαύτην οὐ πολλάκις ἴσχει διάθεσιν· ἡ δὲ γῆ πολλῶν μὲν
ἄλλων δυνάμεων πηγὰς ἀνίησιν ἀνθρώποις τὰς μὲν ἐκστατικὰς καὶ νοσώδεις καὶ θανατηφόρους τὰς δὲ χρηστὰς καὶ
προσηνεῖς καὶ ὠφελίμους, ὡς δῆλαι γίγνονται πείρᾳ προστυγχάνουσι, τὸ δὲ μαντικὸν ῥεῦμα καὶ πνεῦμα θειότατόν
ἐστι καὶ ὁσιώτατον, ἄν τε καθ' ἑαυτὸ δι' ἀέρος ἄν τε μεθ'
ὑγροῦ νάματος ἀναφέρηται. καταμιγνύμενον γὰρ εἰς τὸ E
σῶμα κρᾶσιν ἐμποιεῖ ταῖς ψυχαῖς ἀήθη καὶ ἄτοπον, ἧς
τὴν ἰδιότητα χαλεπὸν εἰπεῖν σαφῶς, εἰκάσαι δὲ πολλαχῶς
ὁ λόγος δίδωσι. θερμότητι γὰρ καὶ διαχύσει πόρους τινὰς
ἀνοίγειν φανταστικοὺς τοῦ μέλλοντος εἰκός ἐστιν, ὡς
οἶνος ἀναθυμιαθεὶς ἕτερα πολλὰ κινήματα καὶ λόγους ἀποκειμένους καὶ λανθάνοντας ἀποκαλύπτει (Eur. Bacch. 298)·

'τὸ γὰρ βακχεύσιμον
καὶ τὸ μανιῶδες μαντικὴν πολλὴν ἔχει'

κατ' Εὐριπίδην, ὅταν ἔνθερμος ἡ ψυχὴ γενομένη καὶ
πυρώδης ἀπώσηται τὴν εὐλάβειαν, ἣν ἡ θνητὴ φρόνησις
ἐπάγουσα πολλάκις ἀποστρέφει καὶ κατασβέννυσι τὸν F
ἐνθουσιασμόν.'

41. '"Αμα δ' ἄν τις οὐκ ἀλόγως καὶ ξηρότητα φαίη μετὰ τῆς θερμότητος ἐγγιγνομένην λεπτύνειν τὸ πνεῦμα καὶ ποιεῖν αἰθερῶδες καὶ καθαρόν· 'αὐγή' γάρ 'ξηρὴ ψυχὴ ⟨ἀρί-

1 φανταστῶν J -τὸν (-τικ cum lac. E) *O* corr. Mez. 2 προαισθήσεσιν Pat. ἀσυλλογίστοις GFΠB 5 οὖν om. GFB 6 οὐ GvJ om. *O* 9 δῆλα *Ω* corr. Turn. 11 ὅσ.] θαυμασιώτατον GvJ 12 ἀναφ. Bern. ἀφαιρῆται *Ω* 17 ἀναθ.] ἅμα θυμηθεὶς Γ ἕτ.] ἐγείρει Wy. ⟨κινεῖ⟩ κιν. Pat. 20 μαντ. GvJ μαντευτικὴν *O* 26 τῆς del. Ha. 27 αὐγὴ Clem. Al. αὕτη *Ω* ξηρὴ Stob. ξηρὰ *Ω* add. ex Stob.

στη⟩' καθ' Ἡράκλειτον (fr. 118). *ὑγρότης δ' οὐ μόνον*
433 *ὄψιν ἀμβλύνει καὶ ἀκοήν, | ἀλλὰ καὶ κατόπτρων θιγοῦσα καὶ μιχθεῖσα πρὸς ἀέρας ἀφαιρεῖ τὴν λαμπρότητα καὶ τὸ φέγγος. τοὐναντίον τε πάλιν αὖ περιψύξει τινὶ καὶ πυκνώσει τοῦ πνεύματος οἷον βαφῇ σίδηρον τὸ προγνωστικὸν μόριον ἐντείνεσθαι καὶ στομοῦσθαι τῆς ψυχῆς οὐκ ἀδύνατόν ἐστι. καὶ μὴν ὡς κασσίτερος μανὸν ὄντα καὶ πολύπορον τὸν χαλκὸν ἐντακεὶς ἅμα μὲν ἔσφιγξε καὶ κατεπύκνωσεν ἅμα δὲ λαμπρότερον ἀπέδειξε καὶ καθαρώτερον, οὕτως οὐδὲν ἀπέχει τὴν μαντικὴν ἀναθυμίασιν οἰκεῖόν τι ταῖς ψυχαῖς καὶ συγγενὲς ἔχουσαν ἀναπληροῦν τὰ μανὰ καὶ συνέχειν ἐναρμόττουσαν. ἄλλα γὰρ ἄλλοις οἰκεῖα καὶ*
B *πρόσφορα, καθάπερ τῆς μὲν πορφύρας ὁ κύαμος τῆς δὲ κόκκου τὸ νίτρον δοκεῖ τὴν βαφὴν ἄγειν μεμιγμένον·*

'βύσσῳ δὲ γλαυκῆς κόκκος καταμίσγεται ἀκτῆς'

ὡς Ἐμπεδοκλῆς (fr. 93) *εἴρηκε. περὶ δὲ τοῦ Κύδνου καὶ τῆς ἱερᾶς τοῦ Ἀπόλλωνος ἐν Ταρσῷ μαχαίρας, ὦ φίλε Δημήτριε, σοῦ λέγοντος ἠκούομεν, ὡς ⟨οὔτε⟩ ὁ Κύδνος ἄλλον ἐκκαθαίρει σίδηρον ⟨ἢ⟩ ἐκεῖνον οὔθ' ὕδωρ ἄλλο τὴν μάχαιραν ἢ ἐκεῖνο· καθάπερ ἐν Ὀλυμπίᾳ τὴν τέφραν προσπλάττουσι τῷ βωμῷ καὶ περιπηγνύουσιν ἐκ τοῦ Ἀλφειοῦ παραχέοντες ὕδωρ, ἑτέρων δὲ πειρώμενοι ποτα-*
C *μῶν οὐδενὶ δύνανται συναγαγεῖν οὐδὲ κολλῆσαι τὴν τέφραν.'*

---

1 cf. 736 a

---

3 *κ. μ. π.* Emp. *κ. μῖχος* (*σμῆχος* J) *καὶ π.* *Ω* (lac. 23 litt. E) *ἀέρ.* om. E *ἀέρα* Eus. 4 *τε* om. FΠB 5 *τοῦ* A om. E *καὶ* *O* *βαφῆς* G[3]vFα *σιδήρου* *Ω* corr. Kron. 6 *ἐντ.* Wy. *ἐγγίνεσθαι* *Ω* 7 *ὡς ὁ κ.* ΓB *κασσίτηρος* *Ω* corr. Wy. *πολύπυρον* Γα 8 *ἐντακ.* G[4] *ἐνταθεὶς* J[2] *ἐντάσεις* vF[1] *ἐντάσει* G 11 *συγγ.*] *συνεχὲς* J 13 *κυανὸς* Pat. 14 *ἄγ.*] *αὔξ.* Re. *αἱρεῖν* dub Diels 15 *κόκ.*] *κρόκου* F *καὶ κρόκου* J *κρόκον* ΠB *κρόνου* Gv corr. Diels *ἀκτῆς* Wil. om. FΠB *ἀκτίς* *O* 16 *κύδν.* E *κυάμου* *O* 18 *ὡς ὁ Κ. μᾶλλον ἐκκ. σ.* (*τὸν σ.* J) *ἐκ.* *Ω* corr. Madv. Emp. 22 *ἑτέρῳ . . . ποταμῷ* *Ω* corr. Schellens

42. Οὐ θαυμαστέον οὖν, εἰ πολλὰ τῆς γῆς ἄνω ῥεύματα μεθιείσης ταῦτα μόνα τὰς ψυχὰς ἐνθουσιαστικῶς διατίθησι καὶ φαντασιαστικῶς τοῦ μέλλοντος. ἀμέλει δὲ καὶ τὰ τῆς φήμης συνᾴδει τῷ λόγῳ· καὶ γὰρ ἐνταῦθα τὴν περὶ τὸν τόπον δύναμιν ἐμφανῆ γενέσθαι πρῶτον ἱστοροῦσιν νομέως τινὸς ἐμπεσόντος κατὰ τύχην, εἶτα φωνὰς ἀναφέροντος ἐνθουσιώδεις, ὧν τὸ μὲν πρῶτον οἱ παραγενόμενοι κατεφρόνουν, ὕστερον δὲ γενομένων ὧν προεῖπεν ὁ ἄνθρωπος ἐθαύμασαν. οἱ δὲ λογιώτατοι Δελφῶν καὶ τοὔνομα τοῦ ἀνθρώπου διαμνημονεύοντες Κορήταν λέγουσιν. ἐμοὶ δὲ D
δοκεῖ μάλιστα τοιαύτην πρὸς τὸ μαντικὸν πνεῦμα λαμβάνειν σύγκρασιν ψυχὴ καὶ σύμπηξιν, οἵαν πρὸς τὸ φῶς ἡ ὄψις ὁμοιοπαθὲς γιγνόμενον· ὀφθαλμοῦ τε γὰρ ἔχοντος τὴν ὁρατικὴν δύναμιν οὐδὲν ἄνευ φωτὸς ἔργον ἐστίν, ψυχῆς τε τὸ μαντικὸν ὥσπερ ὄμμα δεῖται τοῦ συνεξάπτοντος οἰκείου καὶ συνεπιθήγοντος. ὅθεν οἱ μὲν πολλοὶ τῶν προγενεστέρων ἕνα καὶ τὸν αὐτὸν ἡγοῦντο θεὸν Ἀπόλλωνα καὶ ἥλιον· οἱ δὲ τὴν καλὴν καὶ σοφὴν ἐπιστάμενοι καὶ τιμῶντες ἀναλογίαν, ὅπερ σῶμα πρὸς ψυχὴν ὄψις δὲ πρὸς νοῦν φῶς δὲ πρὸς ἀλήθειάν ἐστι, τοῦτο τὴν ἡλίου δύναμιν εἴκαζον εἶναι πρὸς τὴν Ἀπόλλωνος φύσιν, ἔκγο- E
νον ἐκείνου καὶ τόκον ὄντος ἀεὶ γιγνόμενον ἀεὶ τοῦτον ἀποφαίνοντες. ἐξάπτει γὰρ καὶ προάγεται καὶ συνεξορμᾷ τῆς αἰσθήσεως τὴν ὁρατικὴν δύναμιν οὗτος ὡς τῆς ψυχῆς τὴν μαντικὴν ἐκεῖνος. (**43.**) οἱ μέντοι δοξάζοντες ἕνα καὶ τὸν αὐτὸν θεὸν εἶναι, εἰκότως Ἀπόλλωνι καὶ Γῇ κοινῶς ἀνέθεσαν τὸ χρηστήριον, οἰόμενοι τὴν διάθεσιν καὶ κρᾶ-

---

16 cf. ad p 4, 28

---

3 φανταστικῶς Γ ἀμ. Wy. ἀμαχεὶ Ω ἅμα G[2mg.] 6 κ. τὴν τ. υFα[1] (ras. 3 litt. G) 11 λαμβάνει υFJα[1] 12 ψυχῆς καὶ σώματος συμπ. J 19 ὅπερ BE ὅπως O 22 ὄντως G[2]ERe., at inter se opponuntur ὢν ἀεὶ et γιγνόμενος ἀεί 23 ἀποφ. G[1]B -τος O προσάγ. G 24 οὕτως G[3]FJB

σιν ἐμποιεῖν τῇ γῇ τὸν ἥλιον, ἀφ' ἧς ἐκφέρεσθαι τὰς μαντικὰς ἀναθυμιάσεις. αὐτὴν μὲν οὖν τὴν γῆν ὥσπερ Ἡσίοδος (Theog. 117) *ἐνίων φιλοσόφων βέλτιον διανοηθείς ʽπάντων ἕδος ἀσφαλὲς' προσεῖπεν, οὕτω καὶ ἡμεῖς*
F *καὶ ἀίδιον καὶ ἄφθαρτον νομίζομεν· τῶν δὲ περὶ αὐτὴν δυνάμεων πῇ μὲν ἐκλείψεις πῇ δὲ γενέσεις ἀλλαχοῦ δὲ μεταστάσεις καὶ μεταρροίας ἀλλαχόθεν εἰκός ἐστι συμβαίνειν, καὶ κυκλεῖν ἐν αὐτῇ τὰς τοιαύτας ἐν τῷ χρόνῳ παντὶ πολλάκις περιόδους, ὡς ἔστι τεκμαίρεσθαι τοῖς φαινομένοις. λιμνῶν τε γὰρ γεγόνασι καὶ ποταμῶν ἔτι δὲ πλείονες ναμάτων θερμῶν ὅπου μὲν ἐκλείψεις καὶ φθοραὶ παντάπασιν ὅπου δ' οἷον ἀποδράσεις καὶ καταδύσεις,* |
434 *εἶτα πάλιν ἥκει διὰ χρόνων ἐπιφαινόμενα τοῖς αὐτοῖς ⟨τόποις⟩ ἢ πλησίον ὑπορρέοντα· καὶ μετάλλων ἴσμεν ἐξαμαυρώσεις γεγονέναι καὶ *** νάς, ὡς τῶν περὶ τὴν Ἀττικὴν ἀργυρείων καὶ τῆς ἐν Εὐβοίᾳ χαλκίτιδος ἐξ ἧς ἐδημιουργεῖτο τὰ ψυχρήλατα τῶν ξιφῶν, ὡς Αἰσχύλος εἴρηκε* (fr. 356)

ʽλαβὼν γὰρ αὐτόθηκτον Εὐβοικὸν ξίφος·'

ἡ δ' ἐν Καρύστῳ πέτρα χρόνος οὐ πολὺς ἀφ' οὗ πέπαυται μηρύματα λίθων μαλακὰ ⟨καὶ⟩ νηματώδη συνεκφέρουσα. καὶ γὰρ ὑμῶν ἑωρακέναι τινὰς οἴομαι χειρόμακτρα καὶ δίκτυα καὶ κεκρυφάλους ἐκεῖθεν ⟨οὔτε ὕδατι λυομένους⟩ οὔτε πυρὶ καιομένους· ἀλλ' ὅσ' ἂν
B *ῥυπανθῇ χρωμένων, ἐμβαλόντες εἰς φλόγα λαμπρὰ καὶ διαφανῆ κομίζονται· νῦν δ' ἠφάνισται καὶ μόλις οἷον ἶνες ἢ τρίχες ἀραιαὶ διατρέχουσιν ἐν τοῖς μετάλλοις.*

---

1 *ἐκφ.* Xyl. *ἐκφέρεται* **Ω** **4** *προσειπεῖν* ΓΠ **13** *ἥκει* Emp. *ἐκεῖ* **Ω** *ἐπιφαινομένη* G²υFJΠ¹ (*-όμενον* A²) *ἐπιφερόμενα* B **14** add. Xyl. *ἴσμ.* Turn. *τὸ* (*τῶν* J) *μὲν* **Ω** **15** lac. ind. Wil. *γεγ. κενὰς* (*καινὰς* B) *ὡς* **Ω** **16** *ἀργυρίων* **Ω** corr. edd. **20** *ἡ . . . πέτ.* Turn. *τῆς . . . πείρας* **Ω** **21** *λίθοις* Ha. add. Stegm. *δειματώδη* Γ *δεινηματώδη* J **23/4** add. Wil. **24** *πυρὶ κ.* J *περικ.* **O** *ὅσ'*] *ὅσον* J

(44.) καίτοι πάντων τούτων οἱ περὶ Ἀριστοτέλην δημιουργὸν ἐν τῇ γῇ τὴν ἀναθυμίασιν ἀποφαίνουσιν, ᾗ καὶ συνεκλείπειν καὶ συμμεθίστασθαι καὶ συνεξανθεῖν πάλιν τὰς τοιαύτας φύσεις ἀναγκαῖόν ἐστι. ταὐτὰ δὴ περὶ μαντικῶν πνευμάτων διανοητέον, ὡς οὐκ ἐχόντων ἀίδιον οὐδ' ἀγήρω τὴν δύναμιν ἀλλ' ὑποκειμένην μεταβολαῖς. καὶ γὰρ ὄμβρους ὑπερβάλλοντας εἰκός ἐστι κατασβεννύναι καὶ κεραυνῶν ἐμπεσόντων διαφορεῖσθαι, μάλιστα δὲ τῆς γῆς ὑποσάλου γιγνομένης καὶ λαμβανούσης C ἱζήματα καὶ σύγχωσιν ἐν βάθει μεθίστασθαι τὰς ἀναθυμιάσεις ἢ τυφλοῦσθαι τὸ παράπαν, ὥσπερ ἐνταῦθά φασι †παραμένειν τὰ περὶ τὸν μέγαν σεισμόν, ὃς καὶ τὴν πόλιν ἀνέτρεψεν. ἐν δ' Ὀρχομενῷ λέγουσι λοιμοῦ γενομένου πολλοὺς μὲν ἀνθρώπους διαφθαρῆναι, τὸ δὲ τοῦ Τειρεσίου χρηστήριον ἐκλιπεῖν παντάπασι καὶ μέχρι τοῦ νῦν ἀργὸν διαμένειν καὶ ἄναυδον. εἰ δὲ καὶ τοῖς περὶ Κιλικίαν ὅμοια παθεῖν συμβέβηκε, ὡς ἀκούομεν, οὐδεὶς ἂν ἡμῖν, ὦ Δημήτριε, σοῦ φράσειε σαφέστερον.'

45. Καὶ ὁ Δημήτριος 'οὐκ οἶδ' ἔγωγε τά γε νῦν· ἀποδημῶ γάρ, ὡς ἴστε, πάμπολυν ἤδη χρόνον· ἔτι δ' D ἤκμαζεν ἐμοῦ παρόντος καὶ τὸ Μόψου καὶ τὸ Ἀμφιλόχου μαντεῖον. ἔχω δ' εἰπεῖν τῷ Μόψου παραγενόμενος πρᾶγμα θαυμασιώτατον. ὁ γὰρ ἡγεμὼν τῆς Κιλικίας αὐτὸς μὲν ἀμφίδοξος ὢν ἔτι πρὸς τὰ θεῖα δι' ἀσθένειαν ἀπιστίας οἶμαι (τἄλλα γὰρ ἦν ὑβριστὴς καὶ φαῦλος), ἔχων δὲ περὶ αὐτὸν Ἐπικουρείους τινὰς †τὴν καλὴν δὴ καὶ φυσιολόγον ἐνυβρίζοντας, ὡς αὐτοὶ λέγουσι (fr. 395), τοῖς τοιούτοις

1 ss. cf. Cic. de div. I 38 II 117 27 cf. 397 c 904 e

1 καίτ. Xyl. καὶ οἱ ΓJα καὶ *O* 4 ταῦτα *Ω* corr. Turn. 10 σύγχυσιν *Ω* corr. Re. 12 παρ. τὰ (παρ. ἃ Gv) *Ω* παραμείψασθαι Si. 15 ἐλλείπειν Γ 17 παθ. συμβ. GvJ σ. π. *O* 19 τά γε Wy. τὰ δὲ *Ω* 21 μόμψου hic et infra ΓJ 22 τῶ J τὸ *O* μόμψ. etiam B 24 ὢν J ὡς Γ om. *O* 26 ratio sec. Wil. haec est: ⟨κατὰ⟩ τ. κ. δ. [καὶ] φυσιολογίαν δὴ om. ΠB

εἰσέπεμψεν ἀπελεύθερον οἷον εἰς πολεμίων κατάσκοπον ἐνσκευάσας, ἔχοντα κατεσφραγισμένην δέλτον, ἐν ᾗ τὸ [E] ἐρώτημα ἦν ἐγγεγραμμένον οὐδενὸς εἰδότος. ἐννυχεύσας οὖν ὁ ἄνθρωπος ὥσπερ ἔθος ἐστὶ τῷ σηκῷ καὶ κατακοιμηθεὶς ἀπήγγειλε μεθ' ἡμέραν ἐνύπνιον τοιοῦτον. ἄνθρωπον ἔδοξεν αὐτῷ καλὸν ἐπιστάντα φθέγξασθαι τοσοῦτον 'μέλανα' καὶ πλέον οὐδὲν ἀλλ' εὐθὺς οἴχεσθαι. τοῦθ' ἡμῖν μὲν ἄτοπον ἐφάνη καὶ πολλὴν ἀπορίαν παρέσχεν, ὁ δ' ἡγεμὼν ἐκεῖνος ἐξεπλάγη καὶ προσεκύνησεν καὶ τὴν δέλτον ἀνοίξας ἐπεδείκνυεν ἐρώτημα τοιοῦτον γεγραμμένον 'πότερόν σοι λευκὸν ἢ μέλανα θύσω ταῦρον;' ὥστε καὶ τοὺς Ἐπικουρείους διατραπῆναι, κἀκεῖνον αὐτὸν τήν [F] τε θυσίαν ἐπιτελεῖν καὶ σέβεσθαι διὰ τέλους Μόψον.'

46. Ὁ μὲν οὖν Δημήτριος ταῦτ' εἰπὼν ἐσιώπησεν· ἐγὼ δὲ βουλόμενος ὥσπερ τι κεφάλαιον ἐπιθεῖναι τῷ λόγῳ πρὸς τὸν Φίλιππον αὖθις ἀπέβλεψα καὶ τὸν Ἀμμώνιον ὁμοῦ καθημένους. ἔδοξαν οὖν μοι βούλεσθαί τι διαλεχθῆναι, καὶ πάλιν ἐπέσχον. ὁ δ' Ἀμμώνιος 'ἔχει μέν' ἔφη 'καὶ Φίλιππος, ὦ Λαμπρία, περὶ τῶν εἰρημένων εἰπεῖν· οἴεται γὰρ ὥσπερ οἱ πολλοὶ καὶ αὐτὸς οὐχ ἕτερον εἶναι [435] τὸν Ἀπόλλωνα θεὸν ἀλλὰ τῷ ἡλίῳ τὸν αὐτόν. | ἡ δ' ἐμὴ μείζων ἀπορία καὶ περὶ μειζόνων· ἄρτι γὰρ οὐκ οἶδ' ὅπως τῷ λόγῳ παρεχωρήσαμεν ἐκ τῶν θεῶν τὴν μαντικὴν ἐς δαίμονάς τινας ἀτεχνῶς ἀποδιοπομπουμένῳ. νυνὶ δέ μοι δοκοῦμεν αὐτοὺς πάλιν ἐκείνους ἐξωθεῖν καὶ ἀπελαύνειν ἐνθένδε τοῦ χρηστηρίου καὶ τοῦ τρίποδος εἰς πνεύματα καὶ ἀτμοὺς καὶ ἀναθυμιάσεις τὴν τῆς μαντικῆς ἀρχὴν μᾶλλον δὲ τὴν οὐσίαν αὐτὴν καὶ τὴν δύναμιν ἀναλύοντες. αἱ γὰρ εἰρημέναι κράσεις καὶ θερμότητες αὗται καὶ στομώσεις ὅσῳ μᾶλλον ⟨φυσικαῖς αἰτίαις ἐνδέδενται, τοσούτῳ μᾶλ-

---

20 cf. ad p. 4, 28

---

24 τιν. GvJ om. *O*   ἀποδιοπομπούμενοι *Ω* corr. Re.
30 add. Re. Po.

λον⟩ ἀπάγουσι τὴν δόξαν ἀπὸ τῶν θεῶν καί τινα τοιοῦτον ὑποβάλλουσι τῆς αἰτίας ἐπιλογισμόν, οἵῳ ποιεῖ τὸν Κύκλωπα χρώμενον Εὐριπίδης (Cycl. 331), B

'ἡ γῆ δ' ἀνάγκῃ, κἂν θέλῃ κἂν μὴ θέλῃ,
τίκτουσα ποίαν τἀμὰ πιαίνει βοτά.'

πλὴν ἐκεῖνος μὲν οὔ φησι θύειν τοῖς θεοῖς ἀλλ' ἑαυτῷ καὶ 'τῇ μεγίστῃ γαστρὶ δαιμόνων,' ἡμεῖς δὲ καὶ θύομεν καὶ προσευχόμεθα τί παθόντες ἐπὶ τοῖς χρηστηρίοις, εἰ δύναμιν μὲν ἐν ἑαυταῖς μαντικὴν αἱ ψυχαὶ κομίζουσιν, ἡ δὲ κινοῦσα ταύτην ἀέρος τίς ἐστι κρᾶσις ἢ πνεύματος; αἱ δὲ τῶν ἱερείων κατασπείσεις τί βούλονται, καὶ τὸ μὴ θεμιστεύειν, ἐὰν μὴ τὸ ἱερεῖον ὅλον ἐξ ἄκρων σφυρῶν ὑπότρομον γένηται καὶ κραδανθῇ κατασπενδόμενον; οὐ γὰρ C ἀρκεῖ τὸ διασεῖσαι τὴν κεφαλὴν ὥσπερ ἐν ταῖς ἄλλαις θυσίαις, ἀλλὰ πᾶσι δεῖ τοῖς μέρεσι τὸν σάλον ὁμοῦ καὶ τὸν παλμὸν ἐγγενέσθαι μετὰ ψόφου τρομώδους· ἐὰν γὰρ μὴ τοῦτο γένηται, τὸ μαντεῖον οὔ φασι χρηματίζειν οὐδ' εἰσάγουσι τὴν Πυθίαν. καίτοι θεοῦ μὲν ἢ δαίμονος ⟨ἐνεργείαις⟩ αἰτίαν τὴν πλείστην ἀνατιθέντας εἰκός ἐστι ταῦτα ποιεῖν καὶ νομίζειν· ὡς δὲ σὺ λέγεις, οὐκ εἰκός· ἡ γὰρ ἀναθυμίασις, ἄν τε πτοῆται τὸ ἱερεῖον ἄν τε μή, παροῦσα ποιήσει τὸν ἐνθουσιασμὸν καὶ διαθήσει τὴν ψυχὴν ὁμοίως οὐ τῆς Πυθίας μόνον, ἀλλὰ κἂν τοῦ τυχόντος ἅψηται σώματος. ὅθεν εὔηθές ἐστι τὸ μιᾷ γυναικὶ πρὸς τὰ μαντεῖα χρῆσθαι καὶ ταύτῃ παρέχειν πράγματα D φυλάττοντας ἁγνὴν διὰ βίου καὶ καθαρεύουσαν. ὁ γὰρ Κορήτας ἐκεῖνος, ὃν Δελφοὶ λέγουσι πρῶτον ἐμπεσόντα τῆς περὶ τὸν τόπον δυνάμεως αἴσθησιν παρασχεῖν, οὐδὲν

---

2 ὑποβ. Gv ἐπιβ. **O** 8 παθ. J; ss. B[1] μαθ. **O** 11 ἱερ. E ἱερίδων **O** ἐρίφων Pat. (cf. p. 119, 16) καταστάσεις **Ω** corr. Re. καταστάξεις Pat. 12 ἐὰν Stegm. εἰ **Ω** 18 ἢ ὁ. secl. Pat. add. Po. 21 πτ. Mez. ποιῆται **Ω** 22 ποιήσει J (om. G[1]) ποιεῖ EB ποιῇ **O** ποιῇ (superscr. εῖ) G[3]

οἶμαι διέφερε τῶν ἄλλων αἰπόλων καὶ ποιμένων· εἴ γε δὴ τοῦτο μὴ μῦθός ἐστι μηδὲ πλάσμα κενόν, ὥς ἔγωγ' ἡγοῦμαι. καὶ λογιζόμενος πηλίκων ἀγαθῶν τουτὶ τὸ μαντεῖον αἴτιον γέγονε τοῖς Ἕλλησιν ἔν τε πολέμοις καὶ κτίσεσι πόλεων ἔν τε λοιμοῖς καὶ καρπῶν ἀφορίαις, δεινὸν ἡγοῦμαι μὴ θεῷ καὶ προνοίᾳ τὴν εὕρεσιν αὐτοῦ καὶ
E ἀρχὴν ἀλλὰ τῷ κατὰ τύχην καὶ αὐτομάτως ἀνατίθεσθαι. πρὸς δὴ ταῦτ'' εἶπε 'τὸν Λαμπρίαν βούλομαι διαλεχθῆναι· περιμενεῖς δέ;' 'πάνυ μὲν οὖν' ὁ Φίλιππος ἔφη 'καὶ πάντες οὗτοι· πάντας γὰρ ἡμᾶς ὁ λόγος κεκίνηκε.'

47. Κἀγὼ πρὸς αὐτόν 'ἐμὲ δ'' εἶπον 'οὐ κεκίνηκεν, ὦ Φίλιππε, μόνον ἀλλὰ καὶ συγκέχυκεν, εἰ ἐν τοσούτοις καὶ τηλικούτοις οὖσιν ὑμῖν δοκῶ παρ' ἡλικίαν τῷ πιθανῷ τοῦ λόγου καλλωπιζόμενος ἀναιρεῖν τι καὶ κινεῖν τῶν ἀληθῶς καὶ ὁσίως περὶ τοῦ θείου νενομισμένων. ἀπολογήσομαι δὲ μάρτυρα καὶ σύνδικον ὁμοῦ Πλάτωνα (Phaedo 97 b) παριστάμενος. ἐκεῖνος γὰρ ὁ ἀνὴρ Ἀναξαγόραν μὲν ἐμέμψατο
F τὸν παλαιόν, ὅτι ταῖς φυσικαῖς ἄγαν ἐνδεδεμένος αἰτίαις καὶ τὸ κατ' ἀνάγκην τοῖς τῶν σωμάτων ἀποτελούμενον πάθεσι μετιὼν ἀεὶ καὶ διώκων, τὸ οὗ ἕνεκα καὶ ὑφ' οὗ, βελτίονας αἰτίας οὔσας καὶ ἀρχάς, ἀφῆκεν· αὐτὸς δὲ πρῶτος ἢ μάλιστα τῶν φιλοσόφων ἀμφοτέρας ἐπεξῆλθε, τῷ μὲν θεῷ τὴν ἀρχὴν ἀποδιδοὺς τῶν κατὰ λόγον ἐχόν-
436 των, | οὐκ ἀποστερῶν δὲ τὴν ὕλην τῶν ἀναγκαίων πρὸς τὸ γιγνόμενον αἰτιῶν, ἀλλὰ συνορῶν, ὅτι τῇδέ πη καὶ τὸ πᾶν αἰσθητὸν διακεκοσμημένον οὐ καθαρὸν οὐδ' ἀμιγές ἐστιν, ἀλλὰ τῆς ὕλης συμπλεκομένης τῷ λόγῳ λαμβάνει τὴν γένεσιν. ὅρα δὲ πρῶτον ἐπὶ τῶν τεχνιτῶν· οἷον εὐθὺς

---

5 ἀπορίαις GJ 7 αὐτομάτω Π[2]B 8 πρὸς denuo inc. D τὸν Λ. Wy. ὦ λαμπρία Ω 9 περ. Madv. περιμένεις E -οις O 12 εἰ om. ΓΠ[1] ἐν om. J 13 ἡμῖν Γ 15 ὁσίως Herw. θείως Ω 16 παραστησάμενος D 17 ὁ G[2] om. O 18 τὸν om. ΓΠ[1] ἐνδ. J[2] ἐνδεδυμένος O 23 τῶν denuo inc. X 24 ἀπὸ ἑτέρων Γ 26 καθ. δὲ FΠ 27 λόγῳ] explicit D

ἡ περιβόητος ἐνταῦθα τοῦ κρατῆρος ἕδρα καὶ βάσις, ἣν Ἡρόδοτος (I 25) ὑποκρητηρίδιον ὠνόμασεν, αἰτίας μὲν ἔσχε τὰς ὑλικάς, πῦρ καὶ σίδηρον καὶ μάλαξιν διὰ πυρὸς καὶ ⟨δι'⟩ ὕδατος βαφήν, ὧν ἄνευ γενέσθαι τὸ ἔργον οὐδεμία μηχανή· τὴν δὲ κυριωτέραν ἀρχὴν καὶ ταῦτα κινοῦσαν καὶ διὰ τούτων ἐνεργοῦσαν ἡ τέχνη καὶ ὁ λόγος τῷ ἔργῳ παρέσχε. καὶ μὴν τῶν γε μιμημάτων τούτων καὶ B εἰδώλων ὁ ποιητὴς καὶ δημιουργὸς ἐπιγέγραπται (Simonid. fr. 160)

'γράψε Πολύγνωτος, Θάσιος γένος, Ἀγλαοφῶντος
υἱὸς περθομέναν Ἰλίου ἀκρόπολιν'

ὡς ὁρᾶται γράψας· ἄνευ δὲ φαρμάκων συντριβέντων καὶ συμφθαρέντων ἀλλήλοις οὐδὲν ἦν οἷόν τε τοιαύτην διάθεσιν λαβεῖν καὶ ὄψιν. ἆρ' οὖν ὁ βουλόμενος ἅπτεσθαι τῆς ὑλικῆς ἀρχῆς, ζητῶν δὲ καὶ διδάσκων τὰ παθήματα καὶ τὰς μεταβολάς, ἃς ὤχρᾳ μιχθεῖσα σινωπὶς ἴσχει καὶ μέλανι μηλιάς, ἀφαιρεῖται τὴν τοῦ τεχνίτου δόξαν· ὁ δὲ C τοῦ σιδήρου τὴν στόμωσιν ἐπεξιὼν καὶ τὴν μάλαξιν, ὅτι τῷ μὲν πυρὶ χαλασθεὶς ἐνδίδωσι καὶ ὑπείκει τοῖς ἐλαύνουσι καὶ πλάττουσιν, ἐμπεσὼν δὲ πάλιν εἰς ὕδωρ ἀκραιφνὲς καὶ τῇ ψυχρότητι διὰ τὴν ὑπὸ τοῦ πυρὸς ἐγγενομένην ἁπαλότητα καὶ μανότητα πιληθεὶς καὶ καταπυκνωθεὶς εὐτονίαν ἴσχει καὶ πῆξιν, ἣν Ὅμηρος (ι 393) 'σιδήρου κράτος' εἶπεν, ἧττόν τι τῷ τεχνίτῃ τηρεῖ τὴν αἰτίαν τῆς τοῦ ἔργου γενέσεως; ἐγὼ μὲν οὐκ οἴομαι· καὶ γὰρ τῶν ἰατρικῶν δυνάμεων ἔνιοι τὰς ποιότητας ἐλέγχουσι, τὴν

---

1 βάσ. J[2] φάσις ΓJ[1] φύσις *O* 2 ὑποκρ. Herodot. ἐπικρ. Ω 3 ἔσχε τὰς Madv. ἔχοντας ΓJ ἔχον τὰς μὲν B[1mg.] (deest μὲν post αἰτ.) ἔχοντος *O* ὑλικὴν F[2]Π 4 add. Re. 7 ἐρίῳ Γ 8 ὁ om. ΓJ 12 ὁρᾶτε G[1p. ras.] Po. γρ. del. Po. φαρμακείων ΓJ 16 μετ.] διαβολὰς Γ διαφορὰς J 17 τεχν. E σιδήρου Ω 19 ἐνδ. Turn. ἐπιδ. Ω 20 πλάττ. ΓJ πλήττ. *O* ἀκναιφὲς X[1]υ 21 τοῦ om. FΠ 23 πλῆξιν ΓJ 25 μὲν οὖν οὐκ GJ

δ' ἰατρικὴν οὐκ ἀναιροῦσιν. ὥσπερ ἀμέλει ⟨καὶ⟩ Πλάτων D (Rep. 507 d) ὁρᾶν μὲν ἡμᾶς τῇ παρὰ τῶν ὀφθαλμῶν αὐγῇ συγκεραννυμένῃ πρὸς τὸ τοῦ ἡλίου φῶς, ἀκούειν δὲ τῇ πληγῇ τοῦ ἀέρος ἀποφαινόμενος οὐκ ἀνῄρει τὸ κατὰ λόγον καὶ πρόνοιαν ὁρατικοὺς καὶ ἀκουστικοὺς γεγονέναι.'

48. 'Καθόλου γάρ, ὥς φημι, δύο πάσης γενέσεως αἰτίας ἐχούσης οἱ μὲν σφόδρα παλαιοὶ θεολόγοι καὶ ποιηταὶ τῇ κρείττονι μόνῃ τὸν νοῦν προσεῖχον τοῦτο δὴ τὸ κοινὸν (Orph. fr. 21 a v. 2) ἐπιφθεγγόμενοι πᾶσι πράγμασι

'Ζεὺς ἀρχὴ Ζεὺς μέσσα, Διὸς δ' ἐκ πάντα πέλονται'

ταῖς δ' ἀναγκαίαις καὶ φυσικαῖς οὐκέτι προσῄεσαν αἰτίαις. οἱ δὲ νεώτεροι τούτων καὶ φυσικοὶ προσαγορευόμενοι E τοὐναντίον ἐκείνοις τῆς καλῆς καὶ θείας ἀποπλανηθέντες ἀρχῆς ἐν σώμασι καὶ πάθεσι σωμάτων πληγαῖς τε καὶ μεταβολαῖς καὶ κράσεσι τίθενται τὸ σύμπαν. ὅθεν ἀμφοτέροις ὁ λόγος ἐνδεὴς τοῦ προσήκοντός ἐστι, τοῖς μὲν τὸ δι' οὗ καὶ ὑφ' οὗ τοῖς δὲ τὸ ἐξ ὧν καὶ δι' ὧν ἀγνοοῦσιν ἢ παραλείπουσιν. ὁ δὲ πρῶτος ἐκφανῶς ἁψάμενος ἀμφοῖν καὶ τῷ κατὰ λόγον ποιοῦντι καὶ κινοῦντι προσλαβὼν τὸ ἀναγκαίως ὑποκείμενον καὶ πάσχον ἀπολύεται καὶ ὑπὲρ ἡμῶν πᾶσαν ὑποψίαν καὶ διαβολήν. οὐ γὰρ ἄθεον ποιοῦμεν οὐδ' ἄλογον τὴν μαντικήν, ὕλην μὲν αὐτῇ τὴν ψυχὴν τοῦ ἀνθρώπου τὸ δ' ἐνθουσιαστικὸν πνεῦμα καὶ τὴν F ἀναθυμίασιν οἷον ὀργάνῳ [ἢ] πλῆκτρον ἀποδιδόντες· πρῶτον μὲν γὰρ ἡ γεννήσασα γῆ τὰς ἀναθυμιάσεις ὅ τε πᾶσαν ἐνδιδοὺς κράσεως τῇ γῇ καὶ μεταβολῆς δύναμιν ἥλιος νόμῳ πατέρων θεός ἐστιν ἡμῖν· ἔπειτα δαίμονας ἐπιστάτας καὶ περιπόλους καὶ φύλακας οἷον ἁρμονίας τῆς

---

1 add. Ald. 2 παρὰ τ. ὀ. Π^2B περὶ τ. ὀ. Π^1 τ. ὀ. J περὶ τὸν ὀφθαλμὸν O 3 συγκεραννυμένους J 8 προσέχειν Ω corr. Po. τοῦτο J καὶ τ. Γ εἵλοντο τ. O 13 ἐκείναις J 18 ὁ δὲ] Πλάτων add. Pat. 19 ἀν. τὸ Ω trp. Po. 23 τῷ δ' ἐνθουσιαστικῷ Γ 24 ὀργ. Kron. ὄργανον ἢ Ω 25 τε Emp. δὲ Ω 28 ἁρμονίᾳ ΓJ

κράσεως ταύτης τὰ μὲν ἀνιέντας ἐν καιρῷ | τὰ δ' ἐπιτείνοντας 437 καὶ τὸ ἄγαν ἐκστατικὸν αὐτῆς καὶ ταρακτικὸν ἀφαιροῦντας τὸ δὲ κινητικὸν ἀλύπως καὶ ἀβλαβῶς τοῖς χρωμένοις καταμιγνύντας ἀπολείποντες οὐδὲν ἄλογον ποιεῖν οὐδ' ἀδύνατον δόξομεν. (49.) οὐδέ γε προθυόμενοι καὶ καταστέφοντες ἱερεῖα καὶ κατασπένδοντες ἐναντία τῷ λόγῳ τούτῳ πράττομεν. οἱ γὰρ ἱερεῖς καὶ ὅσιοι θύειν φασὶ τὸ ἱερεῖον καὶ κατασπένδειν καὶ τὴν κίνησιν αὐτοῦ καὶ τὸν τρόμον ἀποθεωρεῖν ἑτέρου τίνος τοῦτο σημεῖον ἢ τοῦ θεμιστεύειν τὸν θεὸν λαμβάνοντες; δεῖ γὰρ τὸ θύσιμον τῷ τε σώματι καὶ τῇ ψυχῇ καθαρὸν εἶναι καὶ ἀσινὲς καὶ ἀδιάφθορον. μήνυτρα μὲν οὖν ⟨τῶν⟩ περὶ τὸ B σῶμα κατιδεῖν οὐ πάνυ χαλεπόν ἐστι, τὴν δὲ ψυχὴν δοκιμάζουσι τοῖς μὲν ταύροις ἄλφιτα τοῖς δὲ κάπροις ἐρεβίνθους παρατιθέντες· τὸ γὰρ μὴ γευσάμενον ὑγιαίνειν οὐκ οἴονται. τὴν δ' αἶγα διελέγχειν τὸ ψυχρὸν ὕδωρ· οὐ γὰρ εἶναι ψυχῆς κατὰ φύσιν ἐχούσης τὸ πρὸς τὴν κατάσπεισιν ἀπαθὲς καὶ ἀκίνητον. ἐγὼ δέ, κἂν ᾖ βέβαιον ὅτι σημεῖόν ἐστι τοῦ θεμιστεύειν τὸ σείσασθαι καὶ τοῦ μὴ θεμιστεύειν τοὐναντίον, οὐχ ὁρῶ τί συμβαίνει δυσχερὲς ἀπ' αὐτοῦ τοῖς εἰρημένοις. πᾶσα γὰρ δύναμις ὃ πέφυκε σὺν καιρῷ βέλτιον ἢ χεῖρον ἀποδίδωσι· τοῦ δὲ καιροῦ διαφεύγοντος ἡμᾶς σημεῖα διδόναι τὸν θεὸν εἰκός ἐστιν.' C

50. 'Οἴομαι μὲν οὖν μηδὲ τὴν ἀναθυμίασιν ὡσαύτως ἔχειν ἀεὶ διὰ παντός, ἀνέσεις δέ τινας ἴσχειν καὶ πάλιν σφοδρότητας· ᾧ δὲ τεκμηρίῳ χρῶμαι, μάρτυρας ἔχει καὶ ξένους πολλοὺς καὶ τοὺς θεραπεύοντας τὸ ἱερὸν ἅπαντας. ὁ γὰρ οἶκος, ἐν ᾧ τοὺς χρωμένους τῷ θεῷ καθίζουσιν,

---

7 ὅσοι **Ω** corr. Turn. **9** τρόμ. Turn. τρόπον **Ω** ⟨οὐχ⟩ ἑτ. τινὸς Wil. τοῦτο σημ. Emp. τοῦθ' ἡμῖν **Ω** **12** μήν. Turn. μέτρα **Ω** add. Re. **18** οὐ] μὴ ΓJ **19** σπεισ. F²Πx μὴ om. X¹J **21** ὃ x ᾧ *O* **24** μήτε **Ω** corr. Kron. **26** ἔχω Π ἔχειν G **27** πολλ.] καὶ πολλ. J καὶ πολίτας πολλ. Pat. **28** τοὺς χρ. καὶ τοὺς χρωμένους (ἱερωμένους Pat.) J

οὔτε πολλάκις οὔτε τεταγμένως ἀλλ' ὡς ἔτυχε διὰ χρόνων εὐωδίας ἀναπίμπλαται καὶ πνεύματος, οἵας ἂν τὰ ἥδιστα καὶ πολυτελέστατα τῶν μύρων ἀποφορὰς ὥσπερ ἐκ πηγῆς τοῦ ἀδύτου προσβάλλοντος· ἐξανθεῖν γὰρ εἰκὸς ὑπὸ θερμότητος ἢ τινος ἄλλης ἐγγιγνομένης δυνάμεως. εἰ δὲ τοῦτο D *μὴ δοκεῖ πιθανόν, ἀλλά γε τὴν Πυθίαν αὐτὴν ἐν πάθεσι καὶ διαφοραῖς ἄλλοτ' ἄλλαις ἐκεῖνο τὸ μέρος τῆς ψυχῆς ἴσχειν, ᾧ πλησιάζει τὸ πνεῦμα, καὶ μὴ μίαν ἀεὶ κρᾶσιν ὥσπερ ἁρμονίαν ἀμετάβολον ἐν παντὶ καιρῷ διαφυλάττειν ὁμολογήσετε. πολλαὶ μὲν γὰρ αἰσθομένης πλείονες δ' ἄδηλοι τό τε σῶμα καταλαμβάνουσι καὶ τὴν ψυχὴν ὑπορρέουσι δυσχέρειαι καὶ κινήσεις· ὧν ἀναπιμπλαμένην οὐκ ἄμεινον ἐκεῖ βαδίζειν οὐδὲ παρέχειν ἑαυτὴν τῷ θεῷ μὴ παντάπασι καθαρὰν οὖσαν ὥσπερ ὄργανον ἐξηρτυμένον καὶ εὐηχές, ἀλλ' ἐμπαθῆ καὶ ἀκατάστατον. οὔτε γὰρ ὁ οἶνος* E *ὡσαύτως ἀεὶ τὸν μεθυστικὸν οὔθ' ὁ αὐλὸς τὸν ἐνθουσιαστικὸν ὁμοίως διατίθησιν, ἀλλὰ νῦν μὲν ἧττον οἱ αὐτοὶ νῦν δὲ μᾶλλον ἐκβακχεύονται καὶ παρακινοῦσι τῆς κράσεως ἐν αὐτοῖς ἑτέρας γενομένης. μάλιστα δὲ τὸ φανταστικὸν ἔοικε τῆς ψυχῆς ὑπὸ τοῦ σώματος ἀλλοιουμένου κρατεῖσθαι καὶ συμμεταβάλλειν, ὡς δῆλόν ἐστιν ἀπὸ τῶν ὀνείρων· ποτὲ μὲν γὰρ ἐν πολλαῖς γιγνόμεθα καὶ παντοδαπαῖς ἐνυπνίων ὄψεσι, ποτὲ δ' αὖ πάλιν πᾶσα γίγνεται γαλήνη καὶ ἡσυχία τῶν τοιούτων. καὶ Κλέωνα μὲν ἴσμεν* F *αὐτοὶ τὸν ἐκ Δαυλίας τοῦτον ἐν πολλοῖς ἔτεσιν οἷς βεβίωκε φάσκοντα μηδὲν ἰδεῖν πώποτε, τῶν δὲ πρεσβυτέρων ταὐτὸ*

---

1 οὐδὲ τετ. ΓJα[1] 2 οἷα ἂν τὰ Γ οἷα τὰ J 2/3 ἥ. κ. π.] εὐωδέστατα E 3 ἀποφ. om. Π 4 ἐξανθ. ΓJ ἐξωθ. **O** 6 ἐν π.] ἐπ' ἄνθεσι ΓJ 10 ὁμ. ex B se sumpsisse dicit Wy. errans; ὁμολογήσατε Γ (non X) ὡμολογήσατε (ὁ over ὠ B) **O** πολλὴν ΓJ αἰσθομένην J 10/1 πλείονας δὲ ἄ δηλοῖ Γ (sine δὲ J) 12 κιν.] κῆδος Γ κῆρες Po. cf. 484 d 15 ἀ. ἐμπ. κ. ἀ.] ἀνεμπαθῆ κ. κατάστ. ΓJ 18 παρακ. ΓJ παροινοῦσι **O** 19 γιν. Ex 22 μὲν om. ΓJ 25 τῶν (τὸν F) . . . τούτων Γ (corr. G[2]) 26 φασκόντων G[corr.] ante πώπ. add. ἐνύπνιον G[4]J, post πώπ. F[2]Πx τῶν δὲ] ὑπὸ δὲ τῶν E

τοῦτο λέγεται περὶ Θρασυμήδους τοῦ Ἡραιέως. αἰτία δ' ἡ
κρᾶσις τοῦ σώματος, ὥσπερ αὖ πάλιν ἡ τῶν μελαγχολι-
κῶν πολυόνειρος καὶ πολυφάντασστος, ἢ καὶ δοκεῖ τὸ
εὐθυόνειρον αὐτοῖς ὑπάρχειν· ἐπ' ἄλλα γὰρ ἄλλοτε τῷ
φανταστικῷ τρεπόμενοι, | καθάπερ οἱ πολλὰ βάλλοντες, 438
ἐπιτυγχάνουσι πολλάκις. (51.) ὅταν οὖν εὐαρμόστως ἔχῃ
πρὸς τὴν τοῦ πνεύματος ὥσπερ φαρμάκου κρᾶσιν ἡ φαντα-
σιαστικὴ καὶ μαντικὴ δύναμις, ἐν τοῖς προφητεύουσιν
ἀνάγκη γίγνεσθαι τὸν ἐνθουσιασμόν· ὅταν δὲ μὴ οὕτως,
μὴ γίγνεσθαι, ἢ γίγνεσθαι παράφορον καὶ οὐκ ἀκέραιον
καὶ ταρακτικόν, ὥσπερ ἴσμεν ἐπὶ τῆς ἔναγχος ἀποθανού-
σης Πυθίας. θεοπρόπων γὰρ ἀπὸ ξένης παραγενομένων
λέγεται τὰς πρώτας κατασπείσεις ἀκίνητον ὑπομεῖναι καὶ
ἀπαθὲς τὸ ἱερεῖον, ὑπερβαλλομένων δὲ φιλοτιμίᾳ τῶν
ἱερέων καὶ προσλιπαρούντων μόλις ὕπομβρον γενόμενον καὶ
κατακλυσθὲν ἐνδοῦναι. τί οὖν συνέβη περὶ τὴν Πυθίαν; B
κατέβη μὲν εἰς τὸ μαντεῖον ὥς φασιν ἄκουσα καὶ ἀπρό-
θυμος, εὐθὺς δὲ περὶ τὰς πρώτας ἀποκρίσεις ἦν κατα-
φανὴς τῇ τραχύτητι τῆς φωνῆς οὐκ ἀναφέρουσα δίκην
νεὼς ἐπειγομένης ἀλάλου καὶ κακοῦ πνεύματος οὖσα πλή-
ρης· τέλος δὲ παντάπασιν ἐκταραχθεῖσα καὶ μετὰ κραυ-
γῆς ἀσήμου καὶ φοβερᾶς φερομένη πρὸς τὴν ἔξοδον ἔρρι-
ψεν ἑαυτήν, ὥστε φυγεῖν μὴ μόνον τοὺς θεοπρόπους ἀλλὰ
καὶ τὸν προφήτην Νίκανδρον καὶ τοὺς παρόντας τῶν
ὁσίων. ἀνείλοντο μέντοι μετὰ μικρὸν αὐτὴν εἰσελθόντες
ἔμφρονα καὶ διεβίωσεν ὀλίγας ἡμέρας. τούτων ἕνεκα καὶ

---

3 ἢ Emp. εἴ J εἰ O 6 ἁρμοζόντως J ἁρμοστῶς O corr. Schw. 7 φανταστικὴ JE 9 ὅτ. — 10 γίγν.^{1} om. ΓJ 10 οὐκ x om. O ἄκαιρον $G^{corr.}$ $v^{a.c.}$ 11 ταρ. $G^{corr.}$ E πρακτικὸν O 12 πυθιάδος Ω corr. Bern. 16 ἐνδ. Turn. ἔνδον ἦν Ω 18 δὲ περὶ Turn. δ' ἐπὶ Ω 20 ἀλ.] ἀλλ' ἀλαοῦ Re. ἀλλ' ἄλλου (ἄλου G^1) Γ κακ.] καλοῦ ΓJ 21 καὶ om. ΓJ 22 ἀσήμου J post φερ. G om. O καὶ $X^1 v F^1$ om. O φερομένης ΓJ 26 ἔκφρ. quidam codex Graecus Turnebi

C *συνουσίας ἁγνὸν τὸ σῶμα καὶ τὸν βίον ὅλως ἀνεπίμικτον ἀλλοδαπαῖς καὶ ἄθικτον ὁμιλίαις φυλάττουσι τῆς Πυθίας καὶ πρὸ τοῦ χρηστηρίου τὰ σημεῖα λαμβάνουσιν, οἰόμενοι τῷ θεῷ κατάδηλον εἶναι, πότε τὴν πρόσφορον ἔχουσα κρᾶσιν καὶ διάθεσιν ἀβλαβῶς ὑπομενεῖ τὸν ἐνθουσιασμόν. οὔτε γὰρ πάντας οὔτε τοὺς αὐτοὺς ἀεὶ διατίθησιν ὡσαύτως ἡ τοῦ πνεύματος δύναμις, ἀλλ' ὑπέκκαυμα παρέχει καὶ ἀρχὴν ὥσπερ εἴρηται* (437 e) *τοῖς πρὸς τὸ παθεῖν καὶ μεταβαλεῖν οἰκείως ἔχουσιν. ἔστι δὲ θεία μὲν ὄντως καὶ δαιμόνιος, οὐ μὴν ἀνέκλειπτος οὐδ' ἄφθαρτος οὐδ' ἀγήρως*
D *καὶ διαρκὴς εἰς τὸν ἄπειρον χρόνον ὑφ' οὗ πάντα κάμνει τὰ μεταξὺ γῆς καὶ σελήνης κατὰ τὸν ἡμέτερον λόγον. εἰσὶ δ' οἵ καὶ τὰ ἐπάνω φάσκοντες οὐχ ὑπομένειν, ἀλλ' ἀπαυδῶντα πρὸς τὸ ἀίδιον καὶ ἄπειρον* †*ὀξέσι χρῆσθαι* ⟨*καὶ*⟩ *μεταβολαῖς καὶ παλιγγενεσίαις.'*

52. *'Ταῦτ'' ἔφην ἐγώ 'πολλάκις ἀνασκέπτεσθαι καὶ ὑμᾶς παρακαλῶ καὶ ἐμαυτόν, ὡς ἔχοντα πολλὰς ἀντιλήψεις καὶ ὑπονοίας πρὸς τοὐναντίον, ἃς ὁ καιρὸς οὐ παρέχει πάσας ἐπεξελθεῖν· ὥστε καὶ ταῦθ' ὑπερκείσθω καὶ ἃ Φίλιππος διαπορεῖ περὶ ἡλίου καὶ Ἀπόλλωνος.'*

---

2 ὁμ. κ. ἄθ. FΠB φυλ. ΓJ φυλαττούσης O πυθ. ΓJ πυθιάδος O 3 τότε τὰ σ. J 11 τὸν ἅπαντα χρ. J ὑφ' οὗ Anon. ὑφ' ὃν X³ ὑφ' ἣν O 12 σελ. καὶ ἀθήνης G 14 ὀξείαις (sine καὶ) Re. παραλλάξεσι Po. add. Pat. 20 περί τε ἡλ. J In F subsc. haec: μετὰ τοῦτον τὸν λόγον ὀφείλει ἀναγινώσκεσθαι ὁ περὶ τῶν ὑπὸ τοῦ θείου βραδέως τιμωρουμένων λόγος. cf. praef. I p. XXI

ADDENDORVM MANTISSA

p. 3 app. sim. 11	lege: *δάφνην*] cf. 397a; *δύο Μοίρας*] cf. Paus. 10,24,4
p. 5,21 sq.	*Ἀρχίλοχος*] (fr. 71 B.^{4} = D. = 118 W. = 89 Lass. = 111 Tard.)
p. 11,25 sq.	*Αἰσχύλος*] (fr. 355 N.^{2} = R. = 701 M.)
p. 12,6	(Lyr. adesp. 131 B.^{4} = 85 nr. 1003 P.)
p. 14 app. sim.	adde: 6 cf. Aet. plac. 4,9,10 = Stob. 1,50,27 9 cf. 436d 98b 1006b
p. 18 app. sim. 8	lege: cf. 359f v. Thes. 10,2 Simonid. fr. 193 B.^{4} = 138 nr. 643 P.
p. 19,9 sq.	*Ἡράκλειτον*] (fr. 91 D.-K. = 40c^{3} Marc.)
21	(fr. 76 D.-K. = 66e^{1} Marc.)
p. 23,21	(Lyr. adesp. 92 B.^{4} = chor. adesp. 13 D. = 78 nr. 996 P.)
24	*Πίνδαρος*] corrige: (pae. 16,6)
p. 24,5	*Στησίχορος*] (fr. 50 B.^{4} = 22 D. = 55 nr. 232 P. = 232 Davies)
9 sq.	*Σοφοκλῆς*] (fr. 765 N.^{2} = 849 R.)
p. 26 app. crit. 17	insere: *κυανοῦ Ω*: corr. Stegm.
p. 29,15 sq.	*χρησμοῦ … λεχθέντος*] (483 P.-W. = Q 23 F.)
p. 30,12	*Βίων*] (fr. 10 Kindstr.)
app. crit. 15	lege: lac. XVIII (immo XX: Sieveking, Gnomon 15, 1939, 104) litt. *Ω*: suppl. Wy.
p. 32 app. sim. 28	lege: Athen. 13,605c = Theop. FGrHist 115 F 248
p. 36 app. sim. 4 ss.	lege: cf. v. Ages. c. 3,7 v. Lys. 22,11 Xen. hell. 3,3,1 ss. Paus. 3,8,9 Athen. 12,535b Corn. Nep. Ages. 1
p. 41 app. crit. 20	insere: *διπλάσασαν* E corr. B
p. 42,12 sq.	*Σκυθίνῳ*] (PPF fr. 1 Diels = West)
p. 43,6	*Σιμωνίδης*] (fr. 44 B.^{4} = 26 D. = 72 nr. 577a P.)
10	(fr. 45 B.^{4} = 25 D. = 72 nr. 577b P.)
p. 44,11	*Εὐδόξου*] (fr. 271 Lass.)
13	*εἰπεῖν* delendum est

p. 44,14	*Πίνδαρος*] (fr. 275 Sn.-M.)
p. 46,1	*Φιλοχόρου*] (FGrHist 328 T 6)
	Ἴστρου] (FGrHist 334 T 5)
4	*Θεόπομπος*] (FGrHist 115 F 336)
25	corrige: *διαπορήσει⟨ε⟩ καὶ περὶ*
p. 47 app. crit. 28	corrige: *ὥσθἄναξ* ut vid. E: *ὥσ*$\overset{\tau}{\theta}$ *ἄναξ* B
p. 49,11	(Eur. fr. 397 $N.^2$ = Men. monost. 349 J.)
p. 50 app. crit. 27	corrige: *μελιγάρυας* Pind. codd.: *μελιγηρέας Ω*
p. 51,11 sq.	*Χαιρήμων*] (fr. 16 $N.^2$ = 71 F 16 Sn.; cf. Plat. com. dub. 203 K. = 295 K.-A.)
p. 52 app. sim.	insere: 22 *ὀφιοβόρους*] Arist. mir. ausc. 24,832a21 Porph. abst. 1,25,2
app. crit.	lege: 20/21 *τὴν διὰ λόγων Ω, τὴν* trp. Re.
p. 53,3 sq.	*Σοφοκλῆς*] (fr. 704 $N.^2$ = 771 R.)
p. 59,17—19	*Ἐπιμενίδην*] (fr. 11 D.-K. = FGrHist 457 F 6)
p. 60,25	*Ἀλκαῖον*] (fr. 113 $B.^4$ = Z115 nr. 438 L.-P. = 438 V.)
p. 67,10	*Πίνδαρος*] corrige: (pae. 16,6)
p. 69,30—70,1	*Σοφοκλέα*] (fr. 766 $N.^2$ = 850 R.)
p. 71,19	*Ἡσίοδος*] (fr. 171 Rz. = 304 M.-W.)
p. 75 app. sim. 19	lege: cf. 361b 431e 593d
p. 77,12	*Σοφοκλέους*] (fr. 767 $N.^2$ = 851 R.)
p. 79 app. sim.	corrige: 9 *τὸ μὲν* — 16 *βαρβ.*
app. sim. 14	lege: cf. Emp. fr. 115; cf. mor. 361c 420d 607cd 830f 996b
p. 83,11	*Ἀλέξιδος*] (test. 4 K.-A.)
app. sim.	insere: 6 cf. 370e 474bc
p. 87,28	*Ἵππυς ὁ Ῥ.*] (fr. 6 M. = FGrHist 554 F 5)
p. 95,24	(Lyr. adesp. 133 $B.^4$ = 80 nr. 998 P. = Pind. fr. 140c Sn.-M.)
p. 106,12	*Ἡσίοδον*] (O D 125 = 255)
app. sim.	insere: 12 cf. 948e
p. 107 app. sim.	insere: 7s. cf. 361c 593d
app. crit.	adde: 9 *ἁγνοὶ ἐπιχθ.* e v. 122 huc per errorem traxit Plut.
p. 108,7	*χρησμὸς*] (311 P.-W. = L 77 F.)
p. 109 app. sim.	insere: 19 s. cf. 716b
p. 110,1	*Ἡράκλειτον*] (fr. 118 D.-K. = 68 Marc.)
app. sim. 1	adde: *Ἡράκλ.*] cf. 995e v. Rom. 28,9 et ibi l. l.
p. 112,17 sq.	*Αἰσχύλος*] (fr. 356 $N.^2$ = R. = 703 M.)
p. 117,8 sq.	(Simonid. fr. 160 $B.^4$ = 112 D. = EG nr. 48 P. = Anth. Pal. 9,700)